>>> 可持续时尚

环保服装设计实践

刘 丽 ✦✦✦ ────◉ 著

中国纺织出版社有限公司

内 容 提 要

本书深入探讨了可持续时尚的理论基础与实际应用，旨在引导设计师与行业从业者在环保服装设计中实现创新与实践。书中详细阐述了可持续时尚的概念演变、核心价值、行业标准以及全球政策趋势，为可持续时尚提供环保设计理念、方法与经典案例分析。同时，探讨了环保材料的选择与开发、绿色供应链管理、环保生产技术、消费者行为与市场推广策略，以及数字化转型在可持续时尚中的应用。通过对未来发展的展望，强调可持续时尚对社会与环境的长期影响，为行业的转型与发展提供了全面指导。

本书适用于服装专业的学生、高校教师、教育管理者和研究者。

图书在版编目（CIP）数据

可持续时尚：环保服装设计实践 / 刘丽著 .

北京：中国纺织出版社有限公司，2025. 5. --ISBN 978-7-5229-2643-8

Ⅰ. TS941.2

中国国家版本馆 CIP 数据核字第 2025ZX7681 号

责任编辑：黎嘉琪　亢莹莹　　责任校对：高　涵
责任印制：王艳丽

中国纺织出版社有限公司出版发行
地址：北京市朝阳区百子湾东里 A407 号楼　邮政编码：100124
销售电话：010—67004422　传真：010—87155801
http://www.c-textilep.com
中国纺织出版社天猫旗舰店
官方微博 http://weibo.com/2119887771
三河市宏盛印务有限公司印刷　各地新华书店经销
2025 年 5 月第 1 版第 1 次印刷
开本：787×1092　1/16　印张：14.5
字数：255 千字　定价：98.00 元

凡购本书，如有缺页、倒页、脱页，由本社图书营销中心调换

前言

当代时尚行业面临着前所未有的转型挑战。随着全球环境问题的加剧，时尚产业不得不重新思考其传统的生产方式、设计理念及消费模式。时尚行业作为全球第二大污染产业，长期以来依赖大规模生产和快速消费模式，导致了资源浪费、环境污染严重等问题。且消费者逐渐意识到时尚行业对环境的破坏，也推动了行业内部开始转向更具可持续性的发展路径。可持续时尚应运而生，成为现代时尚领域一个至关重要的议题。

可持续时尚不仅仅是一种环保的生产模式，还是一种全新的设计和商业思维模式。可持续性不仅要求减少资源浪费与环境污染，还要求在整个时尚产业链中注重社会责任，从材料的选择、生产过程的管理到废弃物的处理，每一个环节都应该考虑其对环境和社会的影响。可持续时尚的目标并不仅仅是解决当前的环境问题，更在于从根本上改变人们对时尚的理解与追求。这不仅是一次行业内部的自我调整，也是一场涉及全球消费者、设计师、品牌商、政策制定者等多方力量的深刻变革。

在过去的几十年里，随着生态问题的加剧，可持续发展的概念逐渐进入大众视野。时尚行业作为一个高资源消耗和高污染的产业，其对生态环境的破坏尤其明显。从生产环节中的水资源消耗到化学染料的使用，再到衣物废弃后的处理问题，传统时尚的每一个环节都潜藏着较高的环境代价。与之相对，可持续时尚提出了一系列新的设计和生产方法，旨在通过减少资源浪费、优化生产流程、延长产品使用寿命等途径，实现对环境的保护。

随着消费者环保意识的提高，市场对可持续时尚的需求不断增长。越来越多的品牌意识到，仅仅追求经济效益已无法满足现代消费者的期待，他们希望品牌不仅提供高质量的产品，还能够体现出对社会和环境的责任。因此，可持续时尚不仅成为一种设计与生产模式，更是一种品牌传播与消费者互动的新方式。品牌通过环保设计、绿色生产链和绿色供应链管理，提升消费者的忠诚度和品牌认同感。

可持续时尚的发展离不开创新技术的支持。在设计环节，设计师们正在探索如何通过更加环保的材料、数字化设计工具和按需生产的方式来减少浪费。比如，利用再生材料或天然纤维代替传统的化学纤维，减少对环境的负面影响；通过数字化设计工具进行虚拟试衣和样衣制作，不仅可以提高设计效率，还能大大减少材料浪费。在生产环节，绿色供应链管理及高效环保的生产技术正逐步替代传统的高污染生产模式，从而在保障产品质量的同时，尽可能减少对环境的破坏。

与此同时，可持续时尚不仅仅停留在物质层面的设计与生产，还带来了关于社会责任和道德规范的精神层面的全新思考。时尚行业作为全球化程度极高的产业，其供应链涉及多个国家和地区，在这一过程中，不仅存在环境问题，劳动权益、工作条件等社会问题同样受到关注。可持续时尚倡导在设计、生产及消费的每一个环节中，企业和设计师都应承担起更多的社会责任，通过绿色供应链、确保公平劳动条件以及减少生产给社会带来的负面影响来构建一个更加公正和可持续的时尚产业。

此外，科技的发展正在为可持续时尚的实践提供更多的可能性。数字技术的广泛应用使设计和生产的效率大幅提升，虚拟时尚和智能穿戴设备正在成为时尚领域的热门话题。通过这些新兴技术，品牌不仅可以更加精准地预测市场需求、减少过度生产，还可以与消费者建立更加紧密的互动关系，推动按需生产的实现，从而减少库存积压和资源浪费。这些技术创新将进一步推动可持续时尚的广泛应用，使时尚产业不仅可以满足个性化、多样化的消费需求，还能在此过程中保持对环境的友好态度。

当然，尽管可持续时尚在全球范围内取得了诸多进展，但其发展仍然面临着较多挑战。首先，环保材料的研发与应用仍然受到成本及技术的限制。许多环保材料在价格上高于传统材料，且在大规模应用中存在不小的挑战。其次，虽然消费者的环保意识逐步提高，但如何让可持续时尚成为主流选择，依然需要更多的市场教育与推广。品牌和设计师必须在保证环保的同时，设计出符合消费者审美需求的产品，避免环保与时尚感之间的冲突。

从整个产业的角度来看，政策的推动和全球协作至关重要。许多国家已经开始实施针对时尚行业的环保政策，限制有害物质的使用，鼓励企业使用环保材料，并加大对绿色科技的支持力度。这些政策将对时尚行业的转型产生重要的引导作用，全球范围内的时尚品牌也应当加强合作，共同应对环境和社会责任方面的挑战。

随着可持续时尚的理念逐渐深入人心，未来的时尚行业将不再只是关乎服装的设计与生产，更是关乎环境保护、社会责任与全球资源的合理配置。通过技术创新、设计思维转变和市场推动，时尚产业将走上一条更加可持续的道路。这不仅是时代的需求，也是时尚行业自身进化与发展的必然选择。

本书将通过深入分析可持续时尚的理论与实践，探讨时尚产业在实现环保目标的过程中面临的机遇与挑战。希望通过对材料、设计、生产、供应链及市场推广等多个环节的剖析，能够为行业内的从业者、学者和消费者提供有益的参考，引发更多关于可持续时尚未来发展的思考。

著者

2024 年 11 月

目录

第一章

可持续时尚的
理论与发展

◆◆◆ ──────◉

时尚产业在全球经济中占据着重要地位，但其发展也伴随着不可忽视的环境和社会问题。近年来，可持续时尚的概念逐渐成为行业焦点，引发了设计、生产、消费等多个层面的深刻变革。本章将探讨可持续时尚的理论与发展，从其起源、核心价值到全球政策与趋势展开全面分析。时尚行业传统的快速消费模式导致了资源浪费和环境破坏，而可持续时尚旨在通过材料选择、生产流程、消费行为等环节的优化，减少对生态环境的负面影响。通过对可持续时尚的起源、发展历程及关键历史事件的梳理，进一步揭示其如何成为全球时尚领域的变革动力。同时，随着社会责任和企业伦理的融入，可持续时尚逐步确立了其在行业中的核心价值，推动了全球时尚标准的建立与发展。此外，全球政策、法律法规的不断完善也为可持续时尚提供了重要支持，为行业的绿色转型奠定了坚实基础。在这样的背景下，可持续时尚不仅仅是行业的一次调整，更是全球市场驱动下的一场深刻变革。

第一节

可持续时尚的概念与演变

可持续时尚的概念并非一蹴而就，而是随着社会对环境问题的关注逐步形成的。它源自对传统时尚行业资源浪费和环境破坏的反思，并在全球范围内逐渐成为一种新兴的设计和生产理念。早期的时尚产业过度依赖不可再生资源、化学染料和大量的水资源，促使设计师、品牌商和消费者重新审视时尚与环境的关系。本节将梳理可持续时尚的起源，探讨其从传统时尚中脱颖而出的过程，以及如何演变为今天广泛应用的环保设计理念，推动时尚行业进入新的发展阶段。

一、可持续时尚的起源

可持续时尚的起源可以追溯到人类的环境保护和社会责任意识逐渐提升的历史过程中。时尚产业，作为全球经济的重要组成部分，长期以来以高污染、高资源消耗为代价推动经济发展。随着现代工业化进程的加快，时尚产业对环境造成的破坏逐渐引发社会的广泛关注。20世纪中叶，人们对自然资源的有限性、不可再生性有了更加清晰的认识，从而推动时尚行业开始反思其传统的生产和消费模式。在这一背景下，可持续时尚逐渐从边缘化的概念走向了主流。

当时，时尚产业主要依赖大规模的工业化生产模式，导致了大量资源的浪费。因为纺织品的生产需要消耗大量的水资源，同时还伴随着高能耗和化学物质的使用，特别是染料和加工过程中产生的大量有毒废弃物，直接对环境产生了严重的污染。与此同时，快速时尚的兴起加剧了资源的浪费，使大量廉价、低质的服装产品迅速进入市场，但同样很快被淘汰，进入垃圾填埋场。人们开始意识到，这种模式不仅对生态环境构成威胁，还加剧了对资源的过度开发和浪费。

随着环境问题的逐渐凸显，20世纪60～70年代的环保运动为可持续时尚的起源奠定了重要基础。在这一时期，社会各界对环境保护的呼声越来越强烈，生态保护组织纷纷成立，呼吁人们减少资源浪费，保护自然生态系统。时尚行业在这种思潮的影响下，开始出现了最初的反思声音。一些先锋设计师和品牌开始意识到，时尚不仅仅是外观的设计和潮流的追逐，其背后还涉及环境保护、资源合理利用及社会公平等更为深刻的问题。这种意识的觉醒为可持续时尚的初步形成奠定了思想基础。

与此同时，全球化进程的加剧也使时尚产业的供应链更加复杂和分散。传统的时尚生产模式通常集中于少数几个发达国家，随着全球经济一体化的发展，时尚产业的生产逐渐向发展中国家和新兴市场转移。这一变化虽然降低了生产成本，但同时也带来了环境和社会方面的隐忧。低廉的劳动力成本和较为宽松的环境法规，使一些国家成为时尚生产的主要基地。然而，这些国家在生产过程中往往忽视了环境保护和劳动者权益保障，导致工厂环境恶劣、工人工作条件差、废水和化学品直接排放等问题层出不穷。这一时期，时尚行业的生产逐渐与全球环境和社会问题紧密联系，这也为可持续时尚理念的孕育提供了契机。

随着消费者对环境问题的关注度提升，时尚品牌开始面对越来越多的来自市场的压力。环保组织和消费者团体通过各种方式呼吁时尚品牌承担更多的社会责任，减少对环境的破坏，并提高产品的可持续性。社会各界的推动使一些品牌开始重新思考如何在设计和生产环节融入环保理念。虽然可持续时尚还处于较为零散的实验性探索阶段，但它的核心思想逐渐在时尚行业中占据了越来越重要的地位。

进入21世纪，全球环境问题日益严峻，气候变化、资源枯竭、海洋污染等问题越发突出。随着国际社会对环保问题的持续关注和推动，可持续发展的理念逐渐被引入各行各业。时尚产业作为资源消耗大户，其环保转型的必要性和紧迫性获得了越来越多的社会认可。在这个背景下，可持续时尚不仅仅是一种环境保护的实践，它还开始涉及更多层面的社会责任，如公平贸易、工作条件改善等。可持续时尚的提出反映了社会对时尚行业的一种全新期待，即在追求美感和功能性的同时，能够减少对环境的破坏，并提升社会公平性。

同样值得注意的是，在全球时尚产业中，一些领先品牌和设计师的带动作用不可忽视。自20世纪末开始，一些全球知名设计师和时尚品牌开始尝试将可持续发展理念融入自己的设计和品牌文化中。他们通过使用环保材料、减少生产过程中的碳排放、提高产品的耐用性等方式，扩大可持续时尚在行业中的影响力。这种"自上而下"的转型模式不仅为可持续时尚提供了行业示范效应，也为其他品牌和设计师提供了借鉴经验。

在政府和国际组织的推动下，越来越多的环保政策和法律法规被引入时尚产业。国际社会通过一系列的全球会议、条约和倡议，试图为可持续时尚的进一步发展提供政策保障。全球范围内的环保标准逐渐明确，尤其是在原材料选择、生产工艺、废弃物处理等环节，国家和地区的法规开始对时尚产业提出更为严格的要求。这些政策不仅直接影响了生产过程中的环境友好性，还间接影响了消费者的购买行为，推动了整个行业的转型升级。

在此背景下，消费者的环保意识逐渐觉醒，并对可持续时尚的推广起到了积极的作用。随着环保理念的普及，越来越多的消费者开始重视购买产品的来源和生产过程，关注产品是否符合环保标准、是否使用了可再生资源，以及生产过程中的碳足迹等。消费者的这种转变不仅推动了可持续时尚的市场需求改变，也倒逼时尚品牌在产品设计和生产环节更加注重环保和社会责任。时尚行业与消费者之间的互动形成了一个新的循环，推动了可持续时尚的进一步发展。

在技术进步的推动下，时尚产业的环保转型获得了更多的技术支持。近年来，纺织技术和材料科学的进步为可持续时尚的实践提供了更多的可能性。新型环保材料的研发，如可再生纤维、生物基材料等，为设计师提供了更多的创作选择；智能制造技术的应用，如3D打印、数字化生产等，帮助品牌减少浪费，提高生产效率。这些技术创新不仅提高了时尚产业的可持续性，也使环保与时尚更好地融合，为行业带来了新的发展方向。

从经济学角度看，可持续时尚的提出还与全球经济格局的变化密切相关。随着全球经济发展的不确定性增加，时尚行业也面临着前所未有的挑战。传统的快速时尚模式虽然在短期内推动了消费增长，但其对资源的过度依赖和对环境的破坏逐渐显现，给行业的长期发展带来了隐患。在这一背景下，时尚产业开始意识到，可持续时尚不仅是一种道德选择，还是实现行业长期健康发展的必然途径。通过推行可持续时尚，品牌不仅可以赢得消费者的认可，还能够在激烈的市场竞争中树立独特的品牌形象，提升长期市场竞争力。

学术界对可持续时尚的关注也逐渐增多。各类研究从不同角度分析了时尚产业的环境影响，探讨了如何通过设计、生产、消费等各个环节实现行业的可持续发展。尤其是在生态设计和生命周期评估等领域的研究，为可持续时尚提供了科学的理论基础和实践指导。这些学术研究不仅帮助品牌更好地理解和实践可持续发展理念，也为政府和国际组织制定相关政策提供了依据。

从全球角度看，不同国家和地区对可持续时尚的理解和实践存在差异。一些发达国家和地区，如欧洲和北美洲，早在20世纪末就开始推行环保时尚理念，并出台了相关政策推动行业转型。在一些发展中国家，虽然对可持续时尚概念的认识还相对较新，但随着全球化的推进，这些国家也开始逐渐融入这一趋势，并根据自身的经济和社会条件，探索适合自己的可持续时尚发展路径。

总体来看，可持续时尚的起源不仅仅是对环境问题的回应，还反映了时尚产业在全球化背景下的复杂社会问题。

二、传统时尚与可持续时尚的区别

传统时尚与可持续时尚的区别可以从多个维度展开分析，涉及设计理念、生产模式、材料选择、消费者行为等多个维度。时尚作为一种文化表现形式，历经了多个世纪的演变，其主流方向往往随着社会、经济、技术的变化而转变。传统时尚在很长一段时间内注重外观的创新、潮流的变化和市场的快速响应，而可持续时尚强调对环境的尊重、对资源的合理利用以及社会责任的履行。这种区别不仅体现在时尚行业的生产和消费环节，也体现了整个时尚产业对未来发展的不同思考和态度。

设计美学创新方面，相比可持续时尚，传统时尚长期以来更专注于设计上的美学创新。设计师往往以季节性潮流为导向，每年推出新的设计，以满足消费者对新颖款式的追求。品牌通过不断推出新品来保持市场热度，并通过大规模生产来满足市场短期需求。这种模式虽然在过去的几十年中推动了全球时尚行业的蓬勃发展，但其背后隐藏的环境问题和资源浪费问题逐渐引起了社会的广泛关注。在这一体系中，产品的生命周期较短，消费者购买的服装往往只使用一个季度便被淘汰，从而造成了大量的服装废弃物。

生产模式方面，生产环节的差异同样明显。传统时尚的生产依赖于高度集中的大规模制造模式，这种模式强调通过标准化生产来降低成本，提高产品的市场竞争力。然而，大规模生产的背后是对资源的大量消耗和环境的严重破坏。传统时尚生产过程中的能源消耗、水资源利用以及化学品使用，均远远超出了可持续发展的要求。尤其是在纺织品染色和处理环节，传统时尚行业中广泛使用的化学染料和处理剂，直接对河流、土壤等生态系统造成了污染，而且这些污染物难以降解，长期影响生态环境的健康。

相比之下，可持续时尚更加注重生产的环保性和材料的可持续性。可持续时尚提倡减少资源消耗和废弃物排放，通过选择环保材料、优化生产流程以及采用绿色生产技术，减少对环境的负面影响。与传统时尚不同的是，可持续时尚的产品生命周期更长，设计师在产品设计阶段就会考虑产品的耐用性和可回收性，力求产品在使用结束后能够被循环利用或降解，从而减少对自然资源的依赖。可持续时尚品牌往往还会在生产过程中应用先进的绿色技术，如无水染色技术、可降解材料的开发等，以降低生产对环境的负面影响。

材料选择方面，传统时尚更多依赖于不可再生资源和化学纤维，如石油基材料和合成纤维。这些材料虽然成本低、易于大规模生产，但其生产过程对环境有着极大的破坏性，且难以被自然降解，导致大量服装废弃物进入垃圾填埋场或被焚烧处理，进一步加剧了环境问题。传统时尚行业中广泛使用的聚酯纤维、尼龙等材料，虽然具备较强的耐用性和使用性能，但由于其化学性质，往往在废弃后无法被自然分解，成为环境中的"永久垃圾"。

相反，可持续时尚在材料选择上更倾向于天然纤维和可再生资源，如有机棉、亚麻、竹纤维等。这些天然材料不仅来源于可持续的农业生产，而且其生产过程相对更加环保，能够在使用结束后自然降解，减少对环境的长期影响。与此同时，可持续时尚还积极探索可再生材料的应用，如可再生纤维、回收塑料瓶制成的面料等，通过减少对自然资源的直接开采来降低对环境的压力。可持续时尚在材料选择上的差异体现了传统时尚与可持续时尚在对待自然资源的态度上的根本性不同。

生产链的透明度和社会责任方面，传统时尚的供应链较为复杂且不透明，尤其是随着全球化进程的加快，时尚生产逐渐向低成本地区转移，这使供应链的环境和社会问题更加突出。传统时尚品牌往往注重降低生产成本，但忽视了生产过程中对工人权益的保障和对环境的责任。在这种模式下，许多服装生产国家和地区的工人处于恶劣的工作环境中，不仅工时长、工资低，劳动条件缺乏保障，甚至还存在雇用童工现象。这些问题引发了广泛的社会批评，要求时尚行业承担起更多的社会责任。

相对而言，可持续时尚在生产链的管理中更加注重透明度和道德规范。品牌通过采用公平贸易、透明供应链等方式，确保工人在生产过程中获得合理的报酬和福利保障，改善劳动条件，并减少生产对环境的影响。许多可持续时尚品牌公开其供应链信息，确保消费者能够追踪产品的生产过程，了解其购买的产品是否符合环保和社会责任的标准。这种供应链的透明化管理不仅增强了消费者对品牌的信任，也促使时尚行业在全球化背景下更加注重社会责任的履行。

消费模式方面。由于传统时尚受到快速消费文化的驱动，品牌通过频繁推出新品，吸引消费者不断购买，从而维持市场的活跃度。消费者在这种模式下往往受到潮流变化的引导，导致过度消费成为常态。然而，频繁更换的服装不仅加剧了资源的浪费，也导致了大量服装废弃物的产生，给环境带来了沉重的负担。传统时尚通过低成本生产和低价销售的方式，促进了这种"快买快扔"的消费文化形成，而这种消费模式本身正是可持续发展的主要障碍之一。

相比之下，可持续时尚倡导更加理性的消费行为。品牌通过推广环保设计、耐用性和多功能性产品，鼓励消费者减少过度消费，延长产品的使用寿命。这不仅有助于减少资源浪费，也促使消费者更加珍惜自己购买的服装，培养一种"少而精"的消费观念。可持续时尚的消费模式不仅关注产品的质量和功能，还强调其生产过程中的社会责任和环境影响，这种消费模式的转变反映了社会对时尚行业的一种新的期待，即时尚不仅是外在的潮流和消费符号，还应成为一种负责任的生活方式的体现。

设计理念方面。传统时尚往往更加注重外观的时尚感和流行性，设计师通过各种方式追求视觉上的冲击力，以快速捕捉市场需求。品牌通过不断变换款式、推出限量版和季节性产品，吸引消费者的注意力。这种设计思路虽然能够在短期内创造市场效应，但其对长期使用和耐用性考虑较少，导致许多产品在短时间内被淘汰，无法满足消费者的长远需求。

相反，可持续时尚在设计过程中更加注重产品的多功能性和耐用性。设计师在创作时考虑到产品的生命周期，力求通过简约、经典的设计减少潮流变化带来的淘汰风险。同时，可持续时尚的设计理念中融入了更多的社会责任感，不仅关注外观的美感，还注重产品在生产、使用和废弃过程中的环境影响。许多品牌通过创新设计，提升服装的功能性，使其在不同场合都能被合理利用，从而延长产品的生命周期，减少浪费。

营销策略方面。传统时尚品牌依赖大规模广告宣传，通过明星代言、时尚秀等方式创造市场热度。品牌通过强大的营销手段，不断引导消费者追逐潮流，维持市场活跃度。然而，这种营销方式也加剧了过度消费，推动了"快时尚"文化的蔓延。

相较而言，可持续时尚品牌更加注重通过教育消费者来传递其环保理念。许多可持续品牌通过透明化的生产信息、环保认证和社会责任报告，向消费者展示其产品的环保性和社会价值。这种营销方式不仅帮助品牌树立了独特的市场形象，也推动了环保理念的广泛传播。消费者在这种营销模式下，不再是品牌推广的被动接受者，而是逐渐成为环保时尚的参与者和推动者。

概括来说，传统时尚与可持续时尚的区别贯穿于设计理念、生产模式、材料选择、消费行为和市场推广等多个环节。可持续时尚强调环保、责任和长远价值，而传统时尚更多注重短期的市场效益和潮流变化。两者的差异反映了时尚行业在全球环境压力和社会责任呼声下的变革趋势。

三、全球时尚行业中的可持续发展进程

全球时尚行业在可持续发展方面经历了漫长的演变过程。时尚行业在早期的快速扩展中，曾一度忽视了对环境和社会的负面影响，但随着生态问题的逐步显现，时尚产业的可持续性转型开始受到广泛关注。全球多个地区的时尚产业都在不断探索更加环保和更具社会责任的发展路径，推动可持续时尚逐渐从边缘理念走向主流发展。其进程不仅受社会责任的推动，还伴随着技术创新和政策引导的深化。

在20世纪中后期，全球对生态环境的破坏引发了广泛的反思，时尚产业的高速发展带来的资源消耗和环境污染问题也进入了公众视野。当时的时尚产业，大多数依赖于大规模的生产模式，这种模式在短期内促进了经济的快速增长，但同时也带来了巨大的环境代价。许多国家和地区开始意识到，如果不采取有效的措施加以遏制，时尚

产业带来的环境问题将难以控制。基于此，部分国家和地区率先提出了时尚领域的可持续发展理念，逐步推动企业从设计、生产到消费的各个环节采取更环保的方式进行调整。

随着全球环境问题的日益严峻，时尚行业的可持续发展进程逐步加快。多个时尚品牌开始探索如何通过材料创新来减少对自然资源的依赖（尤其是在纤维材料的选择上），因此，天然纤维和可再生材料的应用成为一种趋势。这一变化并非一时的偶然，而是受到全球环保思潮的深刻影响。在此过程中，欧洲国家率先提出了诸多环境保护和可持续发展的政策，这些政策的实施为时尚产业的绿色转型提供了坚实的政策保障。特别是在法国、英国、德国等时尚强国，政府与企业联合推行了一系列关于环保时尚的倡议和项目，致力于将可持续时尚理念嵌入整个产业链中。

与此同时，北美洲的时尚产业也逐渐意识到可持续发展的重要性。许多著名的时尚品牌开始调整自身经营模式，减少对环境的负面影响。一些品牌率先提出了"绿色时尚"的概念，倡导通过减少资源消耗和废弃物降低对生态的破坏。这些品牌的成功引领了北美洲时尚行业向可持续方向发展的潮流，也促使其他品牌效仿和跟进。材料的选择和生产流程的革新成为可持续时尚发展的重要驱动力。北美洲的消费群体也在这一时期表现出了对环保时尚的高度认同和支持，这为可持续时尚在该地区的发展奠定了坚实的市场基础。

进一步推动全球时尚行业可持续发展的还有技术的进步和创新。随着科技的不断进步，许多先进的环保技术被应用于时尚产业，这不仅提高了生产的效率，还减少了资源浪费和环境污染。3D打印技术、无水染色技术以及智能化生产工具的应用，使时尚产业能够在减少对环境破坏的前提下，仍然保持高效的生产能力。技术进步不仅为可持续时尚的推广提供了重要支持，也在一定程度上改变了全球时尚产业的生产模式和发展思路。许多设计师和品牌开始借助新技术探索更加创新的设计理念和生产方式，推动可持续时尚向更加多元化的方向发展。

亚洲地区的时尚产业在全球化的进程中也逐渐加入可持续发展的行列。尽管亚洲国家的时尚产业起步相对较晚，但在近年来取得了显著的进展。特别是在中国、日本、韩国等时尚产业快速发展的国家，环保时尚逐渐受到更多品牌和消费者的青睐。亚洲的时尚品牌通过引入环保材料、优化生产流程、提升产品设计的耐用性和多功能性，积极推动可持续时尚在本地区的应用和普及。随着亚洲市场对时尚产品的需求不断增长，如何在满足消费需求的同时减少对环境的破坏，成为该地区时尚行业关注的焦点。可持续时尚的理念在亚洲的传播不仅体现在高端时尚品牌的创新实践中，也逐渐渗透到大众消费品市场，影响了更广泛的消费群体。

此外，拉丁美洲和非洲的时尚产业也在全球可持续时尚发展进程中作出了自己的贡献。虽然这些地区的时尚产业尚未完全走向世界舞台的中心，但它们在推动可持续时尚发展的努力中展现了极大的潜力。例如拉丁美洲的一些国家凭借丰富的天然资源，逐渐将环保材料的生产和开发纳入时尚产业的发展规划中，而非洲的一些国家则通过发展当地的传统手工艺，探索低污染、低能耗的时尚生产方式。这些可持续时尚实践为全球时尚行业的发展提供了更多的可能性，也为全球时尚产业在环境保护和文化传承上的融合提供了新的视角。

与此同时，国际时尚界的合作与共识也加速了可持续时尚的发展。许多国际组织和时尚行业的领袖们通过召开全球性的时尚峰会和论坛，促使各国政府和企业达成共识，共同推动可持续时尚的全球化进程。这些全球性合作不仅提升了各地区时尚产业的环保意识，还通过跨国界的资源共享和技术合作，推动了可持续时尚的技术进步和市场扩展。时尚行业的国际化发展为全球各地区的可持续时尚发展提供了相互学习和借鉴的机会，促进了全球时尚行业的可持续转型。

不可忽视的是，全球时尚产业的可持续发展还受到消费者行为变化的深刻影响。随着人们环保意识的提高，消费者对时尚产品的选择标准也在发生变化。越来越多的消费者开始关注产品的生产过程、材料来源和使用寿命，希望通过选择环保时尚产品来减少自身的环境足迹。这一消费趋势的转变为时尚品牌提供了新的市场机会，也迫使那些仍然依赖传统生产模式的品牌重新审视运营方式。消费者的环保意识为可持续时尚的普及提供了强大的市场驱动力，推动了全球时尚产业朝着更加环保和更具社会责任的方向发展。

全球时尚行业可持续发展进程的另一个重要推动力是政策的不断完善和推进。各国政府为应对气候变化和资源枯竭问题，逐渐出台了一系列的环保法规和政策，对时尚行业的环保要求越来越高。一些国家通过强制性法律法规，限制了某些对环境有害的材料和生产工艺的使用，鼓励时尚企业采用更加环保的技术和材料进行生产。这些法律法规和政策的实施为可持续时尚的进一步推广提供了有力的法律保障，也为全球时尚行业的绿色转型提供了政策支持。

与此同时，时尚教育在全球可持续时尚发展进程中发挥了越来越重要的作用。许多时尚院校将可持续时尚纳入了教学体系，培养了一代又一代具有环保意识和社会责任感的设计师和从业者。这些未来的时尚行业领袖在设计和生产过程中融入了更多的可持续发展理念，不仅在自身的职业生涯中践行环保时尚的准则，还通过作品和品牌影响着更多的消费者和同行。时尚教育的普及为可持续时尚的发展提供了人才支持，也为全球时尚行业的长期可持续发展打下了坚实的基础。

此外，时尚行业的媒体宣传和社会舆论也在推动可持续时尚的全球化进程中起到了积极作用。随着社交媒体和互联网的广泛普及，时尚品牌和设计师能够通过更多的渠道向公众传递可持续发展理念，增强品牌的环保形象和彰显其社会责任感。许多知名的时尚媒体和时尚博主也通过报道可持续时尚的创新案例和成功经验，吸引更多消费者的关注和参与。这种自上而下与自下而上的互动，使可持续时尚不仅成为一种行业潮流，也逐渐渗透到消费者的日常生活中。

在全球时尚行业可持续发展进程中，时尚品牌的主动性与创新精神至关重要。那些在环保领域走在前列的品牌通过大胆实验和创新，不仅提升了自身的市场竞争力，也为整个行业的转型提供了实践经验和发展方向。无论是通过新材料的研发，还是通过生产流程的绿色化改造，这些品牌的成功经验不仅为其他企业提供了有力的借鉴，也推动了整个时尚行业朝着更加环保、更加负责任的方向发展。

从整体上看，全球时尚行业的可持续发展进程是一个复杂而多维的过程，不仅涉及环境保护、社会责任等多个层面，还与全球经济、文化、技术的发展密切相关。在各方力量的共同推动下，可持续时尚已经逐渐从一个理念转变为全球时尚行业的行动指南。

四、关键历史事件与影响力扩展

在可持续时尚发展的过程中，多个关键历史事件推动了这一理念的广泛传播和应用。时尚行业长期以来以其快速变化和大规模生产著称，但随着环境问题的不断加剧，一些重要的历史节点使时尚行业开始重视可持续发展。时尚行业的可持续发展并非突然兴起，而是伴随着全球环境意识的觉醒以及社会对资源管理和环境保护的诉求而逐步演变形成的。每一个历史事件都在全球范围内产生了深远的影响，为时尚行业带来了新的思考和行动方向。

20世纪60年代的环保运动为时尚产业的可持续发展埋下了最初的种子。当时，全球环境问题逐渐被公众关注，一系列关于空气污染、水资源短缺、物种灭绝的报道使社会各界开始反思人类的生产活动对自然界的破坏。尤其是在西方国家，环保意识的觉醒推动了各行各业开始考虑如何减少对环境的伤害。在这一背景下，时尚产业首次面临是否应该承担起更多环境责任的讨论。尽管这一时期的可持续时尚理念还处于萌芽阶段，但它奠定了后续发展过程中时尚行业对环保问题关注的基础。

1992年在巴西里约热内卢召开的联合国环境与发展大会成为推动全球环保政策的重要会议之一。这场大会标志着国际社会正式将环境保护纳入全球议程，并且通过了《里约环境与发展宣言》。这一宣言不仅为全球各国制定环境政策提供了指导方向，也为时尚行业开始系统性地思考可持续发展的必要性提供了外部推动力。会议期间，多个国家和地区的环保组织呼吁各行业，尤其是资源密集型行业（如时尚、纺织等），必须采取有效措施减少资源浪费，并提高产业的环保标准。这一事件为全球时尚行业的可持续发展提供了第一个国际框架。

21世纪初，随着全球气候变化问题的加剧，可持续时尚理念得到了进一步发展。2006年，一部关于气候变化的纪录片《难以忽视的真相》在全球范围内引发了巨大反响。这部纪录片详细阐述了人类活动对全球气候系统的影响，并指出了包括时尚产业在内的多个行业对温室气体排放的影响。这一纪录片直接促使公众对时尚行业可持续问题的广泛关注。许多消费者开始质疑自己日常生活中的时尚消费习惯，越来越多的人开始关注服装背后的生产过程及其对环境的影响。由此，时尚品牌面临的市场压力开始增加，消费者的环保意识逐渐对行业产生实质性影响。

与此相关的是2009年在哥本哈根举行的联合国气候变化大会。此次大会吸引了全球各国领导人、企业界人士以及环保组织的广泛参与。尽管会议最终未能达成具有法律约束力的协议，但它对全球企业界，尤其是时尚行业的企业，起到了重要的警示作用。许多国际知名品牌在会议结束后相继发布了各自的环保战略，承诺在将来的生产和供应链管理中，采用更多环保材料，减少碳足迹。与此同时，这次大会也进一步推动了公众对时尚产业生态责任的广泛讨论，使可持续时尚的理念得到了更多的传播和实践。

2013年发生在孟加拉国的"拉纳广场"事故成为全球时尚行业反思社会责任与可持续发展的转折点。该事故导致超过一千名服装工人死亡，震惊了全球时尚界。人们开始质疑全球时尚产业快速扩张背后的生产模式和劳动条件，特别是那些依赖低成本生产和剥削劳动力的供应链结构。事故发生后，全球范围内的消费者、媒体和社会组织纷纷发声，要求时尚品牌对其供应链中的工人权益和生产安全承担更多责任。这一事件加速了时尚行业在社会责任和可持续发展领域的改革步伐，推动了更多品牌开始将可持续发展纳入企业战略。

在"拉纳广场"事故之后，全球时尚行业迎来了重要的变革时刻。2015年，联合国发布了可持续发展目标（SDGs），这一框架为全球各行各业，包括时尚产业，提供了详细的行动指南。可持续发展目标涉及环境、经济和社会等多个层面，要求各国政府、企业和公众共同努力，实现经济发展与环境保护的平衡。在这些目标的推动下，许多国际时尚品牌开始与非政府组织合作，致力于开发更加环保的产品，并在供应链中贯彻社会责任。可持续发展目标的发布标志着时尚行业从局部的环保行动，逐步转向系统性、全球性的可持续战略布局。

与全球时尚行业的绿色发展趋势相呼应，欧洲多国的政策推动成为重要的助力。法国政府率先在2016年通过了《反浪费及循环经济法》，该法要求服装品牌必须处理未售出的商品，而不能随意丢弃或销毁。这一政策旨在减少服装浪费，推动企业更加理性地规划生产和销售策略，减少资源浪费。此外，法国还通过了一系列税收优惠和补贴政策，鼓励时尚品牌采用可持续材料，减少化学染料的使用。欧洲的这一系列政策不仅规范了时尚行业的环保行为，还为全球时尚行业的可持续发展提供了政策样板。

但2020年新型冠状病毒感染对时尚行业的可持续发展进程产生了深远的影响。疫情导致全球供应链受到严重冲击，时尚行业面临前所未有的生产和销售困境。许多品牌开始反思其以往依赖大规模生产和快速消费的模式，并逐渐转向更加灵活和环保的生产方式。数字化工具的应用、按需生产的推广以及环保材料的研发，都在这一时期得到了加速发展。疫情推动了全球时尚行业的变革，使更多企业意识到可持续发展的必要性，并在生产和供应链中引入了更加长远的环保战略。

除了政策和社会事件的推动，时尚行业内的先锋品牌和设计师也在推动可持续时尚方面发挥了重要作用。例如，一些国际知名的高端时尚品牌率先提出了"循环经济"理念，通过循环利用材料、减少浪费和延长产品使用周期来降低对环境的影响。这些品牌不仅通过创新设计和技术手段实践可持续发展理念，还积极倡导行业标准的制定和推广。它们的成功实践不仅为其他品牌树立了榜样，也推动了全球时尚行业在材料开发、生产技术、市场推广等方面的可持续转型。

同样重要的是，全球范围内的时装周和设计大赛逐渐成为推广可持续时尚理念的重要平台。各大时装周纷纷引入环保设计展，鼓励设计师在创作中使用可持续材料，并展示其对环境保护的独特理解。这些平台不仅帮助设计师获得更高的曝光度，还为消费者提供了更多的环保时尚选择。设计大赛中的获奖者往往能够获得品牌合作机会，进一步推动可持续时尚理念的落地实施。

另一个不可忽视的关键事件是社交媒体和数字技术的兴起，它们为可持续时尚的传播提供了新的动能。社交媒体的广泛应用使时尚品牌可以更直接地与消费者沟通，传递环保理念。许多品牌通过社交平台发布透明的生产信息、环保认证和供应链管理情况，让消费者能够更清楚地了解其购买的产品背后的环境和社会影响。数字技术的应用不仅提高了品牌的环保透明度，还为消费者参与环保行动提供了更多的途径。

总结来看，这些关键历史事件通过政策推动、社会责任讨论以及技术创新等，多方面推动全球时尚行业的可持续发展进程。

第二节

可持续时尚的核心价值与行业标准

可持续时尚不仅代表着对环境的尊重，更承载了现代社会责任和企业伦理的核心价值。它的崛起标志着时尚行业开始从关注产品外观转向注重整个产业链的环保和社会责任。在此过程中，生态设计和循环经济理念为企业提供了可持续发展的方向，而全球范围内的认证标准为这一发展提供了具体的规范。本节将探讨这些核心理念的深层意义，分析可持续时尚如何通过建立行业标准和认证体系，促使品牌商和供应链各环节承担起更多的责任，从而推动整个时尚行业向更加透明和负责任的方向发展。

一、生态设计与循环经济的核心理念

生态设计与循环经济的核心理念是可持续时尚的重要基石，它们的提出不仅为时尚产业提供了全新的设计思路和生产模式，也为整个行业的环保转型奠定了理论基础。生态设计的本质在于将环境保护融入产品设计的每一个环节，力求在材料选择、生产流程、使用寿命和废弃物处理上实现对环境的最小化影响。与此同时，循环经济强调资源的重复利用，减少一次性消耗品的生产和使用，最终建立一个无废物、可循环的闭环体系。两者的结合为时尚行业的可持续发展开辟了新的路径。

在生态设计中，设计师从一开始就考虑产品的整个生命周期。这一设计理念强调产品从原材料的选择到使用后废弃的整个过程，都必须减少对环境的负面影响。设计师通过选用可再生材料或回收材料，确保产品的生产过程不会对自然资源造成过度消耗。同时，生态设计还关注产品在使用过程中的耐用性和多功能性，力求延长产品的使用寿命，减少因频繁更换服装而造成的资源浪费。这种设计理念从根本上改变了传统时尚设计中追求短期时尚潮流的方式，提出了一种更加长久、稳定的时尚美学。

承接上述观点，循环经济的核心理念与生态设计密切相关。它主张通过资源的高效使用、产品的长寿命设计，以及废弃物的再利用来实现对环境的保护。传统的线性经济模式往往是从资源提取开始，经过生产、使用后，最终废弃。循环经济力求打破这一单向链条，通过资源的循环使用，减少废弃物的产生，甚至实现"零废弃"目标。在时尚产业中，循环经济的实践不仅包括废旧服装的回收和再利用，还涉及生产过程中残余材料的二次利用，从而最大限度地减少资源浪费。

为了推动生态设计和循环经济的广泛应用，时尚产业中的许多品牌和设计师开始探索新的技术和材料。可再生纤维、植物基材料，甚至废旧塑料瓶都被用作时尚产品的原材料，通过技术手段将其转化为可用的纺织材料。通过这些新材料的应用，设计师能够创造出既符合美学标准，又对环境友好的产品。同时，生产技术的进步也使材料的回收和再利用变得更加高效。无论是纺织品的再生工艺，还是废旧衣物的翻新处理，这些技术都在逐渐推动时尚产业向循环经济模式过渡。

在这一过程中，消费者的角色也发生了变化。过去，时尚消费更多是基于季节性潮流的变化，消费者频繁购买新款服饰，导致大量服装被迅速淘汰。在生态设计和循环经济的影响下，消费者逐渐意识到购买可持续时尚产品的重要性。一些品牌通过提供产品回收计划，鼓励消费者将不再使用的衣物送回品牌进行翻新或再利用，这不仅减少了废弃物的产生，也提高了消费者的环保意识。时尚品牌与消费者之间的互动，在这一生态系统中扮演了至关重要的角色。

更进一步来看，生态设计不仅仅是技术的革新，还涉及对设计理念的全新思考。传统的时尚设计往往以视觉效果和潮流趋势为核心，而生态设计更加强调设计与环境的平衡。设计师在创作过程中，不仅要考虑产品的美观性和功能性，还必须权衡其生产对生态系统的影响。许多设计师通过减少设计中的多余元素，采用简洁、经典的设计风格，使产品在视觉上保持长久的吸引力，同时降低资源的消耗。这种设计理念在保持产品吸引力的同时，减少了时尚行业对自然资源的依赖。

时尚行业的供应链管理也在生态设计和循环经济的推动下发生了变化。传统的供应链模式往往注重效率和成本，忽视了生产过程中的环境代价。在可持续时尚的理念下，供应链的透明化管理和资源的高效使用成为新的标准。许多品牌开始与供应链各环节的合作伙伴共同制定环保目标，确保原材料的可持续来源，减少生产中的污染和浪费。通过对供应链的优化，时尚行业能够在保证产品质量的同时，实现对环境的友好生产。

循环经济的推广还促使时尚行业重新审视废弃物的处理方式。在传统时尚模式下，废旧服装和生产残余物往往被简单地丢弃，成为垃圾填埋场中的一部分。在循环经济模式下，废旧物品被视为新的资源，通过回收和再利用，这些废旧材料可以重新进入生产流程，成为新产品的原料。这种资源循环使用的方式不仅减少了对自然资源的需求，还有效降低了废弃物对环境的负面影响。许多时尚品牌通过设立废旧物品回收站、推广可持续设计比赛等方式，进一步推动循环经济的发展。

与此同时，政策的推动也为生态设计和循环经济的普及提供了支持。各国政府为了应对全球气候变化和资源枯竭问题，陆续出台了一系列环保法规，要求各行业在生产过程中减少碳排放和资源浪费。时尚行业作为高资源消耗的产业，成为重点关注对象。在这些政策的推动下，越来越多的品牌开始将生态设计和循环经济的理念融入产品开发和生产管理中。政策的推动不仅对企业的生产方式提出了更高的要求，也为时尚行业的可持续发展提供了外部保障。

在学术界，生态设计与循环经济的研究逐渐成为时尚领域的重要课题。许多学者从不同角度探讨了如何通过设计、生产、消费等环节实现时尚产业的可持续发展。生态设计理论的提出，使时尚设计不仅仅是美学上的创新，还涉及对社会责任和环境责任的思考。学术研究的推动为生态设计和循环经济的广泛应用提供了理论支持，也为时尚产业的实践者提供了具有可行性的操作框架。这种学术与产业的双向互动，使可持续时尚理念得到了更加深入的发展。

值得注意的是，生态设计与循环经济的核心理念在时尚产业中的推广并非一帆风顺。许多时尚品牌在实践过程中面临着成本、技术、市场需求等多方面的挑战。尤其是在生产成本方面，生态设计和循环经济的初期投入往往较高，这使得一些中小品牌难以在短期内实现全面转型。然而，随着技术的进步和市场需求的增长，越来越多的品牌开始意识到生态设计与循环经济不仅是一种环保责任，还是提升品牌价值和竞争力的重要手段。这种认识的转变为可持续时尚的发展带来了更多的可能性。

设计教育在生态设计和循环经济的推广过程中发挥了重要作用。越来越多的设计院校将可持续设计作为课程的重要组成部分，培养新一代设计师的环保意识和社会责任感。设计师在学习过程中不仅要掌握传统的设计技能，还要深入理解如何通过设计减少对环境的负面影响。设计教育的改革为时尚产业输送了大量具有可持续发展理念的设计人才，这些设计师在将来的职业生涯中将继续推动生态设计和循环经济的发展。

通过生态设计与循环经济的实践，时尚行业不仅能够减少对环境的负面影响，还能实现更高效的资源利用和更负责任的生产方式。

二、社会责任与企业伦理的时尚关联

在时尚行业中，社会责任与企业伦理的紧密联系已成为现代可持续时尚的核心组成部分。作为一个全球化的产业，时尚行业对环境、社会和经济的影响深远，因此企业必须承担起相应的社会责任。随着可持续发展理念的深入，越来越多的品牌认识到，仅仅通过外观设计和市场营销已无法满足消费者和社会的期望。企业的社会责任不仅涵盖环境的保护，还包括劳工权益的维护、供应链的透明管理以及社区福利水平的提升。这些责任的承担，构成了企业伦理在时尚行业中的重要体现。

回顾时尚行业的发展历程，企业社会责任的讨论逐渐从边缘走向主流。这不仅是因为时尚产业对环境的巨大消耗，也因为其供应链中经常暴露的劳工剥削问题。服装生产往往集中在一些发展中国家，这些地区的工人长期面临低工资、超长工时和恶劣的工作条件等问题。社会舆论对这些问题的持续关注，推动时尚品牌反思其在全球供应链中的角色与责任。企业伦理因此不再只是企业内部的价值观体现，还成为公众评价品牌的重要标准。

企业对社会责任的践行，往往首先体现在其生产供应链的透明度和道德规范上。许多时尚品牌为应对外界的质疑，开始逐步公开其供应链的细节信息，确保生产过程中没有使用童工或不存在其他形式的不公平劳动。这种透明度的增加不仅增强了品牌的可信度，也为消费者提供了更清晰的选择依据。通过严格的第三方认证和审核，企业能够向消费者证明其生产过程符合伦理标准，并展示对工人权利的尊重。这一举措进一步推动了时尚行业的企业伦理建设，使品牌的社会责任与市场形象紧密联系在一起。

承接这一趋势，企业在社会责任的履行过程中也越来越关注劳工权益的保护。许多时尚品牌开始与非政府组织和工会合作，确保生产工人的权益得到保障。这种合作不仅改善了工人的工作条件，还提高了品牌的社会声誉。一些品牌甚至设立了专门的社会责任部门，负责监督和评估供应链中的劳动条件，确保每一个生产环节都符合道德规范。通过这些行动，时尚企业不仅为行业树立了榜样，还彰显了劳工权益在全球供应链中的重要性。

在社会责任的框架内，时尚品牌还需要关注社区的福利和环境的可持续性。许多企业通过慈善项目和社区发展计划，回馈当地社区。这些举措不仅帮助改善生产地区的社会经济条件，还提升了品牌的公众形象。一些品牌特别注重教育、健康和环境保护等领域的投入，力求通过企业的力量为社会创造更多的价值。这种企业伦理的外延，使时尚品牌不仅仅是在进行商业活动，更是在承担推动社会进步的责任。

与此同时，消费者对时尚企业的社会责任意识的关注度不断提高。随着环保意识的普及，消费者不再仅仅关注产品的设计和价格，他们希望品牌能够体现出对环境和社会的关怀。消费者通过社交媒体和网络平台，积极参与讨论企业的社会责任表现，甚至通过抵制那些未履行社会责任的品牌，表达对企业伦理的期望。因此品牌不得不更加重视其社会责任的履行，以回应消费者日益增长的道德要求。企业与消费者之间的互动，反映了社会责任在品牌塑造中的重要性。

在时尚行业的快速发展过程中，企业伦理的构建也面临着诸多挑战。随着全球化进程加快，许多品牌的供应链跨越多个国家和地区，使整个生产链的监管变得异常复杂。一些品牌在追求低成本和高效率的过程中，难免会忽视某些环节的社会责任。这种局限性不仅影响了品牌的声誉，还可能引发公众对其企业伦理的质疑。为了解决这一问题，许多企业开始通过制定更严格的供应链标准和合作伙伴选择机制，确保在全球范围内的生产活动都符合伦理标准。

企业社会责任的另一个重要体现是对环境的保护。时尚行业作为资源密集型产业，长期以来依赖大量的自然资源进行生产。这不仅给生态环境带来了巨大的压力，也使得时尚企业在可持续发展领域面临巨大挑战。为了解决这一问题，许多品牌开始致力于减少生产中的环境影响，包括减少水资源的使用、降低碳排放以及使用可持续材料。这些环境保护措施，不仅使得品牌能够在环保议题上树立积极形象，还为社会的可持续发展贡献了力量。

在推动社会责任和企业伦理的过程中，政府和行业组织也发挥了至关重要的作用。各国政府通过颁布法律和政策，要求企业在生产过程中必须遵守环保法和劳动法的规定。以上措施不仅为企业的社会责任提供了法律保障，也为时尚行业的可持续发展提供了指引。行业组织通过制定行业标准和发布行业报告，推动企业在社会责任和企业伦理领域的自律。这种多方合作的机制，确保了时尚行业能够在快速发展的同时，始终保持对社会和环境的关注。

时尚品牌在履行社会责任时，还需要考虑如何将伦理融入品牌文化。企业伦理不仅仅是外部的合规要求，更应该被内化为品牌价值的一部分。许多企业在内部推广伦理文化，确保每一位员工都能理解并承担社会责任。通过这种文化的渗透，企业能够在生产、设计、市场推广等各个环节保持一致的伦理标准。这种内外结合的企业伦理建设，既增强了品牌的凝聚力，也提升了其在公众中的形象。

此外，企业伦理和社会责任的体现还能够为品牌带来竞争优势。越来越多的消费者愿意为具有社会责任感的品牌支付溢价，这为时尚企业提供了新的市场机会。那些在企业伦理和社会责任上表现出色的品牌，不仅赢得了消费者的信任，还能够在市场竞争中占据优势。通过将社会责任纳入企业战略，时尚品牌不仅能够实现长期发展，还能够通过践行伦理获得更多的市场认可。这种商业模式的转变，使社会责任与企业利润不再是对立的关系，而是一种相辅相成的良性互动。

总的来说，社会责任与企业伦理在时尚行业的关联，正在逐步重塑品牌与消费者之间的关系。在全球环境与社会问题日益突出的背景下，企业必须更加关注其在生产和运营中的伦理表现。通过对社会责任的深入理解和实践，时尚行业的品牌不仅能创造经济价值，还能为社会进步和环境保护贡献积极力量。

三、可持续时尚的全球认证标准与评估体系

可持续时尚的全球认证标准与评估体系为时尚行业的绿色转型提供了重要的指导框架。随着可持续发展理念在全球范围内的不断推广，时尚行业逐步意识到通过科学、透明的标准来验证其产品和生产过程的可持续性至关重要。这些认证标准和评估体系不仅提升了消费者对环保产品的信任度，也推动了企业在环保技术和管理流程上的改进。全球认证标准在时尚领域的作用，已从初期的理念传播，逐渐发展为约束和规范行业行为的重要工具。

时尚行业的全球认证标准涵盖了原材料、生产工艺、社会责任以及废弃物管理等多个环节。认证体系通过一系列的标准和要求，确保品牌在设计和生产过程中对环境和社会的负面影响降至最低。例如，在纺织材料的选择上，认证体系通常要求企业使用可再生资源或经过可持续管理的天然纤维，同时也关注化学品使用量的减少。这一系列严格的标准使可持续时尚不仅仅停留在设计理念的层面，更落地为实实在在的生产实践。

与此相关的还有生产过程中涉及的水资源和能源使用问题。全球认证体系通常会对时尚品牌的生产流程进行全面审查，确保在生产过程中采取了减少水资源消耗和能源消耗的技术措施。通过这一评估，企业能够进一步提高生产效率，并减少对环境的损害。此外，生产过程中使用的化学品管理同样有严格的认证要求，许多国际标准明确规定了纺织品生产中禁止或限制使用的有害化学物质。这些标准的制定和实施，为

时尚行业的环保发展提供了更加明确的方向。

许多认证体系涵盖了企业社会责任的评估。可持续时尚不仅仅是减少对环境的影响，还要求品牌对其供应链中的社会问题进行处理。例如，劳工权益保障、工作条件改善等议题被纳入了评估体系的重要内容。认证机构通过对品牌供应链的详细审核，确保其生产环节中不存在剥削劳工或违反伦理的行为。这种社会责任的认证，不仅规范了品牌在环境保护方面的行为，也促进了其对社会责任的履行，进一步提升了企业的整体可持续性。值得注意的是，全球不同地区的认证体系在标准的具体要求上可能存在差异。欧洲、北美洲以及亚洲等地区的认证体系各自有所侧重，但都致力于推动时尚行业的可持续发展。例如，一些认证体系可能特别关注纺织品的可再生性能，而另一些认证体系可能更重视供应链的社会责任表现。这种区域性的差异，反映了全球不同市场对可持续时尚的不同需求和关注点，但其共同目标都是推动行业的绿色转型与社会责任履行。

随着全球消费者对可持续产品需求的增加，认证标准也在不断更新和完善。品牌通过参与全球认证体系，不仅可以提高产品的市场竞争力，还能向消费者传递更加透明和可信的信息。认证标识成为品牌展示其环保承诺的重要工具，消费者可以通过这些标识判断购买的产品是否符合环保和社会责任履行的标准。全球认证体系通过对企业的严格审查和定期复核，确保了品牌在可持续发展方面的长期表现，而非仅仅是一时的市场营销策略。

此外，评估体系不仅仅依赖于企业的自我报告，还需要第三方机构进行独立审核。认证机构通过实地考察、数据采集和供应链追踪等方式，对企业的环保和社会责任表现进行全面评估。通过这一过程，认证体系确保了数据的真实性和透明度，为时尚行业建立了可靠的信任基础。第三方审核的引入，使认证标准的执行更加公正和有效，避免了企业在认证过程中可能存在的造假或误报行为。

同时，认证标准的推广也对时尚产业链上的其他环节产生了积极影响。原材料供应商、生产工厂以及物流企业，纷纷加入可持续认证行列，形成了一条整体性的绿色生产链。通过各个环节的共同努力，时尚行业能够更好地实现从原材料到最终产品的可持续管理。这种供应链上的全面合作，使得可持续时尚不再仅仅是品牌的独立行动，而是一个涵盖了整个产业链的系统性变革。

尽管认证标准为时尚行业的可持续发展提供了明确的框架，但品牌在实践过程中仍然面临一些挑战。全球认证的成本较高，尤其对中小企业而言，认证费用和审核成本可能成为进入这一体系的障碍。与此同时，一些企业在生产和管理上的改进需要大量的资金和时间投入，这使得它们在短期内难以实现认证标准的全部要求。然而，随着技术进步和政策推动，认证体系的成本逐渐下降，越来越多的企业正在加入这一行列，推动行业向更高的可持续标准迈进。

通过全球认证标准与评估体系的推动，时尚行业正在逐步实现从传统生产模式向可持续发展模式转型。这些标准不仅规范了企业的生产行为，也为消费者提供了可信赖的购买依据，使整个行业在环保与社会责任方面获得了更高的透明度和信任度。

四、产业链中的道德审查与透明度建设

产业链中的道德审查与透明度建设在可持续时尚领域扮演着关键角色，直接影响到品牌的社会责任履行和消费者的信任度。时尚产业的全球化使供应链变得复杂多样，涉及多个国家和地区，这种复杂性对品牌在生产过程中保障道德规范和透明度提出了更高要求。道德审查指的是对企业供应链中涉及的各个环节进行监督，确保在原材料采购、生产、物流等环节不存在剥削劳工、侵犯人权或破坏环境等不符合伦理的行为。透明度的建设要求品牌公开其生产流程和供应链信息，以便外界可以监督其是否真正履行了社会责任。

随着社会对时尚产业道德规范的关注不断加深，供应链的道德审查成为品牌维持市场信誉的重要手段。许多时尚品牌开始意识到，仅仅在生产效率和成本上进行优化已不足以赢得消费者的信任。生产过程中的劳动条件和环境影响日益受到重视，而这些问题往往隐藏在复杂的供应链中。道德审查正是在这样的背景下出现的，旨在通过严格的监督机制，确保每一环节都符合道德标准。这一机制不仅关注工厂工人的工作环境、工资水平，还涉及供应链中是否存在雇用童工、强迫劳动等问题。

在推动道德审查的过程中，品牌通常依赖外部的独立机构进行审核和评估。这些机构通过实地考察、员工访谈和记录审查，深入了解生产流程中的每一个细节，确保供应链的每一环节都遵守国际公认的伦理标准。独立审查的引入极大提高了道德监督的可信度，避免了品牌自我审查中可能出现的利益冲突和隐瞒行为。与此同时，这些外部审查报告往往会被公开发布，进一步提升了审查过程的透明度，也为消费者提供了可靠的判断依据。

承接这一趋势，透明度的建设成为确保道德审查落到实处的重要手段。透明度要求品牌向公众开放其供应链信息，包括原材料的来源、生产环节的环保措施、工人劳动条件等。通过将这些信息公开，品牌不仅能提升其在市场中的道德形象，还能增强

消费者的信任感。透明度的提高使品牌和消费者之间的关系更加紧密，消费者可以清楚地了解自己购买的产品背后涉及的社会责任，这在一定程度上促进了可持续消费模式的形成。

进一步来说，透明度的提升也倒逼供应链中的各个环节更加规范。供应链中的厂商和供应商为了维护与品牌的长期合作关系，不得不提高自身的道德标准。许多品牌通过签订道德协议或进行定期审查，确保供应链中的合作伙伴遵循伦理规范。这样的审查不仅使品牌在道德上站得住脚，还推动了供应链上下游企业共同践行社会责任，形成了一个更加规范、透明的生产体系。

同时，道德审查和透明度建设还涉及环境责任的落实。在时尚产业中，原材料的选择和生产过程中对环境的影响往往是消费者关注的焦点之一。通过道德审查，品牌能够确保其供应链中的环保标准得以贯彻，减少污染物排放和资源浪费。透明度要求品牌公开其环保实践和节能减排措施，让消费者清楚地知道购买的产品对环境的影响是否得到了有效控制。这种公开机制不仅提升了品牌的环保形象，也为全球时尚产业的绿色转型提供了推动力。

在这个过程中，科技的发展为道德审查与透明度建设提供了新的可能。通过使用数字化工具和区块链技术，品牌可以更加准确地追踪其供应链中的每一个环节，确保生产过程中的每一个步骤都符合道德和环保标准。这些技术手段的引入不仅提高了审查的效率，还为供应链的可追溯性提供了更加可靠的保障。消费者通过扫描产品的数字标签或二维码，能够轻松获取产品的供应链信息，进一步增强了购买过程的透明度。

与此同时，消费者的角色在道德审查和透明度建设中也变得更加积极主动。随着消费者环保和道德意识的增强，他们不再仅仅关注产品的外观和价格，而是开始对品牌社会责任的履行提出更高要求。消费者通过社交媒体和网络平台，对品牌的道德表现进行监督和讨论，推动品牌在透明度建设上做出更大的努力。消费者的参与使品牌不得不更加重视其道德形象，积极参与道德审查，并不断完善供应链的透明度管理。

此外，道德审查和透明度建设还为品牌提供了在市场竞争中的独特优势。那些在供应链管理中表现出色的品牌，往往能够获得消费者的更高认可度和忠诚度。通过在市场上树立良好的道德形象，品牌不仅能够吸引对社会责任关注度较高的消费者，还能够在竞争激烈的时尚行业中脱颖而出。透明度的提高，使品牌能够更加直接地向消费者传递其社会责任，从而巩固品牌的市场地位。

尽管道德审查和透明度建设在可持续时尚领域取得了诸多进展，但这一过程仍然面临着挑战。全球化的供应链使品牌很难完全掌控每一个生产环节的道德表现，尤其是在那些监管制度不健全的发展中国家，工人权益保障和环保措施的落实仍然存在困难。此外，透明度的建设也要求品牌对其供应链中的问题公开透明，而这往往涉及商业机密和竞争压力，使一些品牌在信息披露上有所保留。如何在保障透明度的同时保护商业利益，成为品牌面临的难题之一。

尽管挑战依然存在，但随着全球时尚产业对社会责任和环境保护的日益关注，产业链中的道德审查和透明度建设将继续成为行业发展的重要议题。通过不断完善道德审查机制和提升供应链透明度，时尚品牌能够在实现商业目标的同时，履行其应有的社会责任。

第三节

可持续时尚的全球政策与趋势

全球政策在推动可持续时尚的发展中发挥了至关重要的作用。各大经济体为应对气候变化和资源枯竭，逐渐出台了与环保相关的政策法规，这为时尚行业的绿色转型提供了政策支持。与此同时，联合国可持续发展目标的提出和欧盟绿色协议的落实，也为全球时尚行业的转型提供了重要的政策框架和战略指导。本节将着重分析全球主要经济体的政策导向，探讨可持续时尚在政策引导下的现状和未来趋势，并展望在市场力量的驱动下，可持续时尚如何进一步推动全球时尚行业的变革与发展。

一、全球主要经济体的可持续时尚政策

全球主要经济体的可持续时尚政策在推动时尚产业的环保转型中发挥着重要作用。面对日益严峻的环境问题，许多国家通过制定政策法规，规范时尚行业的生产与消费模式，期望通过法律的引导，促进可持续发展。这些政策不仅针对环保问题，还涵盖了社会责任、资源管理、废弃物处理等多方面的内容。通过政策推动，全球主要经济体正逐步在时尚行业建立更为完善的可持续发展框架。

在欧洲，法国政府的《反浪费及循环经济法》成为全球时尚行业关注的焦点。该

法案要求所有时尚品牌必须对未售出的商品进行处理，禁止销毁未售出的产品。通过这一法律，法国希望减少时尚行业的资源浪费，鼓励品牌通过捐赠、回收或再利用的方式处理未售出的库存。这一法律不仅对时尚品牌的库存管理产生了直接影响，也推动了品牌在设计和生产环节中的规划，使其更加注重产品的长期价值和环保性能。法国的这一举措得到了广泛的关注，成为全球时尚行业可持续发展的重要里程碑。

德国在可持续时尚领域的政策同样具有代表性。德国政府通过一系列的环保法规和政策，鼓励时尚行业在生产过程中减少水资源的消耗，并对使用可持续材料的品牌提供税收优惠。与此同时，德国还在全球供应链的监督上投入大量精力，通过跨国合作确保进口的纺织品符合环保标准。这些政策使德国时尚行业在环保领域具有极高的透明度和信誉度，不仅为本国企业提供了政策支持，也为国际时尚品牌进入德国市场提供了清晰的环保准入标准。

丹麦以其严谨的环保政策和广泛的循环经济模式著称。丹麦政府通过立法，要求时尚品牌必须对其生产过程中的碳排放、水资源消耗和废弃物处理进行公开报告。这种强制性的透明度要求，使丹麦的时尚行业在全球范围内被视为最具环保责任感的市场之一。此外，丹麦还通过设立循环经济中心，推动品牌和消费者共同参与纺织品的回收与再利用。通过这种政策，丹麦的时尚品牌不仅减少了资源浪费，还通过环保措施提升了产品的市场竞争力。

在亚洲，日本的可持续时尚政策同样具有深远影响。作为全球时尚产业的重要参与者，日本政府通过推广绿色制造技术和节能生产模式，推动时尚产业的环保转型。日本政府通过财政补贴和技术支持，鼓励企业在生产中减少能源消耗，并推广使用可降解材料和无毒染料。与此同时，日本政府还积极参与全球气候协议，通过国际合作推动时尚行业的可持续发展。这一系列政策的实施，使日本在亚洲可持续时尚领域居于领先地位，也推动了区域内其他国家的环保转型。

韩国近年来在时尚行业的可持续发展上也取得了显著进展。韩国政府通过立法和政策引导，鼓励时尚品牌采用可持续材料，并在设计中融入环保理念。为了应对快速时尚带来的环境问题，韩国政府还推出了支持循环经济的政策，鼓励品牌回收和再利用废旧服装，减少垃圾填埋和焚烧。韩国的政策不仅注重生产过程的环保，还通过消费者教育计划，提升公众的环保意识，推动可持续消费模式的形成。

中国的可持续时尚政策具有独特性。作为全球纺织品生产和出口大国，中国政府近年来逐步加大了对时尚行业环保问题的重视。中国通过出台一系列的环保法规，要求纺织品生产企业减少污染物排放，采用清洁生产技术，并推行绿色制造标准。同时，中国政府还推动时尚行业的智能化转型，通过数字化手段提升生产效率，减少资源浪费。中国的政策不仅致力于改善国内的环境问题，还通过"一带一路"等国际合作，推动全球纺织品供应链的绿色发展。

在北美洲，与亚洲和欧洲的政策相比，美国的可持续时尚政策更加多样化。虽然联邦政府尚未出台统一的环保政策，但多个州已经通过了与时尚行业相关的法律法规。例如，加利福尼亚州通过了一项关于供应链透明度的法案，要求时尚品牌必须披露其供应链中的劳工条件，确保不存在强迫劳动或剥削问题。与此同时，一些州还通过税收优惠政策，鼓励时尚品牌采用可再生材料和环保技术。这种分散化的政策模式使美国的时尚行业在可持续发展上呈现出多元化的特点，各州根据自身情况制定了不同的环保策略。

在大洋洲，澳大利亚可持续时尚政策也在逐步推进。澳大利亚政府通过推广本土材料的可持续利用，鼓励时尚品牌采用天然纤维（如羊毛和棉花），这些材料经过可持续管理，减少了对环境的负面影响。澳大利亚还通过一系列的消费者教育活动，提升公众对可持续时尚的认知，鼓励消费者选择环保品牌，减少对快时尚的依赖。澳大利亚的政策重点不仅体现在生产环节，还延伸至消费端，推动可持续消费模式的形成。

综上所述，全球主要经济体在可持续时尚政策上各有侧重，但都致力于推动时尚行业的绿色转型。无论是通过立法、财政支持，还是国际合作，都为全球时尚行业的可持续发展提供了政策引导和框架支持。

二、联合国可持续发展目标与时尚产业关联

联合国可持续发展目标为全球时尚产业的可持续转型提供了清晰的指导方向。这一全球框架涵盖了多个与时尚产业息息相关的领域，包括气候变化、资源管理、社会公平等问题。通过这些目标，联合国希望各国、各行业，包括时尚产业在内，能够采取有效行动，共同应对全球性挑战。在这一背景下，时尚行业不仅承担着引领时尚潮流的文化责任，还面临着在生产、供应链管理和消费等方面实现可持续发展的多重要求。

在联合国提出的可持续发展目标中，多个目标直接或间接涉及时尚产业。其中，减少贫困、消除不平等、促进公平就业和改善劳动条件等目标，与时尚产业的劳动力密切相关。时尚行业的供应链涉及全球多个国家，联合国可持续发展目标要求时尚品牌在全球供应链管理中重视劳工权益，确保生产过程中不存在剥削劳工或不公平的劳

动条件。

在资源管理方面，联合国提出了保护水资源和减少污染物排放的可持续发展目标，这与时尚产业的生产实践直接相关。纺织行业是全球范围内耗水量巨大的产业之一，尤其是在纤维生产、染色和后期处理环节，水资源消耗和污染问题严重威胁着生态系统的稳定。因此，联合国鼓励时尚产业采用更加环保的技术，减少水资源消耗，提升污水处理能力。许多品牌已经开始通过新技术实现生产过程中的水循环利用，减少对水资源的依赖，并通过清洁生产技术，减少生产对水质的污染。

承接这一主题，气候行动作为联合国可持续发展目标的重要组成部分，对时尚产业提出了减少碳排放的要求。时尚行业的生产和物流环节对能源的消耗极为依赖，导致了大量的碳排放，尤其体现在生产环节中的纤维制造、染整加工等工艺过程。因此，联合国希望通过这一目标，促使时尚行业采取节能减排措施，推动低碳生产模式的广泛应用。这要求品牌在选择原材料、设计、生产工艺、运输物流等环节中，尽量减少能源消耗，提升能源利用效率。一些时尚品牌已经在这些领域展开了探索，通过采用可再生能源、减少运输距离等措施，降低碳足迹。

在循环经济方面，联合国可持续发展目标强调了循环经济的重要性。时尚产业长期以来依赖于大量资源的快速消耗，导致了大量废弃物的产生。特别是快速时尚的盛行，进一步加剧了资源浪费和环境压力。因此，联合国希望时尚产业能够通过循环经济的实践，减少资源的浪费和废弃物的产生。这一目标推动了时尚行业重新思考其生产模式，倡导通过回收再利用、设计长寿命产品以及推广可降解材料等方式，减少对资源的消耗。一些时尚品牌已经开始尝试通过产品回收计划、可再生材料的使用等方式，推动循环经济在时尚领域的应用。

在材料方面，联合国可持续发展目标还鼓励时尚产业在生产过程中采用更多可再生材料和生物基材料。这一目标与时尚产业的原材料选择直接相关。传统的时尚生产依赖于不可再生资源，特别是石油基合成纤维的广泛使用，对环境造成了严重的破坏。联合国希望时尚品牌能够通过创新材料的研发，减少对不可再生资源的依赖，推动可再生材料的普及应用。这一目标推动了纺织行业的技术革新，许多品牌开始积极探索生物基纤维、可再生纤维等新型材料的使用，以替代传统的合成纤维，减少对环境的影响。

在可持续消费方面，推动可持续消费同样是联合国可持续发展目标中的一项重要内容。时尚行业不仅在生产环节需要履行环保责任，还要通过推广可持续消费理念，引导消费者做出环保选择。联合国希望通过这一目标，促使消费者在购买时尚产品时，能够更多考虑其生产背景和环境影响，减少盲目消费和过度消费的行为。这一目标要求时尚品牌在市场推广和产品设计中，突出其可持续发展的承诺，引导消费者更加理性地消费。同时，品牌也应通过产品设计延长使用寿命，减少更新换代的频率，从而减少资源浪费。

在性别平等方面，减少社会不平等和推动性别平等也是联合国可持续发展目标中的重要内容。时尚产业长期以来对女性劳动力的依赖性较强，尤其是在纺织和制衣环节，大量的女性工人从事着低薪和体力密集型工作。联合国希望通过推动性别平等的目标，改善女性劳动者的工作条件，提升她们在时尚产业中的经济地位和社会保障水平。这一目标促使时尚品牌重新审视供应链中的性别结构，采取有效的措施保障女性工人的权益，减少性别歧视和工资差距问题。

在技术创新方面，联合国的可持续发展目标还涉及产业创新与基础设施的可持续发展。时尚行业作为一个高度依赖全球供应链的产业，必须通过技术创新提高生产效率和减少资源消耗。联合国希望通过这一目标，推动时尚产业的技术革新，特别是在材料开发、生产技术、物流管理等方面，鼓励企业采用更加环保的技术，减少对环境的负面影响。通过创新技术的应用，时尚品牌能够实现更高效的资源利用，减少生产中的浪费，并推动智能制造和数字化供应链的广泛应用。

在保护海洋生态系统方面，联合国在可持续发展目标中提出了保护海洋生态系统的要求。这一目标与时尚行业的塑料污染和纺织品废弃物管理密切相关。纺织品特别是合成纤维制品，因其无法自然降解的特性，往往会成为海洋污染的来源之一。联合国希望通过这一目标，促使时尚品牌减少对塑料和合成纤维的依赖，推动环保材料的开发和应用，减少对海洋生态系统的威胁。同时，品牌也需要采取相关的措施减少纺织品在生产和废弃处理中的塑料污染，推动海洋生态保护。

在生态系统退化方面，联合国可持续发展目标中提出了减少陆地生态系统退化的要求。时尚行业的原材料生产，特别是棉花种植和畜牧养殖等过程，常常导致大规模的森林砍伐和土地退化问题。联合国希望通过这一目标，推动时尚产业采用更加可持续的原材料种植和养殖方式，减少对森林和土地资源的过度开发。这一目标推动了时尚行业在原材料供应链上的变革，许多品牌开始采用有机棉、可持续养殖的羊毛等材料，减少对生态系统的破坏。

在建立全球伙伴关系方面，推动全球伙伴关系建立也是联合国可持续发展目标的重要组成部分。时尚行业的全球化发展使品牌供应链遍布多个国家和地区，全球伙伴关系的建立能够促进各国之间的合作与技术交流，推动可持续时尚的发展。联合国希望通过这一目标，促使时尚品牌与全球的环保组织、政府和非政府机构合作，共同推动全球时尚行业的可持续发展。通过跨国合作，时尚行业能够更好地应对全球性的环境和社会挑战，实现可持续发展的共同目标。

简言之，联合国可持续发展目标为时尚行业提供了明确的方向指引，通过推动资源管理、劳工权益、循环经济、性别平等等多个领域的改善，促进了时尚产业的可持续转型。

三、《欧洲绿色协议》对时尚产业的影响

《欧洲绿色协议》对时尚产业产生了深远的影响。这项政策框架的核心是推动欧洲各行各业向可持续发展转型，时尚产业作为资源密集型行业，成为绿色协议的重点关注对象。通过一系列严格的环保政策，欧盟希望减少时尚行业的碳足迹，降低资源浪费，并推动循环经济的广泛应用。欧盟绿色协议不仅从生产角度规范了时尚产业的环保要求，也从消费和供应链管理等多个方面，推动行业进行系统性转型。

在《欧洲绿色协议》的推动下，时尚产业的生产流程面临重新设计的压力。欧盟要求时尚品牌在生产过程中采用更加节能环保的技术，减少能源消耗和废弃物排放。纺织品的制造、染整和后期加工是时尚产业中耗能较高的环节之一，因此这些环节成为协议中的重点监管对象。为了响应《欧洲绿色协议》，许多品牌不得不投资于新技术的研发，减少生产中的能源消耗。通过使用可再生能源、优化工艺流程，时尚企业逐步朝着更绿色的生产模式迈进。

在原材料方面，为承接生产环节的调整，《欧洲绿色协议》还特别强调对原材料的选择。欧盟政策鼓励时尚品牌使用可再生、可降解或可循环的材料，以减少对环境的长期影响。传统的石油基合成纤维和合成材料对自然环境造成了不可逆的破坏，而通过《欧洲绿色协议》的引导，越来越多的品牌开始采用天然纤维、有机棉、可再生纤维等环保材料。品牌不仅要考虑材料的生产对环境的影响，还要确保这些材料在使用寿命结束后能够被安全降解或再利用。这样，时尚产业的资源循环利用体系逐渐得到完善。

在循环经济方面，《欧洲绿色协议》在推动循环经济方面也做出了明确规定。时尚产业长期以来以其快速消费模式著称，大量的衣物在短期使用后被丢弃，成为环境污染的主要来源之一。《欧洲绿色协议》鼓励品牌在设计阶段就考虑产品的生命周期，通过提高产品的耐用性、修复性和可回收性，减少废弃物的产生。时尚品牌在这一政策

指引下，开始转向设计长寿命产品，并通过设置回收计划和再利用机制，推动循环经济发展。

在供应链管理方面，《欧洲绿色协议》对供应链的透明度提出了更高要求。时尚产业的全球化特征使其供应链极为复杂，许多品牌的生产基地分布在不同国家，特别是一些环保标准相对较低的发展中国家。因此，绿色协议要求时尚品牌对其供应链进行全面的透明化管理，确保每一个生产环节都符合欧盟的环保要求。品牌不仅要披露其供应链的各个环节，还要通过定期审查和第三方认证，确保供应链中的劳工权益和环境保护得到有效保障。

在消费端引导方面，消费端的引导也是绿色协议的重要组成部分。欧盟通过政策鼓励消费者选择环保时尚产品，并对那些符合环保标准的品牌提供税收优惠和政策支持。在此期间，欧盟还通过立法，要求品牌在产品标签中标明其环保信息，帮助消费者做出知情选择。这一政策的实施，不仅提升了消费者对可持续时尚的认知度，也在市场中形成了对环保品牌的偏好，推动更多企业向可持续方向转型。

在环保信息的披露方面，欧盟要求时尚品牌必须公开其生产过程中的碳排放数据。为了应对气候变化，《欧洲绿色协议》规定，时尚企业需要通过减少碳排放来实现可持续发展目标。品牌在这一政策压力下，开始采用低碳生产技术，并减少物流运输中的碳足迹。一些品牌通过区域化生产缩短运输距离，而另一些品牌选择使用更加环保的运输方式，如电动汽车或火车运输。这些措施都在《欧洲绿色协议》的推动下，帮助时尚产业减少了对环境的负面影响。

在材料研发方面，《欧洲绿色协议》还鼓励企业与非政府组织、科研机构合作，共同开发更加环保的技术和材料。许多时尚品牌与科研机构合作，投资于新型环保纤维的研发，探索如何在不牺牲质量的前提下使用可持续材料。这些合作项目不仅加快了绿色技术的应用，还为时尚产业的长期环保转型提供了技术支持。同时，品牌通过与非政府组织的合作，进一步加强了其在社会责任和环境保护方面的表现，赢得了更多消费者的信任。

在资源管理方面，《欧洲绿色协议》特别关注水资源的使用。在时尚行业，尤其是纺织品生产过程中，消耗了大量的水资源，染色和后期处理环节还往往伴随着严重的水污染问题。《欧洲绿色协议》明确要求，时尚品牌必须减少生产过程中的水资源使用，并通过改进污水处理技术，减少对水体的污染。许多品牌通过引入无水染色技术或废水循环利用系统，减少了对水资源的依赖。这些技术的广泛应用，为时尚产业在节水和减污方面树立了新的标杆。

在有害物质排放方面，绿色协议还要求品牌减少生产中的化学品使用，并限制有害化学物质的排放。时尚产业在纺织品加工过程中常常使用大量的化学品，这些化学品不仅对环境有害，也对工人的健康构成了威胁。欧盟通过制定严格的化学品管理法规，要求品牌在生产中使用无毒、低污染的化学品，并加强对生产废弃物的管理。许多品牌通过优化化学品使用流程，采用更加环保的染料和整理剂，大大减少了对生态环境的破坏。

在可持续理念推广方面，《欧洲绿色协议》推动了消费者对时尚产品的可持续性产生更多的关注。消费者教育计划成为政策的一部分，欧盟通过推广绿色消费理念，鼓励公众更多地选择环保品牌，并减少对快时尚的依赖。通过政府的引导和市场的推动，消费者在购买时尚产品时，更加关注其环保属性，并且愿意为更加可持续的产品支付溢价。这样一来，时尚产业的可持续发展不仅从生产端得到推动，也在消费市场获得广泛支持。

在社会责任方面，在推动时尚品牌实现环保目标的过程中，《欧洲绿色协议》还特别强调了对企业社会责任的关注。时尚行业的全球供应链中涉及大量劳动力，尤其是来自发展中国家的工人。欧盟要求品牌在符合环保标准的同时，也必须保证供应链中的劳工权益不被侵犯。通过定期审查和透明化管理，品牌能够确保其生产环节中不存在剥削劳工或不公平的工作条件。欧盟的这一政策要求不仅提升了时尚品牌的社会责任意识，也为全球时尚产业的公平发展提供了道德保障。

《欧洲绿色协议》通过一系列政策，推动了时尚行业在环境保护、资源管理、社会责任等多个方面的转型。

四、未来趋势：市场驱动的可持续发展

市场驱动的可持续发展已成为时尚行业未来发展的重要趋势。随着消费者环保意识的提升，品牌开始感受到来自市场的压力，逐步调整其生产和运营模式以满足消费者对可持续时尚的需求。在这种背景下，市场力量正成为推动时尚行业环保转型的重要动力之一。企业不仅需要满足政策和法规的要求，更重要的是迎合消费者对绿色消费的期望，从而在激烈的市场竞争中脱颖而出。

随着消费者行为的转变，市场对可持续产品的需求持续增加。越来越多的消费者在购买时尚产品时，不再仅仅关注产品的款式和价格，而是更关心产品背后的生产过程和环境影响。尤其是年轻一代，注重品牌是否在环保和社会责任方面有所作为。这

一消费趋势的变化直接推动了品牌加快其可持续战略的实施，企业需要通过应用创新设计和环保材料，提升产品的可持续性，以吸引这一批注重环保的消费者。

科技创新为市场驱动的可持续发展提供了强有力的支持。现代技术的进步使品牌能够更好地实现低碳生产和资源高效利用，减少对环境的负面影响。数字化设计、智能制造和供应链管理系统的广泛应用，使时尚品牌能够更加灵活地应对市场需求变化，同时在生产过程中减少资源浪费。这种技术的应用，不仅为品牌提升了竞争力，也为消费者提供了更多符合可持续发展理念的选择，推动了市场进一步向绿色消费方向转型。

社交媒体和数字平台在推动市场驱动的可持续发展中发挥了不可忽视的作用。通过网络平台，消费者更容易获取品牌的环保信息，并根据这些信息做出购买决策。许多品牌通过数字平台展示其在可持续发展方面的努力，从材料选择到生产流程的透明化披露，都通过社交媒体传递给消费者。这种透明度的提高，使消费者能够更加清楚地了解产品的环保性能，并推动他们做出更加理性的购买决策。

此外，市场力量还促使时尚行业重新思考其产品生命周期管理。消费者逐渐意识到产品的可持续性不仅仅体现在生产环节，更应贯穿于整个生命周期中。品牌通过设计耐用性更强的产品，减少因时尚更替带来的浪费，满足了消费者对产品长期使用的需求。同时，品牌开始提供服装维修、旧衣回收等服务，帮助消费者延长产品的使用寿命，进而减少对资源的消耗。这种基于生命周期的管理模式，不仅提升了品牌的市场竞争力，还满足了消费者对可持续产品的需求。

市场驱动的可持续发展还促使品牌之间的竞争方式发生了变化。以前，时尚行业主要通过价格和款式来争夺市场，如今，品牌的环保表现成为新的竞争焦点。那些能够率先实现可持续转型的品牌，不仅能够赢得更多消费者的青睐，还能在市场中树立良好的形象。企业通过展示其环保承诺，增强了与消费者之间的情感联系，使品牌忠诚度得到了显著提升。这种市场驱动的竞争方式，促使更多品牌加入可持续时尚的行列，推动整个行业朝着绿色方向发展。

市场驱动可持续发展的影响还体现在供应链管理的透明度提升上。消费者对品牌供应链的透明化要求越来越高，尤其是在全球化背景下，供应链的复杂性使消费者更加关心产品背后的生产过程和社会责任。市场驱动促使品牌更加主动地披露其供应链信息，确保每一个生产环节都符合环保和道德标准。通过这种透明度的提升，品牌不仅提升了自身的公信力，也提高了消费者对其环保承诺的信任度。

品牌通过市场驱动的可持续发展还可以实现成本的优化和资源的高效利用。虽然初期的可持续转型可能需要较高的投入，但随着生产技术的不断进步，许多品牌发现，环保生产模式从长远来看能够有效减少成本。比如，通过减少资源浪费、提升能源使用效率等措施，品牌不仅实现了环境保护，还降低了生产成本。这种成本优化的效果，使品牌在市场中具有更强的竞争力，进一步推动了可持续发展的市场化进程。

市场驱动的可持续发展促使许多新兴品牌通过可持续发展理念迅速占领市场。相比传统品牌，新兴品牌能够更加灵活地适应市场变化，并通过创新的商业模式满足消费者的环保需求。例如，一些品牌通过订阅模式或共享经济模式，减少资源消耗，延长产品的使用周期。这些新兴品牌的崛起，不仅为市场带来了更多的绿色选择，也促使传统品牌加速其可持续转型，以应对市场竞争的压力。

市场驱动的可持续发展还带动了时尚产业的合作模式发生变化。品牌之间的合作不再局限于设计和销售环节，还扩展到了环保技术的共享与研发。通过共同投资绿色技术，品牌能够更快实现环保目标，并在市场中建立起可持续发展的行业标准。这种合作模式，不仅推动了行业的整体进步，也为品牌之间的竞争注入了新的活力。在市场力量的推动下，合作成为品牌实现可持续发展的重要途径。

市场驱动可持续发展带动了消费者教育的发展。许多品牌通过市场推广和公益活动，提升消费者的环保意识，并引导他们选择更加可持续的产品。这种消费者教育不仅帮助品牌树立了良好的社会责任形象，还提升了消费者的环保意识，使他们在购买产品时更加注重其环保属性。通过这种市场教育，品牌和消费者之间建立了更加紧密的联系，共同推动了可持续发展的进程。

市场驱动可持续发展还促进了环保认证和评估体系的普及。为了应对消费者对环保产品的需求，许多品牌主动申请环保认证，以证明其产品符合可持续发展的标准。这些认证不仅提升了品牌的市场竞争力，还为消费者提供了可靠的判断依据。通过认证体系的推广，市场中的环保产品逐渐增加，消费者有了更多的绿色选择，这进一步推动了可持续发展的市场化进程。

市场驱动可持续发展的推动不仅影响了生产端，还对时尚行业的物流和配送方式提出了新的要求。随着消费者对碳足迹的关注增加，品牌开始重新审视其物流系统，通过缩短运输距离、采用低碳运输方式等措施，减少物流环节的环境影响。这种市场驱动的物流变革，不仅符合了消费者对环保的期待，还提升了品牌的绿色形象。

总体来看，市场驱动的可持续发展趋势已经渗入时尚行业的各个环节，从设计到生产、从物流到销售，品牌在各个环节中都需要考虑如何通过环保措施满足市场需求。

第二章

环保服装设计的
理念与创新

随着环保意识的增强，时尚行业逐渐向可持续设计转型，环保服装设计成为当代时尚领域的核心议题。环保设计不仅要求时尚品牌和设计师在外观上追求创新，还要求他们从材料选择、生产流程到产品生命周期等各个方面贯彻可持续发展理念。这种设计方式将对环境影响最小化作为目标，同时提升了服装的功能性和耐用性。本章将深入探讨环保设计的理念与原则，探索从概念到实施的环保设计方法与流程，并通过分析经典环保设计案例，揭示行业内的创新实践。无论是使用再生材料、优化生产工艺，还是延长产品生命周期，环保服装设计都在全球范围内引领着时尚行业的绿色变革。本章旨在系统化展示环保设计如何从理论走向实践，为可持续时尚的未来发展提供理论和实践支持。

第一节

环保设计理念与原则

环保设计理念建立在对自然资源的尊重和合理利用的基础上，它倡导通过减少污染、节约资源和降低能耗来实现对环境的最小化影响。设计师在创作过程中，既要考虑美学与功能性，还需兼顾产品在整个生命周期中的可持续性。环保设计原则强调使用环保材料、减少生产中的浪费，以及优化产品的耐用性和可循环性。通过贯彻这些理念，设计师能够在设计的每个环节减少对生态系统的破坏，从而推动时尚行业向更加环保、更加负责任的方向发展。

一、生命周期设计的理论与方法

生命周期设计是环保服装设计中极为重要的设计理念，它的核心是通过对产品整个生命周期的全面考量，实现对资源的高效利用，并减少对环境的负面影响。生命周期设计从原材料的选择开始，经过生产、运输、使用，直至产品的废弃或回收再利用，每个环节都需要精心规划，确保资源消耗和环境污染降到最低。通过这种设计方式，设计师能够更好地平衡时尚产业与环保之间的关系，为可持续发展提供科学依据。

在生命周期设计中，原材料的选择是至关重要的第一步。设计师需要确保所使用的材料对环境的影响最小，常见的环保材料包括有机棉、再生纤维、天然染料等。这些材料在生产过程中对水资源、能源的需求相对较低，同时减少了化学品的使用及对土壤和水源的污染。同一时间，设计师还需要考虑材料的可再生性和可降解性，以确保在产品使用寿命结束后，能够通过回收或自然降解的方式减少对环境的负担。

接下来，生命周期设计注重生产环节的资源利用效率。在传统的服装生产过程中，大量能源和水资源被消耗，同时还会产生大量的废弃物。为减少这一过程中的环境影响，设计师需要引入绿色生产技术，如无水染色、低能耗加工、智能化制造等方式，通过优化生产流程，降低能源消耗和污染排放。这些技术不仅减少了对环境的破坏，还能提高生产效率，降低企业的生产成本，为环保设计提供了更为实际的操作路径。

运输环节同样在生命周期设计中占据重要地位。传统的全球化供应链模式往往依赖于长距离的运输，这不仅增加了能源消耗，还导致了大量的碳排放。在环保服装设计中，设计师可以通过缩短供应链距离、选择本地生产，或采用低碳运输等方式来减少这一环节的环境影响。同时，优化包装设计、减少不必要的材料浪费，也有助于提升整个生命周期的可持续性。

产品的使用阶段是生命周期设计中的关键一环。设计师需要考虑如何通过设计延长服装的使用寿命，减少消费者对快速时尚的依赖。这包括提高服装的耐用性、多功能性及易修复性，让消费者能够更长时间地使用同一件服装，从而减少对新产品的需求。通过鼓励消费者对旧衣物进行维修、翻新等操作，设计师可以有效减少资源的浪费，并推动一种更加理性的消费模式。

废弃物处理是生命周期设计的最后一个重要环节。丢弃的服装往往会被填埋或焚烧，这对环境造成了严重的污染。为了避免这一问题，设计师在生命周期设计中需要考虑如何通过材料的可回收性或可降解性，减少废弃物的产生。一些品牌已经开始建立回收系统，鼓励消费者将旧衣物返还品牌进行回收处理，通过再次利用原材料或翻新旧产品，将废弃物重新引入生产链，实现真正的循环经济。

生命周期评估是生命周期设计中不可或缺的一部分。设计师通过对产品各个环节的资源消耗、能源使用、污染排放等进行量化评估，能够直观地了解产品对环境的影响，并根据评估结果对设计进行优化调整。这一方法使设计师在产品开发阶段就能预见可能的环境问题，从而采取相应的措施进行改进，确保整个产品的生命周期对环境的影响最小化。

绿色技术的进步也为生命周期设计提供了更多的可能性。智能制造技术的引入，使设计师能够在产品的设计和生产阶段更加灵活地调整生产方案，减少原材料的浪费，并通过精确的生产控制，降低能源和水资源的消耗。同时，3D打印等新兴技术的应用，允许设计师在设计阶段通过虚拟模型测试材料和生产方式的环保性，为最终的生产提供科学依据。

此外，生命周期设计还需要品牌与消费者之间建立紧密的互动关系。品牌可以通过推出环保产品引导消费者如何进行更可持续的消费，如何延长服装的使用寿命，甚至如何进行服装的正确处理。通过消费者的积极参与，生命周期设计不仅仅停留在生产环节，更延伸至消费和废弃处理，形成了一个全方位的可持续生态系统。

与传统设计模式相比，生命周期设计更具前瞻性和整体性。它要求设计师在设计产品的每一个环节都考虑到环境因素，不再只是关注产品的外观和功能，而是从生产到废弃的全过程中，如何最大程度地减少对环境的破坏。这种设计方法不仅使时尚产业能够更好地应对环保压力，还为设计师提供了一个全新的创作视角，使环保与时尚的融合成为可能。

随着消费者环保意识在未来的进一步提升和技术手段的不断完善，生命周期设计将成为时尚行业发展的主流趋势之一。通过这一设计理论和方法，时尚行业有望摆脱传统高污染、高资源消耗的发展模式，进而转向更加环保和负责任的发展方式。

二、"零废弃"与闭环设计的实践应用

"零废弃"与闭环设计的理念在环保服装设计中扮演着关键角色，旨在通过尽量减少废弃物，推动时尚产业朝着更可持续的方向发展。"零废弃"设计的核心是最大限度地减少生产和消费过程中产生的废弃物，确保产品在使用寿命结束后能够被回收或重新利用。而闭环设计则进一步扩展了这一理念，通过将产品的生产、使用、回收和再利用整合为一个完整的循环系统，减少对环境的负担。这两者的结合为环保设计提供

了强有力的理论基础和实践框架。

在"零废弃"设计的实践中，设计师的任务是从源头上减少材料的浪费。这意味着在服装设计的初期阶段，设计师就需要考虑如何精确地使用材料，以避免不必要的裁剪和浪费。通过采用无裁剪设计或模块化设计，设计师可以大幅减少材料的损耗。一些品牌已经开始探索在服装设计中不使用任何废料的制作方式，直接从布料的切割和缝制入手，确保每一寸布料都得到有效利用。这种零裁剪设计的实践，不仅减少了生产过程中对材料的浪费，也为时尚产业树立了新的环保标准。

与其相对应的是，闭环设计则强调材料的循环利用。在这一设计理念中，产品在设计之初就被规划为可以重新进入生产链的原材料，而非最终成为废弃物。通过这种方式，产品在生命周期结束后不会被填埋或焚烧，而是通过回收工艺被重新加工成新的纺织品或其他产品。闭环设计的应用不仅减少了对原生资源的依赖，也显著降低了废弃物对环境的污染。品牌通过建立回收体系和再利用机制，逐渐实现了生产和消费的无缝连接，从而推动了时尚产业向循环经济模式转型。

"零废弃"设计的实施还要求设计师在生产技术上做出创新。传统的服装生产工艺往往会产生大量的边角料和废弃物，而在"零废弃"设计中，设计师必须通过改进生产技术，减少甚至消除这些废料。例如，3D编织技术就是一种极具潜力的"零废弃"生产方式。这种技术通过使服装一体化成型，避免了传统剪裁过程中产生的废料。通过这样的技术创新，设计师能够更有效地利用材料，并减少生产过程中的资源浪费。

在材料选择上，"零废弃"设计和闭环设计也有其独特的要求。设计师必须选择那些可以被完全回收或自然降解的材料，以确保产品在使用寿命结束后，不会对环境产生负担。例如，生物基材料、可降解纤维和再生纤维等环保材料在"零废弃"设计中得到了广泛应用。这些材料不仅在生产过程中对环境更加友好，在使用结束后还可以通过回收或自然降解的方式，减少对生态系统的影响。通过这些可持续材料，设计师可以确保整个设计过程符合环保标准。

与"零废弃"理念密切相关的还有设计中的可拆卸性。为了实现产品的循环利用，设计师必须确保服装在废弃后能够被轻松拆解，便于回收和再利用。这种可拆卸设计的核心在于设计师需要在产品的每一个细节上考虑到将来的回收需求，选择适合回收的材料和结构，避免复杂的缝合和混合材料的使用。通过这样的设计，服装在使用寿命结束后可以被快速拆解，各种材料分别被回收和处理，确保整个生产和消费过程的闭环运作。

闭环设计还涉及服装的耐用性和多功能性。设计师通过设计高质量、耐用的产品，延长服装的使用寿命，减少消费者对新产品的需求，从而减少资源消耗和废弃物的产生。多功能设计也成为一种有效的手段，设计师通过将多种用途和功能融入同一件服装中，使其能够在不同场合和季节下使用。这种设计方式不仅提升了服装的实用性，也减少了消费者对新产品的需求，从而有效减少了资源的浪费。

"零废弃"与闭环设计的结合还为时尚行业带来了商业模式上的创新。一些品牌通过推出租赁和二手市场等业务模式，推动服装的多次使用和流通，减少了新产品的生产需求。租赁模式允许消费者在不需要购买新衣物的情况下，使用高质量、环保的服装，而二手市场则通过回收和再利用旧衣物，延长了产品的生命周期。这种商业模式的创新，不仅符合"零废弃"和闭环设计的理念，还为消费者提供了更多可持续的选择。

品牌与消费者之间的互动在闭环设计中也显得尤为重要。通过推广可持续消费理念，品牌能够引导消费者正确处理旧衣物，使消费者参与回收体系中。设计师可以通过产品标签、宣传活动等方式，帮助消费者进行衣物的分类回收，并激励他们将废弃的服装返还品牌进行再利用。通过这种互动，消费者不仅成了环保时尚的实践者，也推动了闭环设计的进一步发展。

科技进步为"零废弃"与闭环设计提供了更多的实现手段。例如，区块链技术的应用使品牌能够追踪每一件产品的生命周期，从材料采购到生产、销售，再到回收和再利用，整个过程都可以被透明化记录。这种技术的引入，不仅提升了供应链的透明度，还为消费者提供了可追溯的环保保证，确保产品的每个环节都符合闭环设计的要求。科技的进步为"零废弃"设计的推广和实施提供了强有力的支持。

在政策层面，政府和行业组织的支持也为"零废弃"和闭环设计的推广提供了重要保障。许多国家通过立法或政策激励，推动企业采用更加环保的设计方式，以减少废弃物的产生。同时，行业标准的制定也帮助设计师和品牌更好地理解和应用"零废弃"与闭环设计的理念。这些政策和标准的实施，推动了时尚行业的绿色转型，为环保服装设计提供了更加广泛的应用基础。

"零废弃"与闭环设计不仅仅是理论上的环保概念，它们已经在许多领先的时尚品牌中得到了实践。这些品牌通过创新设计、科技应用和商业模式的革新，成功地将"零废弃"和闭环设计理念转化为现实，为整个行业树立了典范。这些实践经验证明，"零废弃"和闭环设计不仅有助于减少环境污染，还能够为品牌带来商业上的成功，推动时尚行业朝着更加可持续的方向发展。

三、多功能设计与可持续性设计结合

多功能设计与可持续性设计结合是现代环保服装设计中的重要理念之一，它不仅关注时尚产品的外观和功能，还通过延长产品的使用寿命来减少对资源的消耗。多功能设计指的是一件服装能够适应多种场合、气候或需求，而可持续性设计则着眼于整个产品生命周期中的资源管理和环境影响。当这两者结合时，设计师能够在时尚设计中实现功能与环保的双赢。这种设计方法不仅让消费者获得更高的产品价值，还能够显著减少时尚产业的资源浪费。

在多功能设计中，服装的实用性是设计核心。设计师在考虑产品的外观时，还需要设计出能够满足不同使用需求的服装。例如，一件外套可以通过可拆卸的部分转变为背心，或者通过调整衣领、袖口和长度适应不同季节的穿着。这种多功能设计允许消费者通过调整服装的细节来应对不同场合，而无须为每个场合单独购买新衣物。这不仅降低了消费者的购买频率，也降低了生产过程中对资源的消耗。

多功能设计还能够提升服装的适应性和耐用性。设计师通过选择耐用、易维护的材料，确保产品能够经受频繁使用和清洗的考验，同时具备长久的使用寿命。这种材料的选择不仅能够降低服装的更替频率，还提升了产品的环保性。设计师在设计过程中会考虑材料的物理性能，例如，耐磨性、防水性和透气性，以确保服装在不同环境和气候条件下都能保持良好的性能。这种设计理念不仅提升了产品的使用价值，还通过延长使用寿命，减少了消费者频繁更换衣物带来的资源浪费。

与此相呼应的是，设计师还需要在多功能设计中融入可持续性的材料选择。设计师可以选择有机棉、再生纤维等环保材料，这些材料在生产过程中对环境的影响较小，并且在使用寿命结束后可以被回收或自然降解。通过精心选择材料，设计师能够确保服装的环保性与其多功能性相辅相成。环保材料不仅提升了产品的可持续性，还使多功能设计能够更好地实现减少资源消耗的目标。

为了实现多功能设计与可持续性设计的结合，设计师还可以运用模块化设计的理念。模块化设计指的是将服装分为不同的模块，这些模块可以自由组合或拆卸，适应不同的场合和功能需求。例如，一件夹克的袖子、帽子和内衬都可以通过拉链或纽扣拆卸，消费者可以根据天气或场合的不同需求，将夹克转化为多种不同的款式。通过这种设计方式，消费者可以用一件服装实现多种搭配需求，从而减少对新产品的购买需求，降低资源的浪费。

此外，设计师在多功能设计中还可以通过创新的工艺和技术提升产品的环保性能。

新兴的智能纺织技术、可调节面料等技术可以让服装具备更多的功能，例如，自动调节温度、湿度等，进一步增加了服装的适用范围。通过这些技术的应用，设计师不仅能够增强服装的功能性，还减少了消费者因为气候变化或功能需求不同而频繁更换衣物的需要，从而减少了时尚产业对资源的过度依赖。

在多功能设计与可持续性设计的结合中，产品的可修复性也是设计师需要重点考虑的一个因素。因为服装修复成本过高或设计不便于修复，许多服装在损坏后往往被迅速丢弃。为了应对这一问题，设计师可以通过选择易修复的材料和设计结构，确保消费者在使用过程中能够轻松进行修补，从而延长产品的使用寿命。这种设计不仅能够减少废弃物的产生，还能够鼓励消费者更加珍惜自己的服装。

在多功能设计的理念中，消费者的参与也变得至关重要。设计师可以通过与消费者的互动，了解他们的需求和生活方式，从而设计出更加符合实际使用场景的多功能服装。消费者的反馈可以帮助设计师不断改进产品，使其不仅具备更高的环保性能，还能够更加贴近实际需求。这种互动模式不仅让消费者在选择产品时更加注重其环保价值，还推动了可持续时尚的进一步发展。

设计师在实现多功能设计与可持续性设计的结合时，还需要考虑产品在生产过程中的环保要求。多功能设计往往需要更多的工序和细节，这可能会增加生产过程中对资源的消耗。为了解决这一问题，设计师可以通过优化生产流程，减少能源和水资源的使用，同时选择更加环保的生产技术和工艺。例如，采用数字化设计和生产工具，减少样品制作中的浪费，或者通过智能化的生产线，提升材料的利用效率。这些措施不仅能够降低生产成本，还为多功能设计的可持续性提供了有力的支持。

设计的模块化、可拆卸性和智能化技术的结合，也能够提升产品的回收和再利用价值。多功能设计中的服装在使用结束后可以被拆解为不同的模块，这些模块可以被回收再利用，或者重新组装为新的服装。这种闭环的设计理念，减少了服装废弃物的产生，并推动了时尚产业向循环经济的转型。通过设计结构的优化和功能性的增强，服装在产品生命周期的各个阶段都能够实现高效的资源利用。

另外，在多功能设计与可持续性设计的结合中，品牌的商业模式创新也具有重要的推动作用。一些品牌开始推出服装租赁和订阅服务，通过这种方式，让消费者可以在不同场合需求下租赁多功能服装，而不是频繁购买新的衣物。这种模式不仅减少了服装的生产量，还通过多次使用提升了每件服装的使用价值，减少了资源浪费。设计师在这种商业模式下更加注重产品的耐用性和多功能性，从而提升服装在不同场合中的适用性和使用寿命。

品牌在推行多功能设计与可持续性设计结合的过程中，还可以通过与其他产业合作，开发更加环保的技术和材料。设计师可以与纺织企业、科技公司及环保组织合作，共同推动可持续材料的研发和应用，提升产品的功能性和环保性。例如，通过开发新型再生纤维或智能化的可调节面料，设计师能够让服装具备更多的功能，同时减少资源的消耗和环境的污染。这种跨行业的合作，为时尚产业的可持续发展提供了更多的可能性。

总体而言，多功能与可持续性设计结合为时尚产业提供了一个全新的设计思路，通过提升服装的功能性，减少资源浪费，降低产品的更替频率，设计师能够在产品设计中实现环保和功能的双重目标。这一设计理念的推广，不仅为消费者提供了更加实用的时尚选择，还为整个时尚行业的可持续发展奠定了坚实的基础。

四、从产品到系统的环保设计策略

从产品到系统的环保设计策略要求设计师超越单一产品的思维，关注整个系统的环保效益。在当今时尚行业的可持续发展中，单独设计一件环保服装已不足以应对日益严重的环境问题，设计师必须从整体的供应链、生产、流通、使用和废弃等多个维度入手，打造全面的环保设计策略。系统化的环保设计不但考虑到产品本身的环保性，还要确保整个产业链条的每个环节都最大限度地减少对环境的影响。

这种设计策略首先从供应链的优化开始。设计师不仅要考虑所用材料的环保性，还要确保这些材料的采购、生产和运输过程符合可持续发展的要求。环保材料的选择涉及生物基纤维、再生材料等，它们在生产过程中消耗的资源和产生的污染较少，能够减少对生态系统的破坏。然而，仅仅依赖环保材料是远远不够的，设计师还需要协调供应链中的各个环节，确保从原材料的采购到最终的产品交付，每一个环节都在节约资源、减少污染。

承接这一思路，生产过程中的优化同样是系统环保设计中不可忽视的部分。设计师在制定产品生产策略时，必须与制造商紧密合作，通过技术创新和流程优化，减少生产中能源和水资源的消耗。无论是通过引入无水染色技术、低能耗加工方式，还是使用清洁能源，减少碳足迹，生产过程中的每个环节都对系统的环保性能产生了直接影响。通过对生产环节的改进，时尚品牌可以有效地降低产品的生产成本，同时减少对环境的破坏，实现生产环节的绿色化转型。

运输环节的设计同样需要纳入系统环保策略的考量范围。传统的全球化生产模式导致了大量的长途运输，不仅增加了运输成本，也带来了巨大的碳排放。设计师在设计环保系统时，可以通过区域化生产、就地取材等方式减少长距离运输的需求，从而降低运输过程中的碳排放。另外，可以采用低碳运输方式，例如，通过铁路或电动车辆进行物流，进一步减少运输过程中的能源消耗和污染物排放。

系统化的环保设计不仅仅停留在生产和流通的层面，它还涉及产品的使用阶段。设计师需要确保产品的设计能够延长其使用寿命，避免因质量低下或设计过时而被快速淘汰。通过设计更加耐用、易于保养和修复的服装，消费者能够在更长的时间内使用同一件产品，减少因频繁更换服装带来的资源浪费。与此同时，设计师还可以考虑多功能性设计，使服装能够适应不同的场合和需求，从而减少消费者购买多件单用途服装的需要。

废弃管理也是系统环保设计中不可忽视的一环。许多时尚产品在使用寿命结束后被丢弃，成为垃圾填埋场中的一部分，对环境造成巨大的压力。为了减少这一问题，设计师可以在设计时考虑产品的可回收性，使用可降解材料或可循环利用材料，确保产品在被丢弃时能够进入回收体系，而不是最终被填埋或焚烧。此外，品牌可以建立自己的回收系统，通过回收旧衣物并将其再加工为新产品，形成生产系统的闭环，减少废弃物的产生。

系统化环保设计还有一个重要方面是消费模式的转变。通过环保设计策略，品牌不仅应在生产过程中减少对环境的负担，还需要引导消费者进行更加可持续的消费行为。设计师可以通过创新设计让产品更加易于保养和维修，从而减少消费者因破损或磨损而丢弃服装的行为。同时，品牌可以推出二手市场或租赁服务，鼓励消费者延长服装的使用周期，减少对新产品的需求。

数字化技术为系统化环保设计提供了更多的可能性。通过大数据分析、区块链追踪和智能化制造技术，设计师可以更加精确地控制生产和供应链的每一个环节。数字化技术的引入使设计师能够在产品的设计阶段预测生产所需的材料和资源的消耗，优化供应链管理，减少浪费。这些技术不仅提高了系统的运作效率，还为环保设计提供了更科学的数据支持，帮助品牌实现更加精准的环保目标。

系统化环保设计策略还要求设计师在整个设计过程中保持高度的灵活性。面对不断变化的市场需求和不断进步的技术，设计师需要能够迅速调整设计策略，以适应新的环保要求。例如，当新的环保材料或生产技术出现时，设计师必须能够迅速将这些新技术融入现有的设计系统中，确保产品始终符合最新的环保标准。这种灵活性不仅帮助品牌在市场中保持竞争力，还为环保设计提供了更多的创新空间。

在系统化环保设计中，合作与共创同样不可或缺。品牌、设计师、供应商和消费者之间的紧密合作是实现可持续设计目标的关键。通过与供应链上的各个环节共同制定环保目标，设计师能够确保每个环节的环保标准都得到了严格执行。同时，品牌可以与其他行业的企业或组织合作，共同开发和推广新的环保技术或材料。这种合作不仅能够降低单个企业的环保成本，还能够加速整个行业的绿色转型。

教育和培训也是系统化环保设计策略的重要组成部分。为了确保环保设计能够在全系统中得到贯彻，品牌和设计师需要为员工和合作伙伴提供环保相关的培训。通过提升员工和供应链合作伙伴的环保意识，使设计师能够确保每个生产环节都严格遵循环保标准。同时，品牌还可以通过消费者教育活动，帮助消费者理解环保设计的重要性，并引导他们参与到环保时尚的实践中来。

政策的支持也为系统化环保设计提供了强大的推动力。许多国家和地区已经通过立法或政策激励措施，推动时尚产业向可持续发展转型。设计师在制定系统化环保设计策略时，需要密切关注政策的变化，并及时调整设计方向，以符合政策的要求。这不仅能够帮助品牌在环保政策中获得优势地位，还能够为设计师提供更多的创新机会，推动环保设计向更深层次发展。

总的来说，从产品到系统的环保设计策略，不仅要求设计师关注单一产品的环保性能，还要求其在更广泛的系统中整合环保设计理念。

第二节
环保设计方法与流程

环保设计方法与流程是将可持续理念转化为实际生产的重要环节。它不仅涉及从概念到最终产品的设计思维，还涵盖了生产技术和工艺的优化。通过引入数字化工具、3D打印技术等，设计师可以在早期设计阶段减少物料的浪费，优化产品结构。此外，环保设计流程强调生命周期评估，通过对产品生产、使用和废弃等各个阶段的全面审视，设计师能够找到最有效的方式减少资源消耗和环境影响，从而为可持续服装设计提供完整的实施路径。

一、可持续设计思维模型

可持续设计思维模型是当代环保服装设计的核心框架之一。它不仅帮助设计师在设计阶段考虑环保因素，还能够系统化地将可持续理念融入整个设计和生产流程。通过这种模型，设计师可以从设计的起点开始规划如何减少资源的浪费、降低环境的负面影响，及延长产品的生命周期。这种思维方式推动了设计与环保技术的深度融合，在赋予设计师更多创造空间的同时，确保了时尚产业朝着可持续发展的目标迈进。

可持续设计思维模型的关键在于从整体上理解时尚产品的生命周期。设计师不仅要从单一产品的角度出发，还需要考虑产品的原材料来源、生产过程、使用寿命，及废弃后的回收利用。这一思维方式帮助设计师形成全局视角，不再仅仅关注产品的视觉效果，而是将其融入更广泛的环境和社会体系中。通过这样的全局思考，设计师能够做出更具环保价值的设计决策。

可持续设计思维模型强调明确设计目标。可持续设计要求设计师在最初的概念阶段就考虑如何减少产品对环境的影响。这包括从选择材料开始，考虑是否使用可再生材料，或者通过回收利用旧材料来减少对新资源的需求。在这一过程中，设计师还要评估不同材料的环保性能，如其在生产过程中消耗的能源、水资源，或者其是否可以被回收或自然降解。通过这种前期的材料筛选，设计师能够为后续的设计提供坚实的基础。

可持续设计思维模型强调设计师与供应链的紧密合作。在传统设计模式中，设计师往往只关注设计本身，而忽视了生产和供应链的复杂性。然而，在可持续设计思维模型中，供应链被视为设计的重要组成部分。设计师必须与材料供应商、制造商等合作伙伴密切沟通，确保在生产环节中使用的技术和工艺符合环保要求。这种合作模式不仅提升了产品的环保性能，还为品牌与供应商建立了更为稳定和透明的合作关系，促进了整个供应链的绿色化转型。通过紧密的供应链合作，设计师能够更好地控制生产过程中对资源的消耗和浪费。例如，许多品牌开始采用按需生产的模式，根据市场需求灵活调整生产量，避免过度生产导致的库存浪费。同时，智能制造技术的引入也使设计师可以通过数据驱动的方式优化生产流程，减少原材料的浪费和能源的消耗。结合这些技术手段，让可持续设计思维模型不仅停留在概念层面，更成为实际操作中的指导工具。

可持续设计思维模型还强调消费者参与的重要性。设计师在设计过程中不仅要考虑生产环节的环保性，还需要通过设计引导消费者做出更加环保的消费选择，包括通过宣传和教育让消费者了解产品背后的环保故事，以及如何正确使用、保养和处置这些产品。消费者的参与使设计从单纯的产品创造转变为一种推动社会责任的行动。通过设计师与消费者的互动，得以进一步推广可持续时尚。

可持续设计思维模型特别强调了创新思维的作用。可持续设计并不是对现有模式的简单改良，而是需要设计师突破传统思维，探索全新的设计路径。创新不仅体现在材料的使用上，还体现在设计和生产方法的革新上。例如，一些品牌通过采用3D打印技术和智能化设计工具，在设计过程中减少了对物理样品的依赖，从而大大减少了材料的浪费。此外，设计师还可以通过数字化设计平台实现虚拟试衣，避免了传统服装设计中的大量浪费。

可持续设计思维模型还鼓励设计师考虑产品的可维护性。许多服装在使用一段时间后容易因破损或磨损而被丢弃，导致资源的浪费。为了解决这一问题，设计师可以通过在设计中融入可修复性元素，鼓励消费者在产品破损后进行修复，而不是直接丢弃。可拆卸的部件、耐用的材料，以及易于维修的设计结构，都是提升服装耐用性的重要手段。这种设计不仅延长了产品的使用寿命，还减少了资源的消耗。

可持续设计思维模型中循环经济理念是不可或缺的。设计师需要在设计阶段就需规划如何通过回收和再利用减少废弃物的产生。循环经济要求设计师从源头上减少对资源的使用，并通过材料的再利用将废弃物重新引入生产链。设计师通过采用可再生材料或设计可拆卸、易回收的产品，使服装在使用寿命结束后不会成为垃圾，而是进入一个循环系统，继续为新的产品提供原材料。这一设计理念的推广，不仅推动了时尚行业的可持续发展，也为设计师提供了更多的创新机会。

可持续设计思维模型强调品牌和设计师需要在技术和工艺上不断创新。例如，一些品牌通过引入绿色生产技术，如无水染色、低能耗加工等，减少了生产过程中对环境的负面影响。这些技术的应用不仅符合可持续设计的理念，还为品牌提升了市场竞争力。此外，智能化制造技术的引入使品牌能够更加精准地控制生产流程，减少资源的浪费，同时提升了生产效率。

可持续设计思维模型中设计师还需要关注产品生命周期的各个阶段，确保每个环节都符合可持续发展的标准。设计师可以通过生命周期评估工具，对产品的整个生命周期进行详细分析，找出哪些环节对环境的影响最大，并提出相应的改进措施。这种全方位的设计思维，使产品在每一个阶段都能最大限度地减少资源浪费，并降低对环境的影响。

可持续设计思维模型强调设计教育的推广。为了确保设计师能够有效地应用这一思维模型，设计院校和企业需要为设计师提供全面的可持续设计培训。通过教育和实践相结合的方式，设计师不仅能够掌握最新的环保技术和材料，还能够在实际操作中将这些理论转化为实际设计。设计教育的改革将为时尚行业培养出更多具备可持续设计思维的创新型设计师，推动行业向更加绿色的方向发展。

可持续设计思维模型还可以建立品牌内部的环保标准和政策框架。确保每个设计环节都符合可持续发展的要求。通过制定严格的环保政策，品牌能够在设计、生产、物流和销售等各个环节中贯彻可持续理念，推动整个企业体系的绿色化转型。这种系统化的设计思维，不仅为设计师提供了清晰的操作标准，也为品牌的长期发展奠定了基础。总言之，可持续设计思维模型不仅是一种设计方法，更是一种全新的设计哲学，它要求设计师在整个设计过程中始终保持对环境的关注，并通过创新和合作，实现产品环保性能的最大化。

二、设计创新中的数字化工具应用

数字化工具在环保设计中的应用已经成为时尚行业的一项重要趋势。这些工具不仅极大地改变了设计师的工作方式，也为时尚产业提供了更加高效和环保的设计方法。通过数字化设计，设计师能够在虚拟环境中完成从概念到成品的整个过程，大大减少了对物理样品的依赖，同时提升了生产流程的精确性和资源利用效率。环保设计与数字化工具的结合，正推动时尚行业向更加智能化、低污染的方向发展。

在设计创新中，三维建模软件为设计师提供了一个全新的创作平台。设计师可以通过虚拟工具在三维空间中精确构建服装样式，测试不同的剪裁方式和材料组合。这种方式不仅减少了传统设计过程中对物理样品的需求，还通过精确的模拟技术避免了不必要的布料浪费。三维建模还使设计师能够在产品生产前预见成品的效果，从而减少设计过程中的反复修改。这种设计工具大大提升了工作效率，同时对环境的影响也显著降低。

承接这一趋势，虚拟样衣技术成为环保设计的关键环节之一。虚拟样衣技术允许设计师在没有制作实体样衣的情况下，快速展示和调整服装设计。这种技术通过对人体和布料的精准模拟，展示不同款式的效果和面料特性，帮助设计师在早期设计阶段就能够做出详细调整，而无须浪费大量布料和资源去制作样衣。这不仅使设计过程更加高效，也大幅度减少了材料的浪费，符合环保设计的理念。

数字化工具的应用还体现在智能化生产管理上。设计师通过数字化工具可以优化供应链管理，确保在生产的各个环节尽可能减少对资源的消耗。例如，通过智能生产软件，设计师能够精确控制生产中的每一个细节，包括布料的裁剪方式、生产的速度和资源的使用情况。这样不仅可以减少原材料的浪费，还能通过数据的实时监控及时发现并解决生产中的问题，确保整个生产过程的环保性。

数字化工具还为可持续材料的使用提供了更多的可能性。设计师通过材料数据库可以快速找到符合环保标准的材料，并在虚拟设计阶段测试这些材料的使用效果。材料数据库不仅帮助设计师了解不同材料的物理性能，还能为其提供环境影响的详细数据。通过这种方式，设计师能够根据具体需求选择最为合适且环保的材料，从而减少设计和生产中的环境负担。

在设计的后期，数字化工具在生产优化中也发挥了重要作用。例如，激光切割技术可以通过3D模型文件精确切割布料，避免了传统手工裁剪中可能出现的误差和浪费。这种高精度的切割技术不仅提高了材料的利用率，还减少了生产过程中对材料的浪费，使环保设计能够更好地在生产中落地。同时，激光切割技术还能够切割出更加复杂的设计图案，提升了产品的创意空间。

数字化工具也为设计师提供了全新的可持续商业模式。通过虚拟现实和增强现实技术，设计师可以直接向消费者展示虚拟服装，减少实体服装样品的制作需求。这种方式不仅缩短了产品上市的时间，还使设计师和消费者之间的互动更加直接和高效。消费者通过虚拟展示可以提前了解产品的外观和功能，从而降低因不满意而导致的退货率。这一举措不仅提升了客户体验感，也减少了大量因退货而产生的资源浪费。

数字化工具让产品生命周期的管理变得更加高效。设计师通过这些工具可以追踪产品在其生命周期中的每个环节，包括生产、运输、使用和回收。通过数据的收集和分析，设计师可以准确评估每个环节中的资源消耗和碳排放情况，从而优化设计流程。这种全面的生命周期管理不仅帮助品牌实现了更高的环保标准，还提升了供应链的透明度，使整个时尚产业更加符合可持续发展的要求。

数字化工具为多功能设计的实施提供了重要支持。设计师可以通过数字化工具将多功能服装的各个设计模块进行详细规划，精确测试不同功能之间的组合效果。这种精确的数字化模块让设计师能够更好地把握设计的可行性，并通过不断调整，优化服装的多功能性。这种设计工具不仅提升了产品的实用性，还在实际生产中减少了材料和时间的浪费，使整个设计流程更加环保高效。

数字化工具推动定制化生产成为时尚行业的一大亮点。设计师通过数据分析可以精确掌握消费者的需求，并根据不同客户的具体需求设计出个性化的产品。定制化生产不仅减少了因大规模生产导致的库存浪费，还提升了产品的附加值。通过这种模式，品牌能够更加灵活地应对市场需求的变化，同时在满足客户个性化需求的同时，实现环保设计的目标。

数字化工具通过数据化管理提升了生产效率。设计师可以通过智能制造平台实时监控生产过程，确保每一件产品都符合设计要求。通过这些工具，生产中的问题能够被迅速发现并解决，避免生产中的大量浪费和返工。这种数字化管理方式不仅提高了生产效率，还提升了产品的环保性能，使时尚品牌能够更加高效地管理其生产流程。

随着智能制造的普及，数字化工具的应用不仅提升了环保设计的精准性，还为设计师提供了更加丰富的创作工具。设计师通过这些工具，可以在虚拟环境中快速实现复杂的设计想法，并通过虚拟工具提前评估产品的环保性能。这种无缝衔接的设计流程不仅缩短了产品的开发周期，还通过减少不必要的材料浪费和能源消耗，帮助品牌在设计中实现更高的环保标准。

三、可持续设计从概念到生产的全流程

可持续设计从概念到生产的全流程，涉及从设计初期的理念构思到最终产品落地实施的每个环节。这个过程不仅包括设计师的创造性工作，还涵盖了供应链管理、生产工艺优化及产品生命周期的管理。通过对每个环节的精细把控，设计师能够在保障产品美感与功能的前提下，最大限度地减少资源消耗与环境污染。这一全流程的实施，不仅改变了传统设计思路，更推动了时尚行业的可持续发展。

在设计初期，概念的形成是关键。可持续设计从一开始就要求设计师考虑环境的影响。设计师需要结合环保理念，决定使用何种材料、选择怎样的生产工艺，甚至需要思考产品的生命周期。此时，设计师通常会进行广泛的研究，包括市场调研、材料选择，以及环保标准的参考等。设计的每一个决策都需要与可持续性相吻合，确保产品能够以最低的环境代价满足市场需求。

接下来，设计师将通过环保材料的筛选，进一步推动可持续性的实现。材料选择不仅要考虑到外观和触感，还需要综合评估其环保特性。设计师可以选择使用有机棉、再生纤维，以及经过环保认证的染料等材料，这些材料的生产对环境的破坏较小，减少了化学品的使用，同时降低了水资源和能源的消耗。在这一过程中，设计师不仅要考虑材料的物理性能，还要确保它们在生产、使用和废弃后的处理上都具备良好的环保属性。

当概念和材料确定之后，进入设计细节部分的执行阶段。这个阶段要求设计师在可持续性框架内进行具体的创作工作。设计师需要借助多种工具和技术手段来验证设计的可行性，包括使用数字化工具来模拟不同的设计效果。通过虚拟技术，设计师可以提前测试服装的廓型、面料效果和穿着效果，从而减少传统设计过程中大量材料的浪费。这种数字化设计过程极大提升了设计效率，同时确保了生产前对资源的高效利用。

在设计的细化过程中，工艺的选择是不可忽视的一个重要部分。可持续设计不仅在材料和概念上体现环保理念，生产工艺的环保性同样关键。设计师需要在生产环节引入环保生产技术，选择低能耗、低污染的工艺，例如，无水染色技术、数字印花技术等。这些技术不仅减少了生产过程中的污染，还显著降低了对水和能源的需求。此外，智能制造的应用使生产流程更加精准，避免了传统生产方式中的浪费和冗余。

在生产准备阶段，供应链的管理成了重要一环。可持续设计的实现不仅依赖于设计师的创意和技术，还需要供应链上每个环节的通力合作。设计师必须与材料供应商、生产厂商密切协作，确保从材料采购到成品制作的每个环节都符合环保标准。此时，设计师需要对供应链的透明度进行严格把控，确保每个生产步骤都遵循环保和社会责任的要求。只有通过供应链的协同，才能真正实现从概念到生产的全面环保转型。

承接着供应链的管理，生产环节中的资源利用率是决定产品是否环保的关键。设计师通过优化设计工艺，减少不必要的材料浪费。例如，裁剪工艺的精确化、材料的优化组合，能够极大地提高材料利用率。智能裁剪技术的引入，使布料切割的精度大幅提升，避免了传统裁剪方式中大量边角料的产生。此外，按需生产模式也帮助品牌减少了库存积压，防止其生产过剩，进一步推动了环保设计的实现。

产品设计完成后，进入大规模生产阶段。在这个环节中，环保标准必须严格执行。设计师和生产团队通过智能化管理系统，实时监控生产过程中资源的消耗情况，确保每个步骤都符合最初的设计要求。在这一阶段，数字化生产工具的应用能够精准控制生产数量、减少能源浪费并提高效率。此外，废料的回收与再利用也是生产阶段的一个重要环节。设计师和工厂需要制定有效的废料处理方案，将废弃的材料重新投入生产链，形成循环生产模式。

产品生产完成后，物流环节也被纳入可持续设计的全流程管理中。长距离的运输不仅增加了成本，还对环境造成了严重的碳排放负担。因此，设计师和品牌方需要共同探讨如何通过缩短供应链距离、选择低碳运输方式等措施，来减少产品在流通过程中的环境影响。区域化生产和本地化供应链模式能够有效减少运输环节的碳足迹，进一步增强产品的可持续性。

紧接着，产品进入市场的使用阶段。设计师不仅仅是为产品的生产负责，还需要考虑消费者的使用行为对环境的影响。通过推广可持续消费理念，设计师可以引导消费者在日常生活中延长产品的使用寿命。例如，设计师可以将服装设计得更加耐用，鼓励消费者进行维护和修补，而不是频繁购买新衣物。此外，品牌还可以推出循环消费模式，通过二手交易平台或租赁业务，推动产品的多次使用，减少对资源的过度消耗。

在产品生命周期结束时，废弃物管理成为可持续设计的最后一环。设计师在最初设计阶段就需要考虑如何让产品在废弃后能够顺利回收再利用。可持续设计的目标不仅要减少使用阶段的资源消耗，还要确保产品能够在生命周期结束后进入循环系统，避免对环境造成污染。例如，设计师可以选择可降解的材料，确保产品在使用结束后不会对土壤和水源产生长期负面影响。此外，品牌可以设立回收计划，鼓励消费者将废旧产品交回工厂，进行再加工或重新利用。

可持续设计的全流程还涉及技术和创新的持续推动。在从概念到生产的过程中，设计师需要不断引入新的技术和方法，以提升环保性能。科技的发展为设计师提供了更多的选择，如智能生产、数字化设计，以及循环经济模式的应用，这些创新不仅推动了环保设计的实施，还为时尚行业开辟了全新的发展路径。

合作与跨行业交流在可持续设计中同样至关重要。设计师不仅需要与时尚产业内部的各个环节协同合作，还要与环保技术领域、材料科学领域等其他行业进行跨界合作。通过这种合作，设计师能够更好地掌握最新的环保技术和材料创新技术，确保设计理念能够顺利实现。同时，行业间的合作也推动了可持续标准的制定与推广，为整个时尚行业的环保转型提供了强有力的支持。

总而言之，环保设计从概念到生产的全流程不仅是一种设计方法的转变，更是一种系统性的环保战略。

四、设计阶段中的材料选择与评估方法

在环保服装设计中，材料选择与评估是实现可持续目标的核心环节。设计师不仅需要考虑材料的美学特征和功能性，还必须关注其对环境的影响。传统的设计思维常常忽视这一点，导致了资源浪费和环境污染。而在当今，越来越多的设计师开始将环保理念融入材料选择的每个细节，以实现设计与环境的和谐共生。

在材料选择的初期，设计师需要明确产品所需的性能特征。这些特征包括耐用性、舒适度和功能性等。通过对产品需求进行深入分析，设计师能够为材料的选择奠定基础。例如，设计户外服装，材料必须具备良好的透气性和防水性。这一阶段，设计师通常会通过市场调研获取不同材料的性能数据，以便进行全面的比较和分析。

材料的环保属性在设计过程中同样重要。设计师需要评估材料在整个生命周期内对环境的影响，包括原料获取、生产过程、运输及最终处置。采用可再生材料和可降解材料，能够在一定程度上减少对自然资源的依赖，减轻环境负担。此外，设计师还应关注材料的生产过程是否符合环保标准，例如，是否使用环保染料、是否存在大量废水排放等。

承接材料的环保属性，设计师在选择材料时还需要考虑其社会责任。许多材料的生产过程涉及工人权益的保护和公平贸易的原则。因此，设计师应该选择那些在生产过程中遵循社会责任标准的材料供应商。这种选择不仅有助于推动整个行业的可持续发展，也在一定程度上提升了品牌的社会形象。

在材料评估的具体方法上，设计师可采用生命周期评估（LCA）技术。这种评估方法能够全面分析材料从原料提取到最终处置的各个阶段对环境的影响。通过这种系统性的评估，设计师可以量化出不同材料的环境负担，从而做出更明智的选择。此外，LCA还可以帮助设计师识别出材料在使用中的关键环节，以便进行针对性的改进。

为增强设计的可持续性，设计师还应关注材料的可回收性。选择那些易于回收或再利用的材料，可以有效减少废弃物的产生。在产品设计时，考虑到产品未来的回收与再利用，能够延长材料的生命周期，减少对新材料的需求。例如，设计师可以选择聚酯材料，这种材料不仅具有良好的性能，还可以通过再生工艺进行循环利用。

承接对材料可回收性的关注，设计师在选择材料时也应重视材料的来源。使用当地材料能够减少运输过程中的碳排放，减轻环境负担。此外，当地材料还可以促进当地经济的发展，增强品牌的社会责任感。设计师可以通过建立与当地供应商的紧密合作关系，确保材料的质量与可持续性。

在材料的选择过程中，技术的应用也是不可忽视的一部分。数字化工具和先进的材料科学可以为设计师提供更多的选择与评估手段。例如，利用虚拟现实技术，设计师能够在设计阶段对材料的视觉效果和触感进行模拟。这种技术不仅提升了设计的准确性，还能够帮助设计师直观地评估材料在成品中的表现。

设计师还需考虑材料在生产过程中消耗的水和能源。高耗能和高耗水的材料生产方式对环境造成的压力较大。因此，选择那些在生产过程中采用节水和节能技术的材料供应商，可以有效减少产品的碳足迹。设计师可以通过调研和考察，确保所选材料符合这些要求。

在材料选择的过程中，实验和创新也是推动可持续设计的重要因素。设计师应当积极探索新材料的开发，例如，使用生物基材料和再生材料等。这些新材料往往具有更好的环保特性，同时满足现代消费者对时尚与性能的需求。通过参与材料创新的项目，设计师能够不断更新自己的材料库，以提高设计的灵活性与可持续性。

在产品设计完成后，材料的性能测试也是必要的环节。通过对所选材料进行一系列的性能测试，设计师可以确保其在实际使用中的可靠性和耐用性。这一过程不仅能验证材料的选择是否正确，还能为后续的生产提供重要依据。确保材料的质量与性能，有助于提高产品的整体可持续性。

在整个设计阶段，团队合作的价值不可小觑。设计师与材料专家、生产团队的紧密合作，可以确保在材料选择与评估中形成多方位的视角。通过团队合作，设计师能够更全面地了解材料的各项特性，从而做出更为明智的决策。跨专业的合作可以推动设计过程中的创新，为可持续设计提供更多的支持。

在材料选择与评估过程中，消费者的反馈也应被纳入考虑。设计师可以通过市场调研和消费者访谈，获取用户对材料的偏好与需求。这种反馈不仅能帮助设计师更好地理解市场趋势，也能够在一定程度上指导材料的选择与设计方向。尊重消费者的意见，能够使设计更加贴近市场，提高产品的接受度。

材料选择的最终目的在于实现可持续设计的愿景。通过进行全面、系统的材料评估，设计师能够在设计过程中真正贯彻环保理念。每个材料的选择都应建立在对环境、社会及经济影响的全面考虑上，从而推动整个服装行业向可持续发展迈进。通过不断优化材料选择与评估方法，设计师能够在创意与环保之间找到平衡，实现创新与可持续性的结合。

教育和意识的提升同样至关重要。设计师通过不断学习和分享环保知识，能够提高自身对可持续设计的认识。提升设计师的环保意识，能够使其在日常工作中更加注重材料选择的可持续性。同时，促进消费者对可持续材料的认知，可以推动整个市场对环保设计的支持与接受，形成良好的循环效应。

经典环保设计案例分析

经典环保设计案例展示了环保设计在时尚产业中的实际应用和成功实践。这些案例不仅是设计理念的具体体现，还反映了品牌在应对全球环境挑战方面的创新能力。通过对国内外领先品牌和设计师的实践进行分析，本节将揭示环保设计如何通过创新材料的选择、绿色生产流程的运用，以及产品回收体系的建立，推动整个行业的可持续发展。案例的多样性展现了不同设计思路下的环保成果，也为设计师提供了可供借鉴的实践经验。

一、斯特拉·麦卡特尼（Stella McCartney）：高端时尚的可持续路径

Stella McCartney是时尚行业中推行可持续设计的先驱，其品牌以创新的环保理念和高端时尚相结合著称。自品牌成立以来，其致力于在设计和生产过程中减少对环境的影响，拒绝使用动物皮革和毛皮，并坚持使用环保和可持续材料。这种独特的设计路径不仅改变了人们对奢侈时尚品牌的传统认知，也为环保时尚设立了新标准。

Stella McCartney的设计理念植根于可持续发展的核心原则。在产品设计初期，设计师就充分考虑了如何在确保产品美感和奢华感的同时，减少资源浪费和污染。为了实现这一目标，品牌始终坚持使用替代材料，如人造皮革和再生纤维，而不是传统的动物皮革。这一理念不仅降低了对动物资源的依赖，还减少了在生产过程中对环境的破坏。

Stella McCartney还注重材料的来源和生产工艺。其选择与那些具有社会责任感的供应商合作，确保材料的生产过程符合环保标准。例如，大量使用有机棉，这种棉花在种植过程中不使用有害的农药和化肥，减少了对土壤和水源的污染。通过这种材料的选择，Stella McCartney不仅推动了可持续时尚的发展，也为其他高端品牌提供了环保设计的实践路径。

在生产环节，Stella McCartney采取了严格的环保措施。品牌通过与生产商合作，采用节能技术，以及减少废弃物的生产模式。为了减少水资源的浪费，品牌在染色和印花过程中采用了低水耗技术。同时，还推动了闭环生产系统的应用，通过回收旧衣

物和再利用材料，减少了对新资源的需求。这些生产方式不仅提升了产品的环保性能，也展示了品牌对可持续设计的坚定承诺。

Stella McCartney 在推广环保时尚的过程中，也在不断探索新技术和新材料。品牌早在成立之初便放弃了使用动物皮草，并通过不断研发，开发出了多种高质量的环保替代材料。比如，Stella McCartney 的创新材料 Econyl® 就是其中的一个成功案例。Econyl® 是一种由废旧渔网等海洋塑料垃圾再生而成的尼龙材料，既解决了海洋污染问题，又为时尚设计提供了优质的面料。这一材料的应用，不仅展现了品牌的环保创新精神，也体现了环保与奢侈品设计的完美融合（图2-1）。

Stella McCartney 还积极推动时尚行业的透明化和责任感。品牌通过公开其生产过程中的各项环保措施，提升了时尚供应链的透明度。这一举措不仅增强了消费者对品牌的信任感，也促使其他时尚品牌在环保问题上更加透明。通过定期发布环保报告，Stella McCartney 向公众展示了品牌在可持续发展方面的具体成果和远景目标。

图2-1　Stella McCartney 2024年 Econyl® 材质春季系列

承接着在生产和供应链上的透明度，Stella McCartney 还通过社交平台和其他数字渠道，与消费者进行广泛的环保交流。品牌不仅是通过产品传递环保信息，还通过讲述背后的设计故事和环保理念，激发消费者的环保意识。通过这种互动，Stella McCartney 将可持续时尚理念渗透到消费行为中，改变了传统时尚产业中仅注重外观和消费的思维模式。

在品牌运营的全球化过程中，Stella McCartney 也非常注重其在全球范围内推行的可持续策略。品牌不仅在发达国家市场推广环保时尚，还将可持续发展理念带到了发展中国家。这些国家通常是时尚行业的生产基地，工作条件和环保标准较为薄弱。通过与当地合作伙伴建立长期的合作关系，Stella McCartney 推动了当地环保生产技术的普及，提升了整个供应链的环保标准。

除了材料和生产环节的革新，Stella McCartney 在设计语言上也保持了对可持续发展的关注。其设计风格简约大方，追求高质量的材料和工艺，以耐用性为核心，与快速时尚形成了鲜明对比。通过设计经典款式和多功能产品，Stella McCartney鼓励消费者购买更少但质量更高的产品，从而减少时尚行业的资源消耗和环境污染。这种设计理念不仅增加了产品的使用价值，还赋予时尚更深层次的环保意义。

Stella McCartney的环保设计还体现在品牌的全球营销和商业策略中。品牌通过合作和跨界的方式，进一步推广其环保理念。与其他环保组织的合作让Stella McCartney能够在更广泛的领域传播其环保理念。例如，品牌与环境保护基金会合作，共同推进环保材料的研发和应用。这种跨界合作不仅提升了品牌的知名度，还为环保技术的推广提供了更强有力的支持。

Stella McCartney在零售领域也在不断推动环保创新。品牌的线下门店采用可持续设计理念，从建筑材料的选择到店内装饰的设计，都充分考虑了环保因素。店内使用的家具和装饰物品大多由可再生材料制成，同时品牌通过节能照明系统和环保包装材料，进一步减少了运营中的资源消耗。通过这些措施，Stella McCartney不仅为消费者提供了环保的购物体验，也向时尚行业展示了如何在零售环节推行可持续设计。

Stella McCartney的成功不仅仅在于其环保设计实践，更重要的是它展示了如何在不牺牲奢侈品的高端定位下实现可持续发展。品牌通过不断创新和坚守环保理念，改变了人们对奢侈时尚品牌的传统看法，证明了环保设计与高端时尚可以并行不悖。Stella McCartney不仅引领了环保时尚的潮流，还为其他品牌提供了可借鉴的成功经验，推动了整个时尚行业向更绿色、更可持续的方向发展（图2-2）。

通过这些努力，Stella McCartney不仅树立了环保时尚品牌的标杆，还在全球范围内推广了可持续发展的理念。

图2-2　Stella McCartney的Falabella包袋和Elyse厚底鞋

注：作为品牌的代表之作，坚持素食主义并杜绝使用任何皮革和皮草材质。包袋采用MIRUM®，MIRUM®来自植物而非塑料制成，以生物基纯素材料替代动物皮革，叠加在有机棉内衬上。厚底鞋采用水基哑光Alter Mat鞋面和无溶剂生物基Alter Mat衬里的可持续材料。

二、巴塔哥尼亚（Patagonia）：功能性与环保的品牌典范

Patagonia作为功能性与环保结合的品牌典范，一直在户外运动领域中占据着重要的地位。品牌自创立以来，致力于在保持产品高性能的同时，践行严格的环保承诺。Patagonia的设计理念与其环保愿景紧密结合，通过创新材料和生产技术，使其成为全

球环保时尚行业的引领者。品牌不仅通过技术革新减少了对环境的影响，还积极推广环保理念，推动消费者参与到可持续发展的行动中来。

　　Patagonia的设计师团队从材料选择的最初阶段便考虑到环保因素。品牌大量使用回收和可再生材料来替代传统的高污染材料。再生聚酯纤维是品牌广泛应用的材料之一，该材料由废旧塑料瓶等回收材料制成，显著减少了生产过程中对石油资源的依赖。通过回收塑料瓶并将其转化为高性能面料，Patagonia不仅降低了生产技术对自然资源的消耗，还在一定程度上减轻了全球塑料污染问题（图2-3、图2-4）。

图2-3　所有制作新材料的面料来自回收的废旧渔网　　　图2-4　Patagonia花费6年完成一顶用废弃渔网制成的帽子

　　在此基础上，Patagonia还注重天然纤维的可持续来源。品牌采用有机棉，而非传统方式种植的棉花。有机棉在种植过程中不使用有害的化学农药和化肥，有效保护了土壤的健康和生态系统的平衡。同时，品牌在全球范围内与可持续的农场合作，确保其纤维供应链的环保性和社会责任感。对材料来源的重视反映了Patagonia对自然资源管理的严格要求。

　　除了再生聚酯纤维和有机棉，Patagonia在羊毛的使用上也走在了行业的前列。品牌从符合可持续标准的农场采购羊毛，确保生产过程中遵循环境保护和动物福利的高标准。这些农场采用人道畜牧方式，避免了对土地资源的过度开发，同时保障了动物的健康与安全。这种多方位的材料选择策略，展示了Patagonia在平衡功能性与环保性方面的努力。

　　在生产环节，Patagonia通过采用节能技术和无毒工艺，减少了对环境的负面影响。品牌在染色过程中使用了低水耗的染色技术，不仅节约了水资源，还降低了废水处理的成本，减少了污染。在此期间，品牌还选择无毒染料，避免了有害化学物质对生产工人健康和环境的危害。环保的生产工艺，不仅提高了产品的整体质量，也为其他企业提供了可借鉴的生产模式。

　　与此相对应的是，Patagonia在供应链的透明化管理方面也走在了行业前沿。品牌通过与供应商建立长期合作，确保每一个生产环节都符合环保标准。Patagonia在其官网公开了所有供应商的信息，并定期进行供应链的环保审查。品牌通过这种方式，提升了供应链的透明度，赢得了消费者的信任，同时也促使更多供应商提高其环保意识和社会责任感。

Patagonia的产品设计不仅注重环保，还兼顾耐用性和功能性。品牌设计的每一件户外服装都经过严格的耐用性测试，确保产品在极端环境下的可靠性。通过设计更加耐用的产品，减少消费者频繁更换衣物的需求，进而降低了资源消耗。这种设计思路不仅提升了产品的使用价值，也大大减少了时尚行业中普遍存在的资源浪费问题。

在减少资源浪费的同时，Patagonia还推动了产品的维修与回收体系。品牌为消费者提供了广泛的维修服务，无论是衣物的小损伤，还是更复杂的修补工作，Patagonia都为消费者提供了经济且环保的解决方案。通过这一服务，品牌延长了产品的使用寿命，减少了旧衣物被丢弃后的环境负担。同时，Patagonia还在全球各地设立了维修站点，方便消费者对产品进行修理（图2-5）。

品牌还推出了"旧衣维修（Worn Wear）"项目，鼓励消费者将旧衣物送回品牌进行回收或转售。通过这一项目，Patagonia让消费者成为循环经济的一部分，减少了对

图2-5　Patagonia的商店也提供旧衣回收及转售服务

新衣物的需求，也减少了资源的浪费。品牌通过对旧衣物的回收、修复和再销售，延长了产品的生命周期，同时为消费者提供了更加可持续的购物选择。这种创新的商业模式，不仅让Patagonia赢得了环保消费者的青睐，也为其他时尚品牌提供了可持续发展的新思路。

除了回收旧衣物，Patagonia还在研发新的环保材料方面投入大量资源。品牌与多家科研机构合作，开发出了具有高度环保性能的新材料。这些材料不仅具有出色的功能性，还减少了对环境的长期影响。例如，Patagonia开发的环保防水材料避免了传统防水技术中常用的有害化学物质，显著提升了产品的环保标准。材料创新不仅保证了产品的功能性，还降低了生产过程中对环境的污染。

Patagonia在零售领域的环保理念也得到了广泛应用。品牌的线下门店采用了可持续设计，从建筑材料的选择到店内照明系统，Patagonia力求在每一个细节上减少资源

的浪费。品牌使用再生材料进行门店的装修，并通过节能照明技术，减少了门店运营中的能源消耗。这种环保设计不仅提升了消费者的购物体验，也向公众展示了品牌在环保实践中的全面性。

Patagonia在环境保护领域的努力不仅局限于其产品设计和供应链管理，品牌还通过支持环保组织和参与环保行动，为环境保护作出了更多贡献。Patagonia将其部分利润用于支持全球的环保项目，帮助应对全球气候变化和生态系统的保护问题。这种社会责任与担当，进一步强化了品牌的环保形象，使其不仅是一家服装公司，更成为环保行动的积极推动者。

品牌还通过广泛的市场推广，向消费者传达环保理念。Patagonia通过社交媒体、官网及线下活动，向公众普及可持续发展的重要性。品牌不仅希望通过销售环保产品来推动市场转型，还希望通过教育消费者，提升他们对环境问题的认识。这种市场推广与教育结合的策略，进一步增强了品牌与消费者之间的情感联系，也推动了更广泛的环保时尚潮流。

此外，Patagonia在员工管理和企业文化上同样融入了环保理念。品牌鼓励员工在工作中实践可持续发展的理念，并为其提供与环保相关的培训。Patagonia还设立了内部环保奖项，激励员工为环保事业作出更多贡献。这种企业文化的塑造，不仅提升了品牌的环保形象，还在公司内部形成了强大的环保推动力。

Patagonia的成功不仅是因为其环保设计，还在于其不断追求创新的精神。品牌通过持续研发新材料、新技术，推动了时尚行业的环保转型。设计师在保证产品功能性和美感的前提下，始终将环保作为设计的核心，确保每一件产品都能够在满足用户需求的同时，减少对环境的负担。Patagonia的设计不仅仅是对传统时尚的改进，更是一场对远景可持续发展的探索。

品牌的发展路径将继续围绕功能性和环保展开。通过不断创新和优化设计流程，Patagonia不仅将进一步提升其在户外领域的领先地位，还将在推动环保技术和理念的普及中发挥更大的作用。品牌的实践为全球时尚行业提供了重要的参考，也为消费者展示了环保与功能性完美结合的品牌典范。

三、国内外新兴设计师的可持续实践与探索

在近年来的时尚潮流中，国内外新兴设计师以环保理念为基础，做出了许多独具匠心的可持续设计实践。这些设计师通过创新的材料选择、生产方式及设计理念，努

力平衡美感与功能性，同时减少时尚产业对环境的负面影响。他们的作品不仅传递出环保理念，还在全球范围内引发了广泛的关注与讨论。这些新兴设计师在时尚领域的探索为行业带来了新的活力与发展方向。

许多设计师从材料入手，探索可持续发展的可能性。来自国外的设计师加布里埃拉·赫斯特（Gabriela Hearst）便是这一领域的代表之一。她以奢侈品时尚为基础，追求在保持高品质的同时减少对环境的影响。她在设计中大量采用再生材料，例如，用回收羊毛和再生尼龙来替代传统的材料。这种做法不仅减少了资源浪费，还减少了产品生产过程中的碳足迹。她的设计作品以其简洁优雅的风格闻名，成功地在可持续性与时尚美学之间找到了平衡（图2-6）。

另一位备受关注的国际设计师是Marine Serre，她的设计以大胆的创新和对环保的坚定承诺著称。她在作品中大量运用了废旧面料，这些面料经过重新设计和改造后，成为独特的时尚单品。她的作品不仅展示了面料的再利用价值，还传递出环保意识的紧迫性。她通过将旧物赋予新生命，不断探索可持续时尚的边界，使她的作品不仅具有前瞻性，也在时尚界掀起了一股环保风潮。

图2-6 Gabriela Hearst 2024女装时装周

日本设计师大野洋平（Yohei Ohno）则通过技术与工艺的结合，探索如何将时尚设计与环保理念融为一体。大野洋平以科技感和未来感为特色，使用可再生材料和环保染料进行设计，同时关注生产过程中水资源的消耗问题。他的设计体现了对未来可持续时尚的深刻思考，同时也展示了技术在推动环保设计中的重要作用。大野洋平的作品不仅强调了设计中的功能性，还通过实验性的设计风格打破了传统时尚的界限，成为可持续时尚设计中的先锋代表。

法国设计师克拉拉·达金（Clara Daguin）的作品则展示了数字科技与环保设计的结合。她通过在服装中嵌入可再生能源设备，使得服装具备了自供电功能。这种设计不仅扩展了服装的功能，还通过高科技手段降低了能源消耗。Clara Daguin的设计作品打破了传统时尚的界限，为环保时尚注入了科技元素，使得她在新兴设计师群体中独树一帜。

伴随这些设计师的实践，不少新兴品牌也纷纷崭露头角，推动可持续时尚的发展。英国品牌Phoebe English便是一个成功的案例。品牌创始人Phoebe English的设计以手工制作和零废弃为核心,强调在设计阶段减少材料的浪费。她选择使用再生面料和有机纤维,同时避免使用有害化学物质。她的设计理念强调工艺的透明度,并通过与消费者的互动,宣传可持续时尚的重要性。Phoebe English品牌不仅在高端时尚市场中获得了良好的口碑,还为时尚行业的环保转型提供了值得借鉴的经验。

图2-7 Xander Zhou 2023春夏男装

与国外设计师相比,国内设计师在环保时尚的探索领域也展现出极大的潜力。例如,设计师周翔宇(Xander Zhou)以其超现实主义风格而闻名。他在设计中通过使用大量再生材料和可降解纤维,传递出对环保问题的深度关注。周翔宇的设计作品充满了未来感,同时也融入了许多环保元素,反映出设计师对未来时尚与环境关系的思考。他的作品不仅在国内外时装周上大放异彩,还引发了人们关于环保时尚的广泛讨论(图2-7)。

在设计过程中,新兴设计师不仅关注材料的环保性,还通过改进工艺来减少资源浪费。国内设计师马可(Ma Ke)便是其中的代表。马可在设计中强调自然与人的和谐共存,她的品牌采用传统手工艺进行生产,减少了对机器生产的依赖。马可不仅关注时尚的表象,更注重服装背后的文化内涵和环保责任。通过与自然共生的设计方式,马可的作品成为国内环保时尚领域的重要代表。

在推动环保时尚发展的过程中,新兴设计师还通过跨界合作的方式,将更多的环保理念带入大众视野。例如,国内设计师Uma Wang通过与不同的环保组织合作,推动了可持续时尚的发展。她的设计作品多次展现了传统手工艺与现代环保技术的结合,通过减少生产过程中的资源消耗,打造出独特的时尚风格。Uma Wang的设计作品不仅在国内外时装界获得了高度评价,还为中国时尚产业的环保转型提供了宝贵的经验(图2-8)。

中国设计师陈安琪以融合传统与现代的设计风格而闻名。陈安琪的设计注重材料的选择,采用有机棉、麻等天然纤维,力求减少对环境的破坏。同时,她通过与本地工匠合作,推动传统手工艺的现代化转型,展现出环保设计与文化传承的完美结合。陈安琪的设计不仅具备鲜明的民族特色,还为中国的时尚产业带来了可持续发展的新思路。

在此期间，中国另一位新兴设计师赵莉也在环保时尚的领域中崭露头角。她的设计理念以"减量设计"为核心，强调通过减少材料的使用来降低产品对环境的影响。赵莉的设计作品多采用无缝裁剪技术和一体成型的设计手法，这不仅减少了材料浪费，还提高了产品的耐用性。她的设计思路使得服装在生产过程中几乎不产生边角料，大大减少了废弃物的产生。这种创新的设计方法为国内可持续时尚的推广起到了积极的示范作用。

纵观国内外新兴设计师的实践，可以看出他们在推动可持续时尚发展方面的多样化探索。无论是通过创新材料的选择、生产工艺的改进，

图2-8　Uma Wang 2024巴黎时装周

还是文化与技术的融合，这些设计师都在为时尚行业的环保转型贡献力量。他们的作品不仅具有高度的艺术性和商业价值，还承载着对未来时尚产业与环境关系的深刻思考。通过他们的不断创新和实践，可持续时尚的发展前景将越发广阔。

四、案例对未来设计师的启示

经典环保设计案例为未来的设计师提供了诸多宝贵的启示。这些案例通过对设计方法的创新和对可持续理念的践行，不仅展示了环保设计在时尚领域的广泛应用潜力，也为设计师提供了平衡美学、功能性与环保性的思路。在这些成功的案例中，设计师不仅是时尚的创造者，更是环保理念的传播者，他们在材料选择、工艺技术、科技与环保设计的结合等多个方面为日后的设计师提供了有益的借鉴。

在材料选择方面，斯特拉·麦卡特尼（Stella McCartney）的设计案例尤为突出。她摒弃了传统的动物皮革，转而使用合成皮革和再生材料，充分展示了高端时尚如何与环保理念兼容。未来的设计师可以从中学到，材料的环保性不仅要满足产品的外观需求，更需要在生产、使用和处理过程中减少对环境的破坏。通过探索更多的替代材料，设计师能够在保持产品设计创新的同时，积极响应环保需求，为时尚行业的环保转型做出贡献。

巴塔哥尼亚（Patagonia）的设计案例也为设计师提供了另一种视角。这个品牌强

调功能性与环保性的结合，其设计师通过对再生材料的创新使用，不仅满足了户外运动服的高性能需求，还减少了资源的消耗。未来的设计师可以从中学到，如何通过材料的再利用来减少生产过程中的资源浪费。通过回收塑料瓶、废旧面料等，设计师能够实现材料的循环使用，减少资源的开采和使用，进一步推动时尚产业的循环经济发展。

在工艺技术方面，Marine Serre的大胆创新为未来设计师提供了宝贵的经验。她的作品不仅展示了如何通过旧衣物和废弃材料的重新设计来创造新的时尚产品，还展示了如何在设计过程中融入环保理念，传达社会责任感。设计师可以借鉴这一实践，将"零废弃"的理念应用于设计的每一个阶段，通过无缝裁剪和模块化设计等技术，减少生产过程中产生废料，并且提升产品的功能性和使用寿命。

加布里埃拉·赫斯特（Gabriela Hearst）的设计案例也为未来的设计师提供了启发。她在奢侈品设计中引入了环保理念，通过使用有机纤维和再生羊毛等材料，创造出既有高端质感又有环保属性的时尚产品。设计师可以从中学到，在进行高端设计时，环保并不意味着牺牲奢华感。相反，通过对环保材料和工艺的深入研究，设计师可以在设计中融入更多绿色创新，实现设计的品质与环保的共赢。

Phoebe English的"零废弃"生产方式同样具有重要的借鉴意义。她在设计中强调通过手工制作和精细的工艺来减少生产中的浪费。这种工艺透明化的设计方法，使得设计师在每个环节中都能精准控制材料的使用，避免浪费。未来设计师可以考虑采用类似的制作流程，通过减少生产中的能源和资源消耗，最大化地利用材料，从而减少对环境的影响。

在科技与环保设计的结合方面，克拉拉·达金（Clara Daguin）的作品为未来设计师提供了创新的方向。她在服装设计中融入可再生能源技术，使得时尚作品兼具美感和功能性。这种技术与设计的结合为未来设计师提供了无限的可能性，展示了时尚不仅是美的载体，还可以通过技术的融入，成为解决环保问题的一部分。设计师可以从中学习到，如何通过科技手段提升产品的环保性能，赋予产品更多的实用价值。

大野洋平（Yohei Ohno）的设计案例展示了科技和环保时尚的融合潜力。他通过使用再生材料与环保染料，创造了独具未来感的时尚作品。设计师可以从中学习到，如何通过技术手段减少生产过程中的污染，以及对水资源的消耗。通过引入更加环保的生产技术，设计师能够在生产环节减少对环境的破坏，进而推动整个供应链的绿色化转型。

对于国内的新兴设计师而言，陈安琪的设计案例展示了如何在环保设计中融入传统文化元素。她通过与本地工匠合作，推动传统工艺与现代环保理念的融合。未来设计师可以从中获得启发，在进行环保设计时，不仅要关注材料和工艺的环保性，还要考虑如何将传统文化与可持续发展理念相结合。通过这种方式，设计师可以将环保设计推向更广泛的文化和社会层面，增加设计的深度与影响力（图2-9）。

赵莉的"减量设计"理念为未来设计师提供了新的设计思路。她通过减少材料的使用，实现了环保设计与高效生产的结合。未来设计师可以从这一理念中学到，如何通过精确地设计和裁剪，减少生产中的废料。通过利用无缝技术和优化生产流程，设计师可以实现材料的最大化利用，减少时尚产业中的资源浪费。

马可"自然与人和谐共存"的设计理念，展示了环保设计的另一种可能性。她通过使用自然材料和传统手工艺进行生产，强调了设计中人文关怀与环保责任的重要性。设计师可以从她的实践中学到，如何通过简约而有力的设计表达环保理念。通过尊重自然，减少对环境的过度开发，设计师能够创造出更加具有人文情怀的环保作品。

通过这些案例，未来设计师可以清楚地看到，环保设计不仅是材料和工艺的选择，更是一种设计思维的全面转型。

图2-9　陈安琪运用中国传统工艺与文化理念设计的服装

第三章

环保材料的
选择与开发

◆◆◆ ──────◉

在环保服装设计中，材料的选择与开发至关重要。材料不仅决定了产品的质量和功能，还在其整个生命周期中对环境产生深远的影响。本章将探讨环保材料的分类与特性、市场应用及其开发过程中面临的挑战与解决方案。通过深入分析不同类型环保材料的优势与局限，揭示其在时尚产业中的潜力与实际应用效果。同时，随着环保需求的日益增长，市场对创新材料的需求也不断增加，设计师和生产商必须在应对资源限制、技术壁垒的过程中找到平衡，推动可持续材料的进一步发展。

第一节

环保材料的分类与特性

环保材料的种类多样，不同的材料具有各自独特的环保属性和应用领域。本节将分类探讨四种主要的环保材料，包括天然纤维材料、再生材料与循环材料、生物基与生物可降解材料、生态环保染料等。通过对这些材料在生产、使用和废弃过程中对环境产生的影响进行分析，揭示它们的特性与适用场景。无论是生物可降解性还是资源节约性，这些环保材料的多样性不仅为设计师提供了广泛的选择，也为时尚产业的可持续发展奠定了基础。

一、天然纤维材料：有机棉、麻与羊毛的可持续性

天然纤维材料在可持续时尚领域具有重要的地位。有机棉、麻与羊毛等材料，不仅能够在生产过程中减少对环境的负面影响，还具备优异的可再生性与生物可降解性，成为设计师和品牌推行环保时尚的关键选择。有机棉、麻和羊毛在可持续时尚中的应用各具特色，其环保价值不仅体现在种植和生产阶段，还延续到使用和处理阶段，这些天然纤维材料为可持续时尚提供了绿色的解决方案。

有机棉是一种广泛应用于环保服装中的天然纤维材料。与传统棉花不同，有机棉在种植过程中不使用合成农药和化肥，从而减少了对土壤和水资源的污染。这一生产方式不仅提高了棉花种植的可持续性，还对棉花种植地区的生态环境起到了保护作用。农民在种植有机棉时，还通过轮作等措施，保持了土壤的健康和肥力，减少了对土地的长期破坏。因此，有机棉成为那些追求可持续时尚的品牌和消费者的首选材料。

在有机棉的生产过程中，水资源的使用得到了有效的控制。由于不使用化学肥料和农药，有机棉田的土壤保水能力更强，减少了灌溉需求。相比于传统的棉花种植，有机棉的种植过程更加节水，尤其是在水资源稀缺的地区，有机棉的种植显得尤为重要。此外，有机棉在加工阶段同样注重环保，许多品牌在有机棉的纺织和染色过程中使用环保染料，进一步减少了对环境的影响。

承接有机棉的环保优势，麻同样在时尚产业中扮演着重要角色。麻是一种生长周期短且耐旱的作物，能够在贫瘠的土地上生长，不需要大量的水和化学肥料。麻的生物适应性强，能够有效利用自然资源，不对土壤造成过多压力。这使麻成为一种极具可持续价值的选择，特别是在那些资源匮乏或气候条件恶劣的地区，麻的种植为当地的农业生产提供了稳定的收益。

麻的环保价值不仅体现在其种植过程，还体现在其加工过程中对环境的较小影响。相比于其他天然纤维材料，麻在加工时需要的能源和化学品较少，降低了纺织品生产过程中产生的碳排放和废水排放。同时，麻具有天然的抗菌和防臭特性，降低了纺织品在后续使用中的洗涤频率和对清洁剂的依赖。设计师在使用麻时，能够有效地结合其环保特性，设计出既实用又具备可持续价值的服装产品。

此外，羊毛也是一种备受推崇的天然纤维材料，尤其在高端时尚和功能性服装中占有重要地位。羊毛的生产主要依赖于放牧，这意味着在适当管理下，羊毛的生产具有可再生性。合理的放牧管理不仅能够确保草场的长期健康，还能够通过天然的方式再生羊毛。羊毛具备天然的保暖性和透气性，特别适合用于冬季服装和户外服装设计，

同时其耐用性使得羊毛产品在使用寿命上远超其他产品。

羊毛的生产过程中，也有一些环保的创新实践得到了推广。例如，一些羊毛供应商采用了无害剪羊毛技术，确保在羊毛采集过程中对动物的福利得到保障。此外，羊毛纤维在染色和加工阶段对化学物质的依赖较少，减少了对水资源的污染。这种低化学依赖性使得羊毛在整个生产周期中都保持了较高的环保标准，符合可持续时尚的要求。

在设计和使用过程中，羊毛的高耐用性进一步减少了资源浪费。设计师在选择羊毛材料时，注重其多功能性。通过创新的裁剪和设计方式，羊毛服装得以适用于多种场合。消费者能够长期使用这些产品，减少了因频繁更换服装而产生的资源消耗。羊毛纤维还具有天然的抗皱和抗污能力，降低了洗涤的频率，因此也减少了对水和能源的使用。

在可持续时尚中，天然纤维材料的优势不仅体现在其生产和使用过程中的环保功能上，还在于其生物可降解性。无论是有机棉、麻还是羊毛，这些天然纤维在其生命周期结束时，都能够被自然降解，不会对环境造成长期的负担。相比于合成纤维，这些天然材料在废弃后的处理过程中不会产生有害的微塑料或其他污染物。这一特性使得它们成为时尚产业推行循环经济和减少环境污染的重要材料。

承接天然纤维材料的生物降解优势，品牌和设计师在使用这些材料时，还通过循环使用进一步延长了产品的生命周期。设计师利用有机棉、麻和羊毛的再生属性，推出了回收项目，鼓励消费者将旧衣物返还品牌进行二次加工。这些举措不仅减少了对新材料的需求，还推动了时尚产业的循环经济发展模式。通过回收再利用，这些天然纤维的环保作用得到了进一步发挥。

然而，尽管天然纤维材料具有许多环保优势，其生产和使用过程中也面临着一些挑战。有机棉的种植虽然减少了对农药和化肥的使用，但其产量通常低于传统棉花，这导致了生产成本的增加。设计师和品牌在推行有机棉时，往往需要平衡成本和市场接受度之间的关系。此外，麻和羊毛的生产也面临着供应链不稳定和消费者对价格敏感的问题。设计师需要通过创新的设计和营销手段，提升这些材料的市场接受度。

为了应对这些挑战，一些品牌和设计师正在探索通过技术创新来提升天然纤维材料的环保性能。通过农业技术的改进，有机棉和麻的产量有望得到提升，进一步降低了生产成本。在此期间，羊毛的生产过程也可以通过技术手段优化放牧管理，减少对草场资源的过度使用。设计师在推动这些天然纤维材料发展的同时，需要不断寻求新的技术和方法，确保环保理念能够在实际生产中得到贯彻落实。

综合来看，天然纤维材料在可持续时尚中的应用展现了巨大的潜力。无论是有机棉的低环境影响、麻较强的生物适应性，还是羊毛的可再生性，这些材料都为设计师提供了丰富的创造灵感。通过对这些材料的深入理解和应用，时尚行业能够在追求美感与功能性的同时，减少对地球资源的依赖，实现可持续发展的目标。

二、再生材料与循环材料：从塑料瓶到面料的技术路径

再生材料与循环材料的应用在可持续时尚中占据着重要的地位。特别是从废旧塑料瓶转化为高质量纺织品面料的技术路径，已经成为时尚产业减少环境负担的重要解决方案之一。这一过程不仅有效减少了塑料废弃物对环境的影响，还为时尚设计提供了丰富的环保材料，推动了循环经济的发展。通过技术的不断创新，设计师和品牌可以将这些废弃材料转化为再生面料，赋予它们新的生命，同时减少对地球资源的浪费。

从塑料瓶到面料的技术路径始于塑料瓶的收集和分类。首先，大量的废旧塑料瓶通过城市垃圾处理系统、回收站以及品牌自身的回收项目进入回收渠道。塑料瓶通常由聚酯材料制成，这种材料具有良好的再生能力，可以通过技术手段被加工成高质量的纺织纤维。其次，分类过程至关重要，应确保被回收的材料不含有杂质，避免对后续加工阶段的质量产生影响。

回收后的塑料瓶经过清洗和粉碎，成为小颗粒的塑料碎片。清洗环节是一个至关重要的步骤，能够去除瓶身上的污垢、标签以及其他杂质。通过这一过程，原本无用的废旧塑料被转化为干净的原料，即可进入下一步的再生环节。经过粉碎的塑料颗粒被称为再生聚酯片，这些碎片将在接下来的技术路径中被进一步加工成纤维，最终用于面料生产。

塑料碎片的下一步是熔融和纺丝。在这个阶段中，塑料碎片被加热到高温状态，变成液态。设计师和生产商可以通过这一过程调整材料的性能，以满足不同类型的纺织需求。液态的聚酯材料通过纺丝技术被挤压成细长的纤维，这些纤维的直径和长度可根据产品的需求进行调节。纺丝过程的控制不仅决定了最终面料的柔软度和弹性，还确保了产品的强度和耐用性。

承接纺丝阶段，纤维经过冷却后会被进一步加工成纱线。这些纱线具备了再生聚酯面料的所有优良性能，例如，耐用、轻便、易清洗等。再生纱线还可以与其他天然纤维或功能性材料混纺，生产出不同功能的纺织品。通过与有机棉或麻混纺，再生聚酯面料能够拥有更广泛的应用场景。既符合环保要求，又能够提供舒适的穿着体验。

在纱线制成后，织布工艺能够将这些再生纱线加工成不同种类的面料。从塑料瓶转化为面料的过程中，织布技术为设计师提供了丰富的选择，包括平纹、斜纹、针织等多种织物结构。设计师可以根据具体需求，选择合适的织物结构和面料厚度，以满足不同功能性服装的需求。例如，针织面料通常用于休闲服和运动服的设计，而平纹或斜纹则适用于更加正式或耐磨的服装设计。

生产出来的再生面料不仅环保，还具备极高的功能性。再生聚酯面料的耐用性、抗皱性和快干性，使其成为运动服以及功能性服装的重要选择。设计师在使用这些面料时，能够创造出兼具环保性和实用性的时尚产品。这些产品不仅在性能上与传统材料相媲美，甚至在某些方面表现得更加出色，如水资源的节约和生产过程中的低碳排放。

承接再生面料的功能性优势，塑料瓶再生成面料的过程还有助于减少时尚行业对石油资源的依赖。再生聚酯面料作为一种替代品，避免了石油开采及其相关的环境问题。通过这一技术路径，时尚产业能够大幅减少对不可再生资源的消耗，并在减少碳足迹方面取得显著成效。许多品牌通过这一技术，不仅实现了其环保目标，还提升了消费者对品牌环保理念的认可度。

在实际应用中，塑料瓶再生成的面料已被广泛应用于各类时尚产品。运动品牌率先使用这一技术，推出了再生面料制成的运动服装、鞋子等。再生面料的应用不仅提升了品牌的环保形象，还为产品赋予了独特的市场竞争力。此外，户外服装品牌也大量使用再生聚酯面料，因为其耐用、防水和保暖性能特别适合户外活动的需求。

然而，尽管这一技术路径在减少塑料废弃物和推动循环经济方面发挥了积极作用，但再生面料的开发仍面临挑战。再生聚酯面料的生产过程中，虽然能够显著减少原材料的使用，但在某些加工环节仍会产生一定的环境负担。例如，熔融和纺丝过程中的能源消耗，以及化学助剂的使用，都需要进一步优化和改善。设计师和技术人员必须在未来的开发中找到更加节能和无害的方法，降低整个生产链对环境的影响。

为了克服这些困难，品牌和供应商正在积极探索新的技术方案。通过研发低温熔融技术，能够减少再生聚酯面料生产过程中的能源消耗。此外，使用更加环保的化学助剂，或开发无化学加工的技术，也有助于减少对水资源和生态环境的影响。再生材料的开发正在向着更加高效、低排放的方向发展，为未来的时尚设计提供了更加绿色的选择。

在市场推广方面，品牌通过强调再生材料的环保性来吸引消费者。再生聚酯面料不仅在功能上满足了现代消费者对时尚与实用的需求，还传递了环保理念。这种材料的使用增强了消费者对品牌环保承诺的信任，提高了绿色时尚的市场接受度。通过与再生材料相关的故事和宣传，品牌能够有效地将环保理念转化为市场竞争力，吸引那些关注环保的消费者群体。

再生面料将来的发展方向不再局限于服装产业，家居、汽车内饰等多个领域也在积极引入这一材料。设计师可以从中获得启发，解锁更多跨界的应用场景，将再生面料的环保潜力开发与应用到最大化。随着技术的进步，塑料瓶到面料的技术路径将继续优化，推动再生面料在更多领域的应用，为环保设计提供更多的可能性。

总的来看，从塑料瓶到面料的技术路径展示了再生面料在时尚产业中的巨大潜力。这一技术不仅为废弃塑料赋予了新生命，还推动了时尚产业的环保转型。未来，设计师和品牌将继续探索更多创新的技术路径，使得再生面料能够在更多领域发挥作用，为可持续时尚的发展注入新的动力。

三、生物基与生物可降解材料：新材料革命

生物基与生物可降解材料为可持续时尚领域带来了深刻变革。作为新材料变革的重要组成部分，这些材料不仅降低了对传统化石燃料的依赖，还为时尚产业提供了更为环保的选择。通过将可再生资源转化为高性能纤维和面料，设计师能够在追求美感与功能性的同时，减少对环境的负面影响。生物基与生物可降解材料的广泛应用，标志着时尚产业在材料创新方面迈出了重要的一步。

生物基材料是由可再生生物资源制成的纤维，它们主要来源于植物、动物和微生物。这类材料在生产过程中消耗的资源较少，并且通常具有可再生性，减少了对化石能源的需求。例如，生物基聚合物，它是从玉米淀粉中提取的聚乳酸，已经成为时尚设计中的一种关键材料。这类聚合物不仅在制造过程中减少了温室气体排放，还能够在适当的条件下自然降解，减轻了废弃后的环境压力。

生物基材料的生产技术通过对生物质的提取与转化，将植物中的天然成分转化为可用于纺织的纤维。在这一过程中，设计师可以选择不同的生物基原料，以满足不同的功能需求。例如，玉米淀粉、甘蔗和木薯等原料，能够被加工成各种具有独特性质的纤维。这些纤维不仅具备较强的延展性和耐用性，还保留了天然纤维的轻便和舒适感。由于生物基材料来源于可再生资源，因此它显得尤为适合当前时尚产业对可持续性的要求。

承接生物基材料的创新优势，生物可降解材料在解决废弃物问题上也发挥了关键

作用。传统纺织品往往无法在自然环境中降解，而生物可降解材料则在适当的环境条件下，能够被微生物分解为二氧化碳、水和其他无害物质。这种特性使得它们在生命周期结束后不会造成长期的环境污染，特别是在解决纺织品废弃物问题上，生物可降解材料显示了巨大的潜力。

设计师在使用生物可降解材料时，往往注重其在时尚产品中的应用场景。例如，使用这种材料制作的一次性时尚产品，如快闪活动或节庆服装，能够在短期使用后被迅速分解，避免了大量废弃物的产生。同时，这类材料也被广泛应用于儿童服装和户外服装中，因为这些产品在生命周期结束后，可以被有效回收并降解，不会对环境造成持久的负担。

生物可降解材料在纤维设计中的应用也展现了高度的创新性。这些材料不仅可以在设计上满足高标准的美感和功能需求，还能通过特殊的工艺提升其耐用性和环保性。例如，通过与其他天然纤维混纺，生物可降解材料能够延长纺织品的使用寿命，进一步减少资源浪费。设计师通过这种方式，既实现了对时尚美学的追求，又履行了环保责任。

与传统材料不同，生物基与生物可降解材料的制造过程也体现出其低能耗和低污染的优势。生物基材料的生产通常不需要大量的化学添加剂，这意味着在制造过程中减少了有害物质的排放。同时，这些材料的生产过程能够在较低的温度下进行，进一步减少了能源消耗。这种环保的生产方式使得生物基和生物可降解材料成为时尚产业中实现低碳转型的理想选择。

承接这些材料生产过程中的优势，生物基和生物可降解材料在实际市场中的应用也越来越广泛。高端时尚品牌开始采用这些新型材料制作奢侈品服装，不仅因为它们符合品牌的环保理念，还因为它们在功能性和美感上能够与传统材料相媲美。通过将这些材料引入产品设计中，品牌不仅提升了自身的环保形象，也满足了消费者对可持续产品的需求。

此外，生物基和生物可降解材料还在运动服装领域得到了广泛应用。运动服装需要具备轻便、透气和高强度的特性，生物基材料通过改良工艺，完全可以满足这些要求。设计师通过将这些材料与功能性技术结合，创造出了一系列环保且具有高性能的运动服。例如，一些品牌使用生物基材料制作跑步鞋和运动服，不仅提高了产品的耐久性，还通过材料的可降解性减少了后期处理的难度。

尽管生物基和生物可降解材料具有许多优势，但它们的开发和推广也面临一些挑战。首先，生物基材料的生产成本通常高于传统石化材料，这对许多中小型品牌来说是一个负担。设计师在选择这些材料时，往往需要权衡成本与环保效益之间的关系。其次，生物可降解材料的降解条件需要特定的环境（如适当的温度和湿度），否则可能无法实现完全降解。因此，品牌在推广这类材料时，必须与废弃物处理系统紧密合作，确保其降解效果。

为了应对这些挑战，技术创新正在不断推进。通过优化生产工艺，生物基材料的生产成本逐渐降低，同时新型生物可降解材料的研发也在推动其适应更广泛的使用环境。例如，一些研发机构正在探索能够在常温、常湿环境中降解的纤维材料，以扩大其应用范围。设计师在以后的实践中，可以通过更多的技术合作，进一步推广生物基和生物可降解材料的普及。

在推动这类材料广泛应用的过程中，品牌与消费者之间的互动也至关重要。设计师通过产品设计、营销宣传以及与消费者的沟通，能够帮助大众更好地理解生物基和生物可降解材料的优势。例如，一些品牌通过在产品标签中详细说明材料的来源和降解特性，增强了消费者的环保意识。通过这种方式，设计师不仅在产品的美学和功能上作出了创新，还通过消费者环保教育为环保理念的推广贡献了力量。

品牌还可以通过推出环保产品线，进一步推广生物基和生物可降解材料的使用。设计师在这类产品设计中，不仅要考虑材料的环保性，还要注重产品的美感和市场竞争力。通过设计出既符合环保标准，又具有时尚感的产品，品牌能够在市场上获得更大的关注，并为可持续时尚的发展注入新的动力。

生物基与生物可降解材料的未来发展前景十分广阔。设计师可以通过技术创新和合作，继续推动这些材料在时尚产业中的应用。同时，品牌也需要通过不断优化供应链和生产流程，降低材料的生产成本，使得更多的时尚产品能够采用这一环保材料。通过各方的共同努力，生物基与生物可降解材料有望在未来的时尚行业中占据更加重要的地位。

四、生态环保染料与纺织品染色技术的创新

生态环保染料和纺织品染色技术的创新为时尚产业提供了新的环保解决方案。这些新技术减少了传统染色工艺中的高污染问题，同时提升了面料的色彩表现力和功能性。染料的环保性在纺织品生产中的影响不可忽视，随着可持续时尚的推广，越来越多的品牌和设计师开始探索更加绿色的染色工艺。通过减少水资源的消耗以及有害化学物质的使用，生态环保染料正成为未来纺织业的核心染色工艺之一。

生态环保染料的种类多样，它们的主要特点是来自天然资源，并且在生产和使用过程中减轻了对环境的负担。例如，植物染料是最常见的环保染料之一。这种染料由植物提取物制成，其天然成分在染色过程中对水源和土壤的污染较小。植物染料通过提取树叶、花朵、树皮等植物部分中的色素，经过精细的加工成为可以直接使用的染料。植物染料不仅减少了化学合成染料对生态系统的破坏，还为时尚设计带来了丰富的色彩表现和独特的视觉效果。

与植物染料类似，矿物染料也是一种传统的天然染色技术，近年来被重新应用于现代纺织品的生产中。矿物染料通过提取天然矿物中的色素，将其应用于纺织品染色。这些染料在染色过程中不会产生有毒废物，能够在保证色彩稳定性的同时减少环境污染。设计师在使用矿物染料时，能够结合其独特的色彩表现力，设计出色彩层次丰富且具有环保功能的服装。

承接植物染料与矿物染料的环保优势，低能耗染色技术的创新进一步推动了环保染料的发展。传统染色工艺通常需要高温和长时间的染色过程，造成大量能源消耗和废水排放。低能耗染色技术则通过优化染色工艺，大幅降低了染色过程中的能源消耗和水资源消耗。这种技术不仅提高了生产效率，还减少了染色过程中的碳排放。低能耗染色技术的广泛应用，不仅使染色工艺更加绿色环保，还降低了生产成本，为企业提供了更具竞争力的解决方案。

在环保染料的创新中，微生物染料的出现引发了行业的广泛关注。微生物染料是通过微生物的发酵作用生产出的天然染料，具有低污染和高环保的特点。这种染料能够在常温下进行染色，减少染色过程中对能源的需求。同时，微生物染料在生产过程中不会产生有毒废物，极大地减少了对水体和土壤的污染。微生物染料的应用不仅展现了生态染料的广阔前景，还为纺织品染色带来了全新的技术突破。

与染料类型的创新相对应，纺织品染色技术的革新也在不断发展。喷墨染色技术是一种先进的环保染色工艺，它通过喷墨技术将染料直接喷射到纺织品上，避免了传统染色工艺中染料的浪费。喷墨染色技术能够精准控制染料的使用量，减少了过量染色带来的环境负担。此外，该技术可以在低温下进行，大大降低了染色过程中的能耗。喷墨染色技术的应用不仅提高了生产效率，还使得染色过程更加环保高效。

承接喷墨染色技术的优点，数码印花技术的创新为纺织品染色技术带来了新的可能性。数码印花技术通过数字化控制，将图案和色彩直接打印到纺织品上。这一技术不仅能够精准呈现复杂的设计图案，还减少了传统印花工艺中的水资源消耗和染料浪费。数码印花技术的应用极大地减少了生产中的环境负担，设计师能够通过这一技术创造出更加复杂多样的设计，而不必担心染料的过度使用和污染问题。

此外，冷转移染色技术也在近年来逐渐兴起。这种技术通过将染料转移到特殊的介质上，再通过冷温处理将染料转印到纺织品上。冷转移染色技术的最大特点是其能够在低温环境中完成染色过程，减少了对能源的依赖，同时避免了传统染色过程中大量水资源的消耗。该技术的应用范围广泛，既适用于棉、麻等天然纤维，也适用于化学纤维，为纺织行业的可持续发展提供了更多选择。

在纺织品染色技术的创新中，无水染色技术实现了环保染色技术的重大突破。无水染色技术通过使用二氧化碳等介质替代水，完成纺织品的染色过程。由于染色过程中不需要水，避免了传统染色工艺中的废水排放问题。这一技术不仅减少了水资源的浪费，还减少了化学助剂的使用，使染色过程更加绿色环保。无水染色技术的出现为纺织品染色开辟了新的发展方向，为节水环保提供了极具潜力的解决方案。

无水染色技术的成功应用还推动了其他环保染色技术的发展。例如，气体染色技术通过将染料汽化后，直接作用于纺织纤维表面，完成染色过程。气体染色技术不仅能够减少对水资源的消耗，还能够提高染料的附着力和色彩持久性。该技术的应用还大大减少了染色后的废弃物处理问题，使整个染色流程更加环保高效。设计师在选择这一技术时，可以实现更多个性化的色彩设计，提升产品的创新性和环保性。

在染色工艺的创新中，废弃物再利用染色技术也逐渐进入设计师的视野。这一技术通过将生产中的废弃物（如食品加工废料、植物残渣等），转化为染料源，从而实现染色过程的环保化。通过这种方式，废弃物得到了有效的再利用，减少了对天然资源的过度开采。这一技术的应用为设计师提供了更为广阔的创新空间，既能够减少生产中的废弃物，又能够在染色过程中减少化学物质的使用。

尽管生态环保染料和染色技术展现了诸多优势，但它们的开发与应用仍然面临挑战。生物染料和天然染料的色彩稳定性和色彩选择范围有限，使得部分设计师在选择时受到一定的制约。此外，环保染色技术的成本通常高于传统染色工艺，特别是在大规模生产中，如何降低成本仍然是设计师和品牌面临的难题。因此，进一步进行技术研发和成本优化将成为推动环保染料和染色技术广泛应用的关键。

为了应对这些挑战，科研机构和品牌正在加强合作，开发更加高效的染料和染色技术。例如，通过基因工程和化学工艺的结合，科学家正在探索如何提高天然染料的色彩稳定性和色彩表现力。这些创新不仅能够扩大环保染料的应用范围，还能够满足不同设计师对色彩的需求。此外，通过规模化生产和工艺优化，环保染料的生产成本也有望逐渐降低，使其在市场上具有更强的竞争力。

随着生态环保染料与纺织品染色技术的不断进步，未来的时尚设计将会越来越多地融入绿色技术。设计师在追求美学与创新的同时，必须认识到染色过程对环境的影响。通过选择更加环保的染料和染色技术，推动时尚产业向着更加可持续的方向发展。这一领域的创新将不仅改变时尚产品的外观，还将在保护地球资源和减少污染方面发挥关键作用。

第二节

创新环保材料的市场应用

随着环保技术的发展，越来越多的创新环保材料被应用于时尚产业。本节将重点分析这些新型材料的市场应用，包括它们在高端时尚、功能性服装以及大规模生产中的实践效果。通过实际案例展示创新材料在时尚产品中的应用，挖掘其在提升品牌环保形象和满足消费者需求方面的潜力。这些新材料不仅在环保性能上优于传统材料，还为设计师提供了更大的创新空间，推动了行业的绿色转型。

一、海洋废弃物材料的时尚化应用

近年来，海洋废弃物材料的时尚化应用成为环保时尚领域中备受关注的创新实践项目。大量海洋塑料垃圾在全球范围内威胁着生态系统，而通过技术手段将这些废弃物转化为时尚材料，不仅为环保提供了解决方案，也为时尚设计带来了独特的创意与功能性革新。这些材料的开发与应用，改变了传统时尚产业对原材料的依赖，为设计师提供了更具可持续性价值的选择。

塑料瓶和渔网是海洋废弃物中常见的两类污染源，设计师通过再生技术将这些废弃物转化为纺织纤维和面料。这一过程始于海洋垃圾的回收，废弃的渔网、塑料瓶和其他塑料制品通过清理行动从海洋中移除，回收后的材料会经过严格的清洗和分类，然后被分解成原料，再通过高科技手段加工成纤维，这些纤维成为时尚材料的新来源。这种材料不仅减少了对海洋生态系统的破坏，还为废弃物赋予了新的生命。

回收后的海洋塑料在技术处理过程中会被熔融并转化为再生聚酯纤维。该纤维在保持原有塑料强度和耐用性的同时，还具备了可用于纺织和服装生产的特性。通过对纤维的处理，设计师可以将其制成各种功能性面料，适用于运动服、户外服装和日常穿着。再生纤维面料不仅轻便、耐磨，还具备良好的防水和透气性能，成为环保时尚领域中功能性与美学兼具的材料选择。

承接海洋废弃物再生材料的广泛应用，运动品牌在这一领域的实践尤为突出。许多运动品牌率先采用由回收渔网制成的面料，用于生产运动鞋、运动服等产品。这些面料不仅具备高强度的耐用性，还能够在运动过程中提供良好的支持和舒适性。通过这种方式，品牌不仅提升了产品的环保属性，也为消费者提供了高性能的运动装备。海洋废弃物材料的应用，体现了时尚与环保理念的融合。

在此期间，高端时尚品牌也逐渐将海洋废弃物材料引入其产品设计。奢侈品牌采用由回收塑料瓶制成的再生聚酯纤维，生产出兼具环保和奢华感的时尚单品。这些产品通过精细的设计和高端的工艺，展示了再生材料在奢侈品市场中的应用潜力。设计师通过这一实践，证明了环保材料不仅适用于功能性产品，还能够成为高端时尚的核心元素。通过巧妙的设计，海洋废弃物材料被赋予了新的审美价值。

这种材料的应用不再局限于服装领域，在配饰设计中同样具有重要作用。设计师将回收的渔网和塑料瓶纤维转化为包袋等时尚配饰，这些产品不仅在材质上具有独特性，还因其环保属性而受到消费者的青睐。环保配饰不仅满足了消费者对美观性和实用性的需求，还通过强调材料的环保来源，提升了产品的附加价值。在市场中，这类产品因其可持续性和创新性而成为时尚消费者的理想选择。

海洋废弃物材料的应用也促进了供应链的绿色转型。许多品牌通过与环保组织合作，共同参与海洋垃圾的清理和回收工作，并将这些回收材料引入其供应链。这一合作模式不仅推动了废弃物的再利用，还提升了品牌的社会责任感。通过建立透明的供应链体系，品牌能够向消费者展示其在环保方面的具体举措，增强了消费者对品牌环保理念的认同感。

在设计过程中，海洋废弃物材料还展示了其在技术层面的巨大潜力。设计师通过与材料科学家合作，进一步提升了这些再生材料的物理性能。通过改良工艺，设计师能够控制材料的柔软度、强度和耐用性，以适应不同类型的服装和配饰设计。特别是在运动服和户外服装领域，海洋废弃物材料因其防水、防风和耐磨的特性，被广泛应用于多功能服装的生产中。这些服装不仅适用于极端环境，还在环保领域展现了创新潜力。

承接技术创新，海洋废弃物材料还具有一定的美学优势。设计师通过将这些再生材料与其他天然纤维混纺，创造出独特的视觉效果和触感。再生纤维的光泽和质感，使设计师能够设计出富有现代感和未来感的作品。这些作品不仅传递出环保理念，还通过与传统时尚材质的对比，展现了设计师对环保与时尚结合的深刻理解。再生材料的创新应用，推动了时尚产业向更加绿色和个性化的方向发展。

品牌在推广这些环保材料时，往往通过讲述材料来源的故事，引发消费者的情感共鸣。许多品牌在产品标签中注明产品的环保来源，介绍材料的回收和再利用过程，增强了消费者对产品的认同感。通过这种方式，品牌不仅推广了环保材料的应用，还通过传播环保理念，提升了产品的附加值。消费者在购买这些产品时，不仅获得了高质量的时尚单品，还参与了保护海洋的行动中，这种参与感进一步推动了海洋废弃物材料的市场应用范围。

在市场推广过程中，海洋废弃物材料的独特性为品牌带来了新的竞争优势。由于这些材料具有独特的来源和制作工艺，品牌可以借此强调自己与传统时尚品牌的区别，吸引注重环保的消费者群体。许多品牌通过推出限量版环保系列产品，将海洋废弃物材料的应用提升至品牌的战略高度。这些产品不仅展示了品牌的设计创新能力，也表明了其在可持续时尚领域的承诺。

尽管海洋废弃物材料的应用已经取得了显著的进展，但其在大规模生产中的应用仍面临一些挑战。一是回收和处理这些材料的成本较高，且在某些地区，废弃物的回收体系尚不完善。设计师和品牌在使用这些材料时，往往需要克服供应链不稳定的问题。二是由于这些材料的生产工艺相对复杂，品牌还需在成本控制和产品质量之间找到平衡。这些挑战促使行业继续探索更多高效的技术解决方案，以进一步推动海洋废弃物材料的广泛应用。

为应对这些挑战，一些品牌和科研机构正致力于改进回收和处理技术。通过提高回收效率和降低处理成本，海洋废弃物材料有望在以后得到更大规模的应用。技术的进步不仅能够提升再生材料的性能，还能减少生产过程中的能源消耗和污染。这些技术创新将为设计师提供更多选择，推动他们在环保时尚领域的进一步探索。

总体来看，海洋废弃物材料的时尚化应用不仅体现了环保材料的创新价值，也为时尚产业的绿色转型提供了新的发展方向。通过将海洋垃圾转化为再生材料，设计师和品牌展示了环保与时尚完美结合的可能性。这种材料的广泛应用，正在改变时尚产业对资源的使用方式，并推动行业向更加可持续的未来发展。

二、新兴环保材料在高端市场的竞争力

新兴环保材料在高端市场中的竞争力正逐渐增强。随着消费者对环保意识的提升，高端时尚品牌逐步将环保理念融入设计和材料选择中。这些新材料不仅满足了奢侈品市场对质量和美学的苛刻要求，同时也在环保性能上取得了突破。高端品牌通过采用这些材料，不仅能够维持其在市场中的领先地位，还能够在可持续发展的大趋势中获得更多消费者的认同和支持。

生物基材料在高端市场中已经展现出强劲的竞争力。品牌在开发奢侈品时越来越多地使用从可再生植物中提取的材料，如竹纤维和苎麻。这些材料不仅具备奢华的质感和高强度的性能，还能够在生产过程中减少对环境的破坏。设计师通过对生物基材料的创新应用，可以创造出质感细腻、轻盈且耐用的时尚单品，从而满足高端市场对独特性和高品质的追求。

承接生物基材料的成功应用，再生纤维材料也在高端时尚中占据了重要的位置。回收塑料和废旧面料制成的再生纤维具备优异的环保属性，同时其性能也可以媲美传统高端面料。通过先进的再生工艺，设计师能够将这些材料加工成柔软、耐用的面料，适用于奢侈品服装和配饰的设计。这些材料不仅保留了原始纤维的品质，还通过再利用废弃资源展现了环保创新的价值。

在高端皮具领域，环保合成材料的崛起进一步提升了其市场竞争力。传统皮革生产对环境的影响较大，而新兴的环保合成皮革则通过无毒、低污染的生产工艺，减少了对水源和大气的污染。这种材料在手感和外观上与传统皮革相似，但更加轻便、耐用，且易于维护。高端品牌通过使用环保合成皮革，不仅能够保留产品的奢华感，还能够在环保趋势下吸引更多的消费者。

同时，高端时尚市场对生态染料的需求也在不断增加。长期以来，化学染料的使用对环境造成了巨大的污染，而生态染料则通过天然提取物为纺织品提供了环保的色彩选择。设计师在开发奢侈品时，越来越多地使用植物和矿物染料，不仅减少了染色过程中有害化学品的使用，还提升了产品的独特性和可持续性。生态染料的运用使得高端品牌在环保和美学之间达到了完美的平衡。

承接生态染料的成功应用，高端市场还通过创新纺织技术提升了环保材料的竞争力。3D编织技术使设计师能够在不浪费原材料的前提下，精确地控制服装的形状和尺寸。这种技术减少了传统裁剪中的材料浪费，同时使得成品更加精准和耐用。3D编织技术的环保属性和高效的生产方式为高端时尚市场注入了新的活力，品牌得以在生产

效率和环保标准上取得双重进展。

在奢侈品鞋履设计中，新兴环保材料也展现了巨大的潜力。设计师通过使用再生橡胶、可降解聚合物和生物基材料，创造出一系列兼具舒适性能和环保性能的鞋履产品。这些鞋履不仅在设计上独具匠心，具备时尚感和功能性，还通过环保材料的使用展示了品牌对可持续发展的承诺。消费者在追求时尚的同时，越发关注产品的环保属性，为环保材料在高端鞋履市场的推广提供了重要机遇。

除了鞋履领域，环保材料在高端包袋设计中的应用也取得了突破。许多品牌采用再生纤维和生态皮革作为主要材料，通过精致的工艺打造出奢华感十足的包袋。这些包袋在外观上丝毫不逊色于传统材料制作的产品，且更加轻盈耐用。设计师通过将环保材料与先进工艺结合，创造出符合现代消费者需求的高端产品，进一步提升了品牌的环保形象。

承接环保材料在包袋领域的成功应用，高端饰品设计也逐渐转向使用可再生和生物基材料。设计师在珠宝、手表等领域通过使用可再生金属和环保聚合物，提升产品的环保价值。与传统贵金属和塑料制品相比，这些材料的开发不仅减少了资源的过度开采，还为高端饰品设计带来了新的创意空间。消费者对这些环保饰品的需求逐年增加，推动了整个高端饰品市场的绿色转型。

在家居和室内装饰领域，环保材料也展现了强大的竞争力。设计师通过使用回收木材、再生纤维和天然涂料，为高端家居市场带来了兼具美学和环保价值的产品。这些材料不仅在生产过程中减少了碳排放，还具备良好的耐用性和舒适感。高端家居市场中的环保趋势日益明显，消费者在选择家具和装饰品时，不再仅仅关注其外观和功能，也更多地考虑到其环保属性。

同时，品牌在推广新兴环保材料时，注重通过讲述材料背后的故事来吸引高端市场的消费者。通过展示材料的来源和生产过程，品牌能够向消费者传递环保理念和社会责任感。这种方式不仅提高了品牌的形象，也让消费者在购买奢侈品时产生更强烈的情感共鸣。设计师通过这种策略，不仅能够提升环保材料的市场竞争力，还能够塑造品牌的独特性和差异化。

消费者对高端市场中的环保材料的接受度日益提高，推动了这些材料在设计中的创新应用。设计师通过与科研机构和材料供应商合作，不断优化材料的性能，使得环保材料在耐用性、舒适性和美观度上逐渐赶超传统材料。这种合作为高端时尚设计提供了更加广阔的创作空间，使得环保材料不再仅仅是功能性产品的选择，而成为奢侈品设计的主流趋势之一。

在奢侈品时装秀场上，环保材料的应用也成为设计师展示创新能力的重要方式。越来越多的高端品牌选择使用环保材料进行产品展示，不仅彰显了品牌的环保承诺，也通过引领时尚潮流，塑造出品牌在行业中的独特地位。奢侈品市场通过环保材料的创新应用，提升了整个行业的可持续发展水平。

新兴环保材料的不断发展为高端市场带来了新的机遇和挑战。设计师在使用这些材料时，需要在美感、性能和环保性之间找到最佳平衡点。通过技术创新和材料研发，高端市场中的环保材料将在以后获得更加广泛的应用，并在消费者对可持续时尚的需求中占据核心地位。

三、智能环保材料的潜力：自清洁与温度调节

智能环保材料的出现为时尚产业带来了新的发展契机，特别是在自清洁与温度调节领域的应用。智能环保材料的设计不仅为服装的功能性提升提供了可能性，还在可持续性和环保性上实现了突破。这些材料通过科技手段赋予服装更多的自我调节和环保属性，不仅减少了洗涤次数和能源消耗，还提升了用户的穿着体验。在全球气候变化的背景下，温度调节材料和自清洁技术的广泛应用，展示了智能环保材料在未来时尚领域中的巨大潜力。

自清洁材料是近年来在智能环保材料领域中快速发展的创新技术之一。它的主要原理是通过纳米技术，将纤维表面赋予疏水或亲水性，使污渍和水分无法附着在织物上。纺织品经过这一处理后，能够在日常穿着过程中保持洁净，减少了洗涤次数和清洁剂的使用。纳米涂层不仅能够抵御污渍，还具备抗菌、防臭的功能，适用于多种应用场景，尤其是在运动服装和户外服装的设计中，自清洁材料展现出极大的优势。

随着自清洁技术的不断进步，设计师开始将这种材料应用于更多类型的服装设计中。例如，都市通勤装和休闲服装都可以借助自清洁材料实现免洗功能，提升消费者的穿着便利性和衣物的耐用性。这种材料的普及使得消费者能够减少日常洗涤过程中对水和能源的消耗，达到了环保性与功能性完美结合的目标。通过这一技术，品牌能够大幅减少纺织品在使用生命周期中的环境足迹。

承接自清洁技术的优势，温度调节材料的出现为智能环保材料提供了更多的创新方向。温度调节材料通过感应外界温度和人体体温的变化，自动调节纤维的热传导性能，以此为穿着者提供舒适的温度体验。这种技术常见于户外服装和功能性内衣中，特别适合在极端气候条件下使用。通过自动调节温度，穿着者在寒冷环境中能够保持

温暖，而在炎热天气中则保持凉爽，从而减少了对空调和暖气等能源的依赖。

智能温度调节材料的核心技术在于纤维的特殊结构设计。该材料通常采用相变材料制成，这种材料能够在特定温度范围内吸收或释放热量，起到调节体温的作用。当外界温度升高时，材料会吸收人体多余的热量，使穿着者感到清凉；而在温度降低时，材料则会释放储存的热量，确保穿着者的体温不受外界影响。这一技术大大提高了服装的舒适性，减少了用户在极端气候条件下对额外保暖或降温措施的依赖。

在设计过程中，温度调节材料常与其他功能性纤维结合使用。设计师可以通过将温度调节材料与防水、防风、透气等材料融合，创造出多功能服装，从而满足不同场景下的使用需求。特别是在登山、滑雪等户外运动领域，温度调节材料为使用者提供了更好的防护和舒适感。这一技术的应用不仅增强了产品的竞争力，还满足了消费者对高性能环保服装的需求。

随着技术的发展，温度调节材料的应用范围逐渐扩大。除了传统的户外服装外，设计师还将这一材料应用于日常服饰、办公装和居家服中。这种多场景的应用，不仅提升了产品的实用性，还推动了智能环保材料的市场普及。消费者通过使用具备温度调节功能的服装，该服装能够在不同气候条件下保持舒适，减少了对环境控制设备的依赖，从而降低了整体能源消耗。

承接这些功能性优势，智能环保材料还在纺织品的结构设计上实现了更多创新。除了纤维本身的温度调节功能，设计师还通过服装结构的优化，增强了材料的透气性和导热性。这些结构上的改进使得服装能够更加高效地调节体温，同时保持服装的轻盈感和时尚性。通过将智能环保材料与创新结构设计相结合，时尚品牌在满足环保需求的同时，也提升了产品的美观度和穿着的舒适性。

在智能环保材料的发展过程中，智能纺织技术的不断进步为技术创新提供了更多支持。例如，一些研究团队已经开始将传感器植入纤维中，使材料能够更加精准地感知外界温度的变化，并做出相应的调节反应。这种智能传感技术的引入，不仅提升了材料的功能性，还为未来的时尚设计提供了更多的创新空间。通过对这种技术的应用，智能环保材料有望在未来成为日常服装的标准配置，进一步推动时尚产业的绿色升级。

智能环保材料的自清洁与温度调节功能还为特殊用途的服装提供了技术支持。在医疗护理领域，设计师们将自清洁材料应用于医用服装和床上用品中，以减少病菌和污垢的滋生，降低医院环境中的感染风险。与此同时，温度调节材料可以为长期卧床的患者提供更舒适的体温控制，提升护理质量。这种技术的跨领域应用，为智能环保材料在今后的广泛普及奠定了基础。

此外，智能环保材料在时尚产业中的应用也不仅仅停留在功能性上，还具备一定的美学价值。通过将纳米技术、传感技术与纤维设计相结合，设计师能够创造出既具备科技感又富有时尚感的服装。这些材料的独特质感和功能性，使它们在时装秀和高端时尚产品中逐渐获得了更多关注。智能环保材料的美学潜力，正在改变传统的时尚设计模式，推动时尚产业朝着科技化和环保化的方向迈进。

在推广智能环保材料的过程中，品牌和设计师也通过各种方式向消费者传递材料的环保理念。通过产品包装和广告宣传，品牌向消费者展示了自清洁和温度调节材料如何帮助减少资源浪费和能源消耗。这种透明的营销方式，使消费者在购买产品时能够清晰了解产品的环保属性，增强了他们对品牌的信任感和忠诚度。设计师们也通过这种互动方式，进一步推动了智能环保材料在市场中的普及。

尽管智能环保材料在时尚产业中展现了巨大的潜力，但其开发与推广仍然面临一些挑战。生产这些高科技材料的成本相对较高，尤其是在大规模生产中，如何降低生产成本仍是设计师和品牌亟待解决的问题。此外，智能材料的开发涉及多个技术领域，设计师们需要与材料科学家、工程师等进行多方合作，才能实现材料性能的最大化。因此，智能环保材料在以后的发展中，还需要更多的技术创新和跨学科的协作。

四、生态纺织品的开发与大规模商业应用

生态纺织品的开发与大规模商业应用正在推动时尚产业的转型。随着全球环保意识的增强，越来越多的品牌和设计师开始将生态纺织品作为产品设计和开发的核心材料。这些纺织品通过使用环保材料、优化生产流程和降低资源消耗，为时尚行业提供了可持续的解决方案。生态纺织品的商业化应用，不仅满足了市场对环保产品日益增长的需求，还为品牌在激烈的市场竞争中建立了独特的优势。

在开发生态纺织品的过程中，材料的选择至关重要。许多设计师和制造商通过使用有机棉、竹纤维、苎麻等天然纤维，打造出具有环保属性的纺织品。这些材料不仅来源于可再生资源，还在种植和加工过程中减少了对环境的破坏。有机棉、苎麻等材料的使用，不需要大量的农药和化肥，使它们在整个生产链中展现出显著的环保优势。这些纺织品以其舒适性、透气性和耐用性，迅速成为消费者追求环保时尚的热门选择。

在纺织工艺方面，生态纺织品的生产流程强调低能耗和低污染。设计师和制造商通过改进传统的染色、纺纱、织布等工艺，减少了在生产过程中对水资源、能源和化学品的使用。例如，采用冷染色技术和无水染色技术，能够有效减少传统染色工艺中

对大量水资源的浪费，同时降低因染料排放带来的环境污染。这些技术的应用，使生态纺织品在生产过程中的碳足迹大大降低，符合可持续发展的要求。

承接生态纺织品在工艺上的进步，循环经济模式的引入为生态纺织品的商业化应用提供了更多可能性。许多品牌在生态纺织品的开发中，采用了循环再利用的设计理念，将废弃的纺织品进行回收、再加工，并用于新的服装和纺织产品的生产。这种闭环设计不仅减少了对新材料的需求，还避免了大量废弃物进入垃圾填埋场或污染环境。通过这种模式，品牌能够有效延长产品的生命周期，减少了时尚产业对自然资源的依赖。

为推动生态纺织品的市场应用，品牌和供应链之间的合作也发挥了重要作用。设计师与纤维生产商、织布工厂紧密合作，确保每一个环节都符合环保标准。从原材料的种植到纺织品的加工，供应链各个环节的透明度和可追溯性变得至关重要。这种透明的合作机制，不仅增加了消费者对品牌环保承诺的信任，还使品牌能够在市场中以更高的标准来推广生态纺织品。

在此期间，消费者需求的变化也推动了生态纺织品的大规模化商业应用。越来越多的消费者在选择服装时，不仅关注产品的美观和功能，还重视其背后的环保理念。生态纺织品因其环保属性和对环境影响小，成为消费者追求可持续时尚的首选。这种需求的增加，促使更多品牌开始大规模开发和推广生态纺织品，以满足市场的环保消费趋势。

在商业化应用方面，生态纺织品的多功能性使其适用于不同类型的产品设计。无论是休闲服、运动服、还是高端时尚服饰，生态纺织品凭借其舒适性、耐用性和美观性，均能够满足各类市场的需求。例如，竹纤维制成的面料柔软且抗菌，适合用于内衣和家居服；而苎麻纤维则以其坚韧的特性，广泛应用于户外服装和高强度的时尚单品。生态纺织品的多样化应用，使品牌能够在不同的市场领域推广其环保产品。

承接生态纺织品的多功能性，市场推广策略也在商业化应用中扮演了重要角色。品牌通过强化产品的环保价值，提升了生态纺织品的市场竞争力。许多品牌在宣传中，会突出其使用的天然材料、环保工艺以及可持续生产模式，通过这种方式吸引了大量注重环保的消费者。这种市场推广策略不仅提升了品牌形象，还通过传播可持续环保理念，推动了消费者行为的转变。

此时，技术创新也是生态纺织品商业应用成功的关键之一。随着科技的发展，纺织技术不断进步，设计师能够将智能技术与生态纺织品相结合，开发出具备自清洁、抗菌、温度调节等功能的环保面料。这些功能性纺织品不仅满足了消费者对环保性和舒适性的双重需求，还使品牌能够在竞争激烈的市场中脱颖而出。智能化与生态化的结合，使生态纺织品在市场应用中具备了更强的竞争力。

此外，政策和法规的支持也为生态纺织品的推广提供了保障。许多国家和地区开始制定更加严格的环保标准，要求纺织品生产必须符合相关环保要求。在这种政策的推动下，品牌和制造商更加积极地采用生态纺织品，并在大规模生产中推广对环保材料的应用。设计师们在开发生态纺织品时，必须时刻关注环保法规的变化，确保产品不仅在功能和美学上符合市场需求，还能够在环保标准上满足相关法律要求。

为实现生态纺织品的商业化应用，品牌还需要在供应链管理上进行创新。通过优化供应链，品牌能够减少对材料的浪费和资源的过度消耗，同时提升生产效率。设计师应与供应商密切合作，共同开发符合可持续标准的纺织品材料，确保从原料到成品的每一个环节都实现环保目标。通过这样的供应链优化，品牌不仅能够有效降低生产成本，还能在市场中以更具竞争力的价格推广其生态纺织品。

同时，生态纺织品在大规模应用中的挑战也不容忽视。尽管这些纺织品在环保性能上具备诸多优势，但其生产成本相对较高。设计师和品牌在进行商业推广时，必须找到平衡点，既要保证产品的环保性，又要控制生产成本。此外，生态纺织品的性能与传统纺织品相比，仍需在耐久性、色牢度等方面进一步提升，才能在市场中占据更大的份额。因此，技术创新和成本控制仍是将来生态纺织品大规模应用的关键。

为应对这些挑战，品牌正在积极探索通过规模化生产来降低成本，并通过技术创新来提升产品性能。大规模生产能够有效摊薄生态纺织品的单位成本，使其在市场上具有更强的竞争力。同时，通过持续的技术研发，生态纺织品的性能也在不断提升，逐渐缩小了与传统纺织品的差距。设计师通过优化设计和生产流程，使生态纺织品不仅在环保性上领先，还具备了更高的实用性和美观性。

通过品牌、供应链、技术和政策的共同推动，生态纺织品的大规模商业应用前景广阔。品牌通过对创新和环保理念的结合，不断提升产品的市场竞争力，设计师也在生态纺织品的开发中展现了更多的创意与可能性。

环保材料开发的挑战与解决方案

尽管环保材料在时尚产业中展现了巨大的潜力，但其在开发过程中仍然面临诸多挑战。本节将探讨在材料研发、供应链管理、市场推广等环节中遇到的困难以及可能的解决方案。通过分析技术瓶颈、成本压力以及市场接受度等因素，提出应对这些挑战的策略。设计师与品牌在推动环保材料的广泛应用时，必须寻求创新的合作模式，并通过政策支持与技术进步来克服障碍，从而实现可持续材料的全面普及。

一、环保材料供应链中的认证与溯源难题

环保材料供应链中的认证与溯源难题是当前推动可持续时尚发展的一个重大挑战。在全球化背景下，复杂的供应链结构使环保材料的来源和生产过程变得难以追踪。这不仅影响了消费者对产品环保性的信任度，也为品牌在实施可持续发展战略时带来了困扰。供应链中的透明度和认证体系的有效性，直接关系环保材料在市场中的可信度与推广效果。

供应链溯源难题的产生与纺织品产业链的多层次结构密切相关。通常情况下，一件时尚产品的生产会涉及多个供应环节，从原材料的种植或采集，到纤维的纺织，再到成品的制造，每个环节都可能跨越多个国家和地区。由于涉及不同的法律体系和监管标准，追踪每个环节的环保合规性均变得异常复杂。品牌在选择环保材料时，必须确保这些材料在整个供应链中的每个环节都符合环保标准，这对溯源技术提出了极高的要求。

在现有的供应链管理中，传统的纸质文件和分散的管理系统难以应对环保材料溯源的复杂需求。许多品牌依赖于供应商提供的材料信息，但这些信息的准确性和完整性往往难以保证。特别是在跨境交易中，不同地区的环保标准存在差异，材料的实际环保性和供应商的声明之间可能存在巨大的差距。这一问题使品牌难以有效评估其产品的整体环境影响，从而削弱了其可持续发展承诺的可信度。

承接这一问题，环保材料认证体系的建立成为解决供应链溯源难题的关键步骤。通过认证体系，品牌可以确保其所使用的材料符合国际公认的环保标准。然而，现有

的认证体系仍存在不少不足之处。一方面，认证的标准不统一，不同的认证机构采用的评估方法和标准可能有所不同，使品牌难以选择合适的认证体系。另一方面，认证过程烦琐且成本较高，特别是对中小型品牌来说，这无疑加重了他们在供应链管理中的负担。

为应对认证体系的不统一问题，国际组织和行业协会正在推动环保材料认证标准的统一化。通过建立全球通用的认证标准，品牌可以更加便捷地对其供应链进行环保评估，并确保其材料在全球范围内都能符合统一的环保要求。设计师和品牌在选择材料时，可以根据这些统一的标准，更加精准地评估材料的环境影响，减少在材料选择过程中的不确定性。

在认证与溯源难题中，数字化工具的应用为解决这一问题提供了新的方向。区块链技术的引入，极大地提高了供应链溯源的透明度。通过区块链技术，品牌可以实时记录和追踪材料的生产、加工和运输过程，确保每一个环节的信息都能够被准确记录且无法篡改。这不仅提高了供应链的透明度，还为消费者提供了更加可信的产品信息，增强了他们对环保材料的信任度。

随着区块链技术在供应链管理应用中的不断推广，品牌可以通过扫描产品的二维码或其他识别信息，查看从原材料采集到最终成品的所有生产环节。这种信息的透明化，不仅提升了品牌的环保形象，还为消费者提供了更多参与可持续消费的机会。设计师在开发环保产品时，也能够通过这种技术，更好地掌握材料的来源和生产过程，确保每一个环节都符合可持续发展的要求。

承接技术手段的进步，行业内还需要加强对供应链上游环节的监管和支持。许多环保材料的生产地位于发展中国家，这些地区的生产商在环保技术和管理能力上还往往存在不足。为提升这些供应商的环保能力，品牌需要与其建立长期的合作关系，通过技术支持和培训，帮助其提高生产过程中的环保标准。同时，行业协会和非政府组织也可以在这一过程中发挥重要作用，从而推动行业整体环保水平的提升。

在实际操作中，品牌与供应商之间的合作模式也在发生变化。越来越多的品牌通过与供应商建立合作伙伴关系，推动了整个供应链的环保转型。这种合作不再局限于简单的材料采购，还包括对供应商的技术支持、环保管理体系的建立以及长期的环保承诺。这种合作模式有效地提高了供应链的环保能力，确保了品牌在开发环保产品时能够获得稳定且可信的材料来源。

此外，政府的政策支持在解决环保材料供应链的认证与溯源难题中也扮演了重要角色。许多国家和地区开始加强对环保供应链的监管，推行更加严格的环保法律法规出台。这些政策的实施，促使供应链上的各个环节更加注重环保的合规性，品牌在选择材料时也能够更加容易地获得符合环保要求的材料。通过政策的引导和支持，供应链的透明化和认证难题有望得到进一步的缓解。

然而，尽管政策和技术为供应链溯源提供了有力支持，品牌仍需在市场竞争中找到平衡。对中小型企业来说，环保材料的认证与溯源过程可能意味着巨大的成本压力。如何在不增加过多成本的情况下，确保材料的环保性和供应链的透明度，是品牌在推进可持续发展中面临的重要课题。设计师和品牌在这一过程中，需要通过精细化管理和创新技术手段，减少成本投入，提高管理效率。

随着环保材料市场需求在未来的不断增长，供应链溯源技术将更加广泛地应用于时尚产业中。品牌通过对技术手段和认证体系的不断完善，能够更加有效地管理其供应链，确保材料在整个生产周期中的环保合规性。设计师在使用这些材料时，也能够更加放心地进行创作，开发出更多符合环保标准的时尚产品。

二、成本控制与商业化挑战

环保材料的开发在技术创新上取得了许多突破，但如何有效控制成本，始终是产业化推广的关键挑战之一。环保材料的生产过程往往需要更高的技术投入和原材料成本，这使其与传统材料相比存在价格上的劣势。设计师和企业在开发环保产品时，必须找到在技术创新、生产成本和市场定价之间的平衡点，才能确保环保材料的广泛应用不会因成本问题而受阻。

生产环保材料的成本较高，主要来源于原材料的供应和加工工艺的复杂性。许多环保材料依赖于天然或再生资源，这些资源的获取和处理通常比合成材料更为昂贵。比如，有机棉的种植需要更高的人工和土地管理成本，而再生材料的回收和再加工过程则涉及额外的清洁和分类步骤。因此，品牌在选择这些材料时，常常面临较大的成本压力，特别是在大规模生产中，这种成本差异尤为明显。

为降低环保材料的生产成本，制造商们正通过技术改进和流程优化来提高生产效率。自动化技术的应用，使一些烦琐的加工步骤得以简化，减少了人工成本的投入。同时，随着环保技术的不断进步，生产效率逐步提升，使单位生产成本有所下降。这些技术进步在一定程度上缓解了环保材料的高成本问题，但要实现大规模商业化的应用，仍须进一步提升技术的普及性和成熟度。

承接这一技术改进，供应链的整合和优化也有助于降低环保材料的整体成本。通过建立更为紧密的供应链合作关系，品牌和供应商能够减少中间环节的费用，并通过规模化采购降低原材料的成本。供应链透明化的推进使品牌可以更清楚地了解每一个环节的成本构成，并在此基础上进行优化管理。这种供应链整合模式为品牌提供了更多成本控制的空间，同时也提升了供应链的效率和环保性。

在控制成本的同时，环保材料的商业化推广还面临市场接受度的问题。尽管环保理念已日益深入人心，但消费者对环保材料的价格敏感度依然较高。特别是对中低收入群体来说，产品价格是影响购买决策的主要因素之一。如何在环保材料的开发中，兼顾产品的环保性能和消费者的支付能力，是设计师和品牌在商业化推广中的重要考量。设计师在设计产品时，需要在美学、功能性和成本之间找到平衡点，确保产品既具备环保属性，又能够在市场中具有价格竞争力。

为解决这一问题，品牌和制造商正在积极探索多样化的产品线策略。通过推出高端环保系列和大众化产品线，品牌可以同时满足不同消费层级的需求。高端产品线通常采用更为精细的工艺和高端材料，价格较高，主要面向注重环保和设计感的消费者；而大众化产品则通过简化设计和工艺，降低生产成本，以更亲民的价格进入市场。这种产品线的多样化策略，不仅扩大了品牌在市场中的覆盖范围，还为环保材料的推广提供了更多渠道。

承接多样化产品策略，政府的政策支持也为环保材料的成本控制提供了外部助力。许多国家和地区已经开始通过税收减免、补贴等方式，鼓励企业采用环保材料进行生产。这些政策的出台，大大降低了品牌在开发环保产品时的成本负担，使环保材料在市场中的竞争力得以提升。设计师在制订产品开发计划时，可以充分利用这些政策红利，为环保材料的推广提供更加有力的支持。

同时，企业还可以通过增加产品的附加值，提升环保材料的商业化潜力。环保材料本身的独特性为品牌带来了更多的市场推广机会。通过强调材料的环保来源、生产过程的透明度以及对环境的正面影响，品牌能够为产品赋予更多的情感价值和故事性，从而吸引注重环保和社会责任的消费者。这种情感营销策略，能够帮助品牌在竞争激烈的市场中树立差异化优势，并提升产品的溢价能力。

然而，尽管环保材料的成本控制和市场推广取得了一定进展，在规模化生产中的技术瓶颈仍然是一个不可忽视的难题。许多环保材料的生产工艺仍处于探索阶段，难以满足大规模生产的要求。特别是在一些高科技环保材料的开发中，生产设备的投资和技术人员的培养成本较高，制约了这些材料的市场化进程。企业在扩大环保材料的生产规模时，必须在技术研发和生产投入之间找到最佳平衡点。

在解决这些技术瓶颈的过程中，行业间的合作和资源共享成为关键因素。通过联合研发、共享技术专利和建立共同的生产标准，品牌和制造商能够更快地推动环保材料的技术成熟。设计师在开发环保产品时，可以借助这些行业合作平台，获得更高效的技术支持和生产资源，为产品开发提供更多的可能性。这种跨行业的合作模式，不仅能够加速环保材料的商业化进程，还能够为整个时尚行业的可持续发展注入新的动力。

在商业化挑战中，环保材料的推广还需要充分考虑消费者环保方面的教育和意识提升。许多消费者对环保材料的认知仍然有限，无法理解其高价格背后的技术和环境价值。因此，品牌在推广环保产品时，还应通过各种途径加强对消费者的环保教育。例如，通过透明的产品标识、环保认证的展示以及与环保组织的合作，品牌能够帮助消费者更好地理解环保材料的价值，进而提升市场接受度。

承接消费者教育的必要性，设计师在产品开发中也需要更多地考虑消费者的实际需求。环保材料的商业化成功，不仅依赖于材料本身的环保性，还取决于其能否在功能和美学上满足消费者的期待。设计师在开发环保产品时，应通过创新的设计手法，将环保理念与时尚美学相结合，创造出既环保又时尚的产品。这种设计上的创新，不仅提升了产品的市场竞争力，还为环保材料的推广提供了更加多样化的选择。

为进一步降低环保材料的成本，品牌还可以通过循环经济模式来推动材料的再利用和再生产。许多环保材料具备良好的回收性，设计师可以通过创新设计，将这些材料用于生产新的服装或配饰。通过这一模式，品牌不仅能够减少对新材料的依赖，还能有效降低生产成本。这种闭环式的生产模式，正在成为时尚行业推动环保材料商业化的有效途径。

三、环保材料研发的技术瓶颈与创新

在环保材料的研发过程中，技术瓶颈成为阻碍行业发展的关键难题之一。虽然市场对环保材料的需求不断增长，但材料在生产、性能和规模化应用中的技术限制，依然困扰着整个行业。开发高性能、低成本且环保的材料，需要在技术创新上做出更多的突破。这不仅涉及对生产工艺的改进，还包括对材料结构和功能性的深入研究，才能推动环保材料在时尚产业中的全面应用。

生产工艺的复杂性是环保材料研发中遇到的主要技术瓶颈之一。许多环保材料往往需要经过复杂的提取和加工过程，这些工艺往往耗费大量能源，且难以保证每次生产的稳定性。以生物基材料为例，这类材料通常来源于植物或其他可再生资源，其在提取和加工过程中涉及多种生物和化学反应，任何一个环节的失误都可能影响材料的最终质量。为确保这些材料的性能与传统合成材料相媲美，研究人员必须不断优化生产工艺，降低生产过程中的能耗，并确保材料的稳定性和一致性。

在此期间，材料性能的局限性也是环保材料研发中的技术难点。尽管许多环保材料具备较高的环保性，但它们在耐久性、柔软度和强度等方面，仍然与传统材料存在差距。这些性能上的不足，导致环保材料在一些高要求的应用场景中难以替代传统材料。设计师在选择环保材料时，常常需要权衡其环保属性与实际使用性能之间的关系，这无疑增加了材料应用的难度。因此，提升环保材料的物理性能，成为材料科学家和设计师共同面临的挑战。

为应对这些技术瓶颈，科研团队正在积极探索新型材料的开发方向。纳米技术和生物技术的结合，为环保材料的研发提供了新的契机。通过利用纳米颗粒，研究人员可以改变材料的分子结构，赋予其更强的物理性能和功能性。例如，纳米纤维的应用可以大幅提升材料的强度和柔韧性，同时保持其轻量化和环保特性。这种技术的应用，为环保材料的突破性发展奠定了基础，推动了其在更广泛领域中的应用。

承接纳米技术的发展，生物技术的进步也为环保材料带来了新的可能性。通过基因工程和生物合成技术，研究人员可以设计和制造全新的生物基材料。这些材料不仅具备优异的环保性能，还能够在特定条件下自动降解，减少了对环境的长期影响。例如，一些研究团队已经成功开发出了能够在自然条件下降解的塑料替代品，这些材料不仅环保，还在性能上具备与传统塑料相媲美的特点。这种技术创新为环保材料的未来应用提供了广阔的空间。

在对技术瓶颈的克服过程中，实验室与产业界的合作至关重要。科研机构可以为环保材料的基础研究提供支持，而产业界则通过将这些研究成果转化为实际产品，加速了环保材料的商业化应用。这种产学研合作模式，不仅能够加快新材料的研发进程，还能够通过反馈生产中的实际问题，进一步推动技术的优化和完善。通过这种方式，科研成果能够更快地进入市场，推动了环保材料在时尚领域中的普及。

承借技术合作的优势，环保材料的功能性创新也在不断拓展。除了替代的传统材料作用，环保材料还在功能性设计中发挥着独特的作用。例如，一些新型材料通过加入智能技术，具备了自清洁、温度调节等功能。这些功能性材料不仅环保，还为设计师提供了更多创新设计的可能性。通过将环保与功能性相结合，品牌能够在市场中占据更多的竞争优势，从而推动环保材料从单一的环保属性向多功能方向发展。

尽管技术瓶颈仍然存在，材料的跨领域应用仍为环保材料的开发带来了新的突破点。设计师和工程师通过借鉴其他行业的先进技术，推动了环保材料在时尚产业中的创新应用。例如，航空和汽车领域的一些轻量化材料，因其优异的性能，逐渐被引入时尚设计中。这些材料不仅环保，还能够为时尚产品带来独特的外观和触感体验。跨领域技术的引入，为环保材料的研发提供了更多的创新路径。

为推动这些技术创新，政府和非政府组织的支持也起到了关键作用。许多国家通过政策引导和科研基金，推动了环保材料的研发进程。这些政策支持不仅体现在技术开发的早期阶段，还包括对材料商业化应用的资金扶持和市场推广激励。通过这种方式，更多的企业和科研机构得以参与环保材料的开发，加快了新材料的市场化进程。

技术瓶颈的解决还需要更多的基础研究支持。许多环保材料的研究尚处于初级阶段，关于其分子结构、物理性能和生态影响的研究仍然不足。为推动环保材料的进一步发展，科研人员需要更加深入地研究这些材料的化学和物理特性，探索其在不同环境条件下的表现。这种基础研究的积累，将为今后的技术突破奠定坚实的科学基础，为环保材料的产业化应用提供更加可靠的理论支持。

承接基础研究的重要性，科研人员也在不断探索新的环保材料来源。植物基材料和微生物基材料的开发，展示了天然资源在环保材料中的巨大潜力。通过对植物纤维和微生物代谢产物的研究，科研人员开发出了许多具备独特性能的新型材料。这些材料不仅具备良好的环保性，还在功能性设计中展现了出色的表现。随着研究的深入，这些新材料有望在今后成为环保时尚的重要组成部分。

环保材料的研发不仅需要解决技术瓶颈，还需要在生产设备和工艺流程上进行创新。许多现有的生产设备已无法满足新型环保材料的制造要求，这使产业界在材料开发中面临设备改造和技术升级的挑战。为适应新材料的生产需求，制造商必须投入大量资金进行设备更新，同时优化生产流程，以提高材料的生产效率和质量稳定性。通过对技术设备的升级，环保材料的生产成本和规模化应用前景将进一步提升。

四、政府与企业合作推动新材料的市场化

政府与企业的合作在推动新型环保材料市场化过程中起到了至关重要的作用。通过政策引导、资金支持和技术合作，政府能够为企业创造更为有利的发展环境，鼓励其加大对环保材料的研发投入力度，而企业则通过创新实践，将新材料应用于实际生产中，促进其大规模生产的商业化。这种双向互动的合作模式，极大地加速了环保材

料从实验室到市场的转化过程。

政府政策的引导性作用体现在多个方面。政府可以通过制定环保标准，规范企业在材料研发和生产中的环保行为。通过这种方式，企业在选择材料时，不仅要考虑成本和性能，还必须遵循严格的环保要求。这些标准不仅推动了新材料的开发，还为市场中的材料选择提供了更加明确的方向。通过引入严格的环保标准，政府可有效地引导企业向更加绿色的生产模式转变。

政府对环保材料的直接资金支持也成为推动其市场化的重要手段。通过设立专项基金、提供研发补贴和税收优惠，政府能够大幅降低企业在环保材料研发中的成本压力。这些资金支持不仅能够帮助企业进行基础研究，还能促进技术转化和规模化生产的实现。企业在获得资金支持后，可以更加专注于技术创新和市场拓展，减少了因资金短缺而导致的研发停滞情况。

在政策和资金支持之外，政府与企业的技术合作模式也推动了新材料的市场化发展。政府可以通过科研机构和国家实验室与企业建立合作关系，分享科研成果，帮助企业快速获取最新的材料研发技术。合作不仅可以提升企业的技术水平，还加速了新材料的推广和应用。通过政府科研机构的支持，企业能够在短时间内将先进的材料技术应用到生产中，从而推动环保材料的快速市场化。

与此同时，政府与企业在供应链管理中的合作也不可忽视。通过加强供应链监管，政府可以帮助企业在原材料采购和生产的过程中，确保环保材料的可追溯性和合规性。企业则能够通过与政府部门的合作，优化其供应链流程，确保每个环节都符合环保标准。这样的合作关系，不仅提升了供应链的透明度，还有效降低了环保材料在市场化中的风险。

随着环保材料技术的逐步成熟，政府在市场推广中的角色也变得更加重要。通过举办行业展览、推广绿色认证和环保标签，政府可以帮助企业更好地推广其环保产品。通过这种方式，企业不仅能够提升自身在市场中的知名度，还能借助政府的背书，增强产品的公信力和市场竞争力。政府在宣传和推广方面的支持，显著提升了新材料在市场中的接受度。

另外，企业在政府支持下，逐渐形成了自身的创新生态系统。通过构建技术研发平台和创新实验室，企业能够在政府的政策框架内，自主探索更多环保材料的应用方向。这种自主创新体系的建立，不仅为企业提供了更多发展空间，还增强了企业在市场中的竞争力。政府通过引导和支持企业自主创新，推动了整个行业的技术进步与发展。

政府与企业的合作不仅体现在国内市场，还在国际合作中发挥了积极作用。许多国家通过签订环保协议和科技合作协议，推动了全球范围内环保材料的研发和应用。企业借助国际合作平台，能够获取更多先进的技术和市场资源，加速了自身环保材料的市场化进程。同时，政府通过参与国际环保组织和绿色科技联盟，进一步提升了本国环保材料在国际市场中的竞争力。

政府在推动企业承担社会责任方面也扮演着重要角色。通过实施绿色采购政策，政府鼓励企业在材料选择和生产中，优先使用环保材料。这不仅推动了企业环保意识的提升，还为新材料的推广创造了良好的市场环境。企业在响应政府号召的同时，也获得了更多的政策和市场资源支持，从而在环保材料的市场化进程中取得了更大的进展。

在产业链的升级过程中，政府与企业的合作还推动了技术孵化平台的建立。这些孵化平台通过集聚科研、资金和市场资源，能够帮助环保材料的初创企业快速成长。通过这些平台，企业能够获得更多的技术支持和市场机会，同时减少了在研发初期所面临的资金和技术难题。政府通过政策引导，推动了这些技术孵化平台的建立和发展，为新材料的商业化发展提供了更加有力的支撑。

政府在推动环保材料市场化中的教育与宣传作用同样不容忽视。通过在公众中推广环保理念和可持续消费观念，政府帮助企业培养了一批环保意识较高的消费者群体。这些消费者愿意为环保材料支付更高的价格，从而为企业提供了稳定的市场需求。政府通过各种宣传渠道，持续引导公众关注环保材料的应用，增强了市场对环保材料的接受度。

在政府与企业的共同努力下，环保材料的标准化应用得到了显著提升。政府通过制定行业标准和环保认证体系，帮助企业规范环保材料的生产和应用。这不仅提升了材料在市场中的可信度，还为企业提供了更加明确的发展路径。通过这些标准的实施，企业能够更加准确地掌握环保材料的市场需求和技术要求，进一步推动了其商业化应用。

随着环保材料技术的不断进步，政府还通过鼓励企业参与绿色创新竞赛和技术挑战，激发企业的创新活力。这些竞赛和挑战为企业提供了展示其环保材料技术的舞台，并为企业带来了更多的市场关注。通过这种方式，企业不仅能够在竞争中脱颖而出，还能获得更多的政策支持和市场资源，加快了环保材料的市场化进程。

第四章

绿色供应链与
环保生产管理

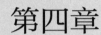

　　绿色供应链与环保生产管理在时尚产业的可持续发展中扮演着关键角色。随着全球对环境保护的重视，绿色供应链的构建和管理成为企业实现生态责任的重要手段。通过优化供应链和采用环保生产技术，品牌不仅可以减少资源浪费和污染排放，还能提升企业形象和市场竞争力。环保生产技术和工艺创新在减少能源消耗和污染物排放的同时，也推动了时尚产业向低碳、绿色方向发展。此外，绿色生产还在经济和社会方面带来积极影响，不仅提升了企业的社会责任感，还推动消费者形成更加环保的消费习惯。本章将围绕绿色供应链、环保生产技术、绿色生产的经济与社会影响展开，探讨如何在时尚产业中实现环保和可持续发展的双赢。

第一节

绿色供应链的构建与管理

　　绿色供应链的构建与管理是推动时尚产业可持续发展的重要环节。通过优化供应链结构，品牌可以降低能源消耗，减少资源浪费，从而有效减轻生产对环境产生的负担。绿色供应链不仅要求对上游原材料供应进行严格筛选，还涵盖了对生产、运输和废弃物管理等各环节的环保优化。通过实施绿色供应链，企业能够在满足市场需求的同时履行其环保承诺，打造更加透明和高效的供应链体系。

一、绿色供应链的理论模型与实践挑战

绿色供应链的理论模型是实现可持续供应链管理的重要工具之一。通过将环保理念贯穿于供应链的各个环节，绿色供应链的理论模型致力于优化对资源的使用，减少污染排放，以实现资源的循环再利用。这一模型不仅关注经济效益，还强调生态效益和社会效益的平衡，为企业在现代化经济体系中实现可持续发展提供了理论支持。然而，在理论和实践中，构建绿色供应链仍面临着诸多挑战，尤其是在时尚产业中，其复杂的生产流程和多层次供应链结构使绿色供应链的构建难度大大增加。

在绿色供应链理论中，生命周期管理是其核心内容之一。生命周期管理通过关注产品从原材料提取到生产、使用和废弃的整个过程，确保每个阶段的环境影响都在可控范围内。这一理论强调了对供应链上游和下游的全过程控制，要求企业在材料选择、生产工艺和废弃物处理等环节均须遵循环保标准。然而，在实践中，许多企业难以确保对整个生命周期管理的严格执行，因为供应链中的每个环节都受到不同的管理水平和技术条件的限制。

承接生命周期管理的复杂性，绿色供应链的另一个核心模型是逆向物流。逆向物流不仅包括对废弃产品的回收和再利用，还涵盖了对未售出或滞销产品的处理。通过逆向物流，企业能够减少废弃物排放，将回收的材料重新投入生产。这一模式为循环经济提供了支持，但在实践中，由于逆向物流流程复杂，且回收和处理成本较高，企业在实施过程中面临着巨大的挑战，尤其是在处理高成本和物流环节的协调上。

在绿色供应链的实施过程中，供应链透明度和可追溯性是关键因素。理论上，透明的供应链可以帮助企业实时监测每一环节的环保表现，从而做到快速发现和解决问题。可追溯性则使消费者能够了解产品的环保信息，从而增强对品牌的信任度。然而，在实践中，供应链的透明度往往难以实现，特别是在涉及多层级的供应商时，不同地区和不同供应商的环保标准不一致，使信息的追踪变得十分困难。

为解决透明度的问题，信息技术成为绿色供应链管理的重要工具。通过使用区块链和物联网等先进技术，企业可以实现供应链的实时监控和数据记录。这些技术的应用不仅提升了供应链的透明度，还为企业在供应链管理中提供了更加准确的决策依据。然而，信息技术的应用需要投入大量资金，并且对企业的技术水平和人员素质提出了更高的要求，使许多中小型企业难以在短时间内实现。

在理论模型的应用中，绿色供应链的成本问题始终存在。环保措施通常伴随着较高的成本投入，包括环保材料的成本增加、设备更新和流程优化等，给企业带来了沉重的成本压力。许多企业在选择是否构建绿色供应链时，往往会权衡成本和收益，导致环保投入力度不足。这一现象在实践中限制了绿色供应链的推广，使许多企业难以在短期内看到绿色供应链的经济效益。

承接成本问题，绿色供应链管理的复杂性对企业的管理水平提出了更高的要求。绿色供应链涉及原材料采购、生产、运输和废弃物处理等多个环节的协同管理，要求企业在管理流程中进行深入的整合和优化。特别是在全球化供应链背景下，不同国家和地区的法律法规、文化差异和管理水平为绿色供应链的构建带来了诸多挑战。企业在实施绿色供应链时，必须具备全面的管理能力，才能有效应对不同环节和区域的差异性。

绿色供应链的实施还受消费者需求的影响。尽管越来越多的消费者开始关注环保产品，但市场上对绿色供应链产品的需求仍然存在一定局限。消费者往往对价格敏感，环保产品因成本较高而售价较高，这使部分消费者难以接受。在实践中，企业需要在环保性和价格之间找到平衡点，确保绿色供应链产品能够在市场中具备竞争力。

在供应链管理的过程中，绿色采购策略是实现绿色供应链的基础。绿色采购要求企业在选择供应商时，优先考虑那些符合环保标准的供应商。通过与环保供应商建立长期合作关系，企业才能够在源头上确保供应链的环保性。然而，在实践中，由于环保供应商的数量有限，企业难以找到合适的合作伙伴，导致绿色采购的实施难度较大。此外，环保供应商的成本往往较高，也增加了绿色供应链的成本压力。

承接绿色采购的局限性，供应链整合成为构建绿色供应链的重要策略。供应链整合通过对上下游企业的优化管理，实现了资源的高效利用和协同作业。通过整合供应链，企业能够更加准确地掌握生产和物流环节的环保数据，从而提升管理的效率和透明度。尽管整合供应链能够提高环保效果，但在实践中，由于企业内部管理系统和供应链合作伙伴间的协调问题，供应链整合的实施仍面临不少挑战。

绿色供应链的构建还受市场竞争压力的影响。企业在实施绿色供应链时，需要面对来自市场中其他非绿色供应链企业的竞争，这些企业因没有环保要求而拥有较低的成本优势。因此，在市场环境中，绿色供应链企业的竞争力受到一定限制。为在市场中保持竞争力，企业则需要在绿色供应链构建中进行创新，通过提高产品质量、优化供应链效率和增加市场推广，来提升自身的市场地位和品牌形象。

二、供应链透明度与追踪技术的应用

供应链透明度和追踪技术在构建绿色供应链的过程中具有至关重要的作用。随着消费者对产品可追溯性和环保性的关注不断增加，品牌需要通过技术手段提升供应链的透明度，以增强对供应链各环节的实时监控。这不仅能够帮助企业更好地控制在生产过程中的环境影响，还能提升品牌在消费者心目中的可信度。通过追踪技术，品牌能够有效记录材料的来源和生产流程，为实现真正的绿色供应链奠定基础。

供应链透明度的核心在于让各个环节的信息公开化，使企业能够快速识别和应对可能存在的环保风险。供应链信息的公开不仅有助于内部优化管理，也让消费者能够了解产品的生产和流通环节。现代供应链通常跨越多个国家和地区，涉及不同供应商的参与，每个环节的环保表现可能都差异显著。为确保整个供应链的环保性，企业必须对各环节进行有效的监控和管理，而供应链透明度便是实现这一目标的关键。

在实际操作中，提升供应链透明度需要依赖先进的追踪技术。区块链技术是一种被广泛采用的技术手段，它通过不可篡改的分布式账本系统，使供应链信息的存储和传递更加安全和透明。通过区块链技术，企业可以记录产品从原材料到成品的每个环节，确保信息的真实可靠。区块链的应用不仅增加了信息的可信度，也使消费者可以查看产品的环保信息，从而加强对品牌的信任度。

承接区块链的应用，物联网技术在提升供应链透明度方面也发挥了重要作用。物联网通过将各个供应链节点连接在一起，实现了信息的实时采集和传递。企业通过在供应链的各环节中安装传感器，可以监控产品的生产和运输过程，包括温度、湿度、位置等关键数据。物联网技术的应用不仅使企业能够实时掌控供应链的状态，还能在出现问题时迅速作出响应，降低风险。

此外，供应链管理系统的整合对提升透明度也至关重要。许多企业将供应链管理系统与追踪技术相结合，建立了完整的数据链，确保每个环节的信息都能被追溯。这种系统集成不仅提高了数据的准确性和完整性，还简化了信息的获取过程，使管理层能够更清晰地掌握供应链的各项指标。通过集成管理系统，企业可以更加高效地进行供应链的环保管理，确保各个环节环保标准的一致性。

为确保追踪技术的有效性，企业还需要建立供应链的标准化流程。标准化流程确保了信息的收集和处理方式的一致性，避免了因各环节管理方式不同而导致的信息偏差。通过制定统一的标准，企业能够更好地实现供应链的透明化管理，确保每个环节的环保数据都具备可追溯性。标准化流程的实施不仅有助于提升供应链的效率，还为企业在跨地区、跨供应商的管理中提供了保障。

承接标准化流程的建立，数据分析在供应链透明度提升中也起到重要作用。通过对供应链中各环节数据的收集和分析，企业能够更清晰地了解在生产和物流过程中的环保表现。数据分析技术的引入，为供应链管理提供了科学的决策依据。企业通过分析供应链中的能源消耗、碳排放量等指标，能够精准识别出哪些环节需要进行进一步优化，从而有效控制生产对环境的影响。

消费者的需求变化也推动了供应链透明度的提升。随着消费者对产品环保信息关注度的增加，企业在推广绿色供应链的同时，也更加注重透明度的实现。消费者对品牌的信任度往往建立在对其供应链的理解上，而企业通过提升供应链透明度，可以有效满足消费者的需求。通过提供可视化的供应链信息，企业能够让消费者了解产品的生产背景，增强产品的市场竞争力。

在提升供应链透明度的过程中，信息安全问题成为一个不容忽视的挑战。尽管追踪技术能够提高供应链的透明性，但数据在存储和传输过程中存在信息泄露的风险。为保障信息的安全性，企业必须在信息收集、处理和存储过程中采取加密措施，防止供应链数据被篡改或泄露。信息安全的保障，不仅能够维护企业的利益，还能增强供应链信息的可信度。

在应对信息安全挑战的同时，企业还需要考虑追踪技术的成本问题。供应链透明度的实现往往需要大量的技术投入，特别是对中小型企业而言，追踪技术的实施成本较高。企业在提升供应链透明度时，需要在技术投资与收益之间找到平衡点，确保追踪技术的实施不会对财务造成过大压力。通过合理的预算分配和技术选择，企业能够在控制成本的前提下实现供应链的透明化管理。

为促进追踪技术的应用，政府的支持也发挥了积极作用。许多国家通过立法和政策引导，鼓励企业采用供应链追踪技术，提升供应链的透明度。政府通过提供资金补贴和技术支持，帮助企业在实施追踪技术时减轻其成本负担。此外，政府还通过制定相关环保标准，确保供应链各环节符合环保要求，这进一步促进了供应链透明度的实现。

与此同时，行业协会也在供应链透明度的提升中发挥着重要作用。行业协会通过制定行业标准，推动企业在供应链管理中引入追踪技术。这些标准为企业提供了实施参考，减少了企业在技术选择中的不确定性。行业协会的推动，不仅加速了追踪技术在供应链中的普及，还为供应链透明度的实现奠定了基础。

供应链透明度和追踪技术在今后的应用中还将继续深化。随着技术的发展，企业将能够更高效地收集和管理供应链信息，以确保在生产过程中的环保合规性。

三、循环经济模式下的供应链创新

循环经济模式为绿色供应链的创新提供了崭新的思路。在这一模式下，供应链不再是传统的线性模式，而是通过对材料和资源的循环利用，实现零废弃和最大化资源效用的目标。循环经济模式不仅减少了对自然资源的依赖，还为企业在环境和经济效益之间找到平衡提供了可能。绿色供应链的创新通过循环经济的实现，有效地降低了在生产过程中对的环境影响，同时促进了资源的高效配置。

在循环经济模式下，资源回收和再利用成为供应链创新的核心内容。传统供应链通常以资源开采、生产和废弃为终点，形成线性的单向流动，而循环经济则通过资源的再循环将废弃物重新引入供应链，从而形成闭环的资源流动。设计师在产品设计阶段便考虑材料的可回收性，使产品在生命周期结束后，能够被回收和再加工。这样的设计理念不仅符合环保要求，还为资源的再生与利用奠定了基础。

在具体的操作中，闭环供应链系统是循环经济模式的主要实现方式。闭环供应链的构建要求企业在生产、使用、回收和再制造各个环节之间建立紧密联系。企业通过建立回收网络和再制造体系，将废旧产品或边角料重新投入生产流程，减少了对新资源的需求。闭环供应链不仅降低了企业的生产成本，还提高了资源的利用率，有助于形成稳定的资源供给体系。

承接闭环供应链的作用，产品的可拆解设计成为循环经济的重要策略。为便于回收和再利用，产品在设计时需要考虑结构的简化和材料的易分离性。通过设计上的优化，产品在生命周期结束后可以方便地进行拆解和分类，减少了在回收过程中的成本和时间投入。可拆解设计为实现产品的多次利用和材料的循环再生提供了技术保障，使供应链更加符合环保要求。

在循环经济模式下，材料创新也成为供应链优化的关键因素。许多企业通过开发可降解、可回收的新型材料，减轻了传统材料对环境的负担。新材料的应用不仅符合循环经济的要求，还能够延长产品的使用寿命，降低产品在生命周期结束后的废弃处理难度。材料创新为供应链的绿色发展提供了更多可能性，使循环经济模式在实践中得以有效推广。

随着循环经济模式的推广，废弃物管理成为供应链创新的重要内容。企业在供应链管理中，通过优化废弃物处理流程，将生产过程中产生的废弃物进行分类和再利用。通过这种方式，废弃物不再只是生产中的负担，而成为循环利用中的资源。废弃物管理的创新举措不仅减少了企业在环保方面的支出，还提升了生产的整体效率，符合循环经济的核心理念。

在循环经济模式下，供应链的共享资源利用模式也逐渐兴起。共享模式通过资源和设施的共享，减少了重复投资和资源浪费。例如，不同品牌或企业之间可以共享运输、仓储和生产设备，以降低运营成本，提高资源利用效率。共享资源模式不仅减少了企业的运营成本，还通过对资源的合理分配，减轻了环境负荷。共享模式在循环经济的供应链中，为企业合作提供了新机会。

承接共享资源模式的普及，产品的模块化设计成为供应链创新的另一重要手段。模块化设计通过将产品分解为独立的模块，使每个模块可以在产品使用寿命结束后独立更换或升级。模块化设计不仅延长了产品的使用寿命，还方便了产品的维护和升级，减少了整个供应链中废弃物的产生。模块化的应用，使企业在绿色供应链中能够更加灵活地管理资源。

在循环经济供应链的创新中，回收物流体系的建设具有重要意义。回收物流不同于传统物流，是指将废弃产品从消费者端回收至企业端的过程。企业通过建立完善的回收物流体系，可确保废弃产品能够被有效回收和再利用。回收物流的应用不仅有助于减轻垃圾填埋场的负担，还为企业提供了稳定的回收资源来源，进一步推动了循环经济这一理念的实践。

政府在推动循环经济模式中的供应链创新方面也发挥了积极作用。许多国家通过出台政策和提供资金支持，鼓励企业采用循环经济模式。政府通过税收减免、补贴等方式，帮助企业降低循环经济供应链的实施成本。这种政策支持，不仅推动了绿色供应链的构建，还为企业在环保创新中提供了更好的发展环境。

在循环经济的供应链创新中，消费者的参与同样至关重要。许多企业通过开展环保宣传，提升消费者的环保意识，引导消费者主动参与回收和再利用。通过消费者的积极参与，企业能够获取更多的回收资源，并在供应链管理中实现循环经济的闭环。消费者的角色不仅是产品的购买者，也是循环经济模式的重要支持者，为供应链创新提供了新的动力。

承接消费者的重要作用，数字技术为供应链的循环经济创新提供了新的手段。通过数字技术，企业能够更精确地监控供应链的各个环节，从而实现资源的最优化配置。例如，企业可以通过物联网追踪原材料的使用情况，确保资源在每个环节中的有效利用。数字化的供应链管理，不仅提升了生产的效率，还增强了供应链的透明度，为循环经济的实施提供了技术支持。

在循环经济模式下，企业还通过保持合作与竞争关系的平衡，实现供应链的创新优化。许多企业通过与其他行业的合作，共享循环经济模式的最佳实践和技术，从而推动了整体供应链的进步。通过这种跨行业合作，企业不仅能够获取更多资源，还在创新中减少了研发成本。合作模式的引入，进一步推动了绿色供应链在循环经济模式中的发展。

四、全球时尚供应链中的可持续性评估

全球时尚供应链的可持续性评估已成为品牌实现环保承诺的重要工具。随着可持续发展理念的深入推广，品牌在产品的设计、生产、运输和销售各环节，均需要对其环境和社会影响进行全面评估。通过评估体系，品牌能够清晰地识别供应链中的关键影响因素，从而在环保目标上做出合理的优化。可持续性评估不仅对品牌的生态形象至关重要，还直接影响消费者的信任度和市场的长期发展。

在可持续性评估中，碳足迹分析是首要关注的环节之一。碳足迹是衡量一个产品或过程在生产、运输和使用中产生的二氧化碳排放量的总和，反映了该产品对环境的潜在影响。许多品牌通过碳足迹的计算，识别出供应链中能源消耗较高的环节，从而采取相应措施降低碳排放。碳足迹评估的实施，不仅让品牌了解供应链的碳排放结构，还为后续的碳减排方案提供了科学依据。

承接碳足迹评估的结果，水足迹也是时尚供应链可持续性评估中的关键指标。水足迹指的是生产一个产品或过程所需消耗的水资源，尤其在纺织品生产中，染色和加工环节对水资源需求量巨大。通过水足迹分析，品牌能够清晰掌握供应链中水资源的利用情况，减少水资源过度消耗。企业在供应链管理中，通过优化染色工艺和引入低水耗设备，有效降低了水资源使用量，提高了水资源的利用率。

在供应链的可持续性评估中，废弃物管理也是不可或缺的内容。时尚产业每年产生大量的废弃物，包括布料边角、生产废水和染料残渣等。通过对废弃物管理的评估，品牌能够掌握生产过程中废弃物的产生量及其处理方式，并采取措施减少废弃物的排放。许多品牌通过循环利用边角料、推广无废生产等方式，优化了废弃物管理流程，实现了供应链中的资源再利用。

评估供应链中的原材料可持续性是品牌落实环保承诺的重要一步。许多品牌通过对原材料来源和生产过程的审核，确保其供应链符合环保和社会责任要求。例如，用有机棉、再生聚酯等可持续原材料逐渐替代传统材料，减少对自然资源的依赖。品牌在原材料选择上的审慎态度，不仅有助于提升供应链的可持续性，还减轻了产品生命

周期对环境的负面影响。

在全球供应链的评估中，供应商的环保合规性也是品牌需要关注的重点。品牌与多个供应商合作，这些供应商的环保表现直接影响供应链的整体可持续性。许多品牌通过引入供应商审核制度，确保其合作伙伴符合环保标准。审核制度不仅涵盖了对生产工艺和资源利用的评估，还关注供应商在废弃物处理和劳动条件上的表现，从而推动供应链各环节的环保意识提升。

承接供应商审核，供应链的运输方式和物流管理对可持续性评估也具有显著影响。跨国供应链的物流运输通常涉及海运、空运和陆运等多种方式，不同的运输方式在能源消耗和碳排放上存在较大差异。品牌通过优化运输方式，如优先选择低碳的运输方式或缩短运输距离，能够显著降低供应链的碳足迹。同时，智能物流系统的引入也使运输过程的管理更加高效和环保。

在可持续性评估的过程中，社会责任评估是衡量品牌在供应链管理中是否具备社会责任感的重要方面。社会责任评估关注的是供应链中的劳动条件、工作环境和社区影响，确保生产过程中没有违反人权的行为。例如，一些品牌通过审核制度，确保供应商在雇佣过程中不存在强制劳动和童工问题。社会责任评估不仅是品牌实现可持续性目标的重要组成部分，还提升了品牌在消费者中的社会形象。

在全球化供应链背景下，不同国家和地区的环保法规对供应链的可持续性评估产生重要影响。品牌在评估供应链的环保表现时，必须关注各地区的环保法律法规要求，以确保其生产符合当地的环保法规。例如，许多国家对水资源使用、碳排放和废弃物处理等方面制定了严格的规定，品牌在生产和物流安排中须遵守这些法规。品牌通过遵守不同地区的环保标准，确保其供应链在全球范围内的合法合规性。

品牌在可持续性评估中还需要关注供应链的透明度。供应链的透明度不仅能够帮助品牌更好地掌控各环节的环保表现，还能增强品牌在消费者中的信任度。许多品牌通过追踪技术，如区块链和物联网，实现了供应链的透明化管理。通过这种方式，品牌可以让消费者清晰了解产品的生产背景，增强了供应链的可持续性评估效果。

在评估体系中，创新技术的应用为供应链可持续性评估带来了更多可能。大数据分析、人工智能等技术的引入，使品牌能够更加精准地分析供应链中的环保表现。例如，大数据分析能够帮助品牌快速识别生产环节中的能源消耗高峰，及时优化资源使用。技术创新在评估中的应用，不仅提高了评估的效率，还为品牌提供了科学的决策依据。

可持续性评估还需涵盖生命周期评估。品牌通过生命周期评估，能够了解产品全生命周期的环境负荷，从而在各环节采取优化措施。生命周期评估的引入，使得品牌能够更加全面地掌握供应链的可持续性，实现对环境的全方位保护。

环保生产技术与工艺创新

环保生产技术与工艺创新在时尚行业的绿色转型中占据重要地位。随着环保要求的提高，企业不断引入先进的生产技术，以实现低能耗、低污染的环保目标。环保生产技术涵盖了节水染色、废料再利用、低碳工艺等多个方面，为时尚产品的绿色生产提供了可能。这些技术的推广不仅使生产过程更加环保，还提升了产品的附加值。通过持续的技术创新，品牌能够实现高质量、低影响的生产模式，为绿色时尚奠定坚实的基础。

一、绿色生产工艺：低能耗与水资源节约

绿色生产工艺在现代时尚产业中的应用日益广泛，尤其是在降低能耗和节约水资源方面取得了显著进展。随着全球环保意识的提升，越来越多的品牌开始关注其生产过程中的环境影响，并积极探索低能耗、高效节水的工艺创新。这不仅有助于减少时尚行业对自然资源的消耗，还有效提升了生产效率，符合可持续发展的要求。

在低能耗生产工艺中，节能设备的引入是实现绿色生产的关键因素之一。许多制造商通过使用节能型机械设备，如高效电机、低耗能纺织机和智能控制系统，降低了生产过程中对能源的需求。这些设备的运转能够更精准地控制生产过程中的能耗，避免了传统生产设备运用中常见的能源浪费现象。同时，自动化生产线的普及也减少了人工作业中可能出现的能源浪费，为整个生产流程节省了大量电力。

承接节能设备的普及，能源管理系统在绿色生产中的应用也越来越广泛。通过智能化的能源管理系统，工厂能够实时监测能源的使用情况，并根据生产需要及时调整能源供应。这样的系统能够优化能源分配，确保能源在各生产环节中的合理使用，避

免能源过剩或短缺带来的损耗。能源管理系统不仅提高了能源的使用效率，还帮助制造商更好地掌控其生产过程中的碳足迹。

水资源的节约在纺织生产中尤为重要，特别是染色和清洗工艺中对水的需求极大。为减少水资源的使用，许多企业采用了低水耗染色技术。这类技术通过优化染色过程中的水分使用，减少了染色所需的水量，并降低了后续清洗环节中的水资源消耗。例如，气流染色技术在不使用大量水的情况下完成纤维的染色，显著减少了生产过程中的水资源需求，同时还能保持高质量的染色效果。

同时，企业在生产过程中也开始更多地使用循环用水技术。循环用水通过将废水进行处理后再次用于生产过程中，减少了对新水源的需求。这种技术不仅能够有效节约水资源，还减少了废水的排放量和污染物的排放。通过这一工艺，企业可以大幅降低其水资源的总使用量，减少水资源管理中的环境负荷，符合可持续生产的要求。

为了进一步减少水资源的浪费，干法处理技术也得到了广泛的应用。干法处理工艺通过减少或完全去除水的使用，实现了对纺织品的表面处理和功能加工。这类技术通常应用于纺织品的后整理环节，如无水染色、干法喷涂等。干法处理不仅减少了水的消耗，还降低了因使用化学品和水处理过程中产生的环境污染，提升了生产的环保性。

在低能耗与节水工艺的推广中，工艺流程的优化也是实现绿色生产的重要手段之一。通过改进传统的生产流程，减少不必要的能源和水资源消耗，企业可以在不牺牲产品质量的前提下，显著提高生产的环保水平。例如，许多制造商通过简化纺织品的加工步骤，减少了重复处理和过度使用能源的现象。流程优化使得生产更加高效，并减少了能源和水资源的浪费。

承接工艺流程的优化，技术整合成为了推动低能耗与节水生产的另一个重要方向。将不同的环保技术结合起来使用，能够进一步提升生产效率，并减少对资源的消耗。例如，将智能能源管理系统与低水耗染色工艺结合，不仅能减少染色过程中对水的需求，还能降低染色设备的能源使用。技术的整合使得环保工艺的效果得以最大化，为企业在绿色生产方面取得更大的进展提供了可能性。

随着绿色生产工艺的推广，废水处理系统的升级也成为纺织行业中的重要内容之一。废水处理系统通过高效的水处理技术，能够将生产过程中产生的废水进行深度处理，去除水中的污染物，并回收水资源用于生产。这一系统的升级不仅减少了污水的排放，还为生产提供了可再利用的水资源，降低了企业对新水源的依赖。先进的废水处理系统在纺织业的广泛应用，使得整个行业的水资源管理水平大大提升。

在节能减排的实践中，绿色能源的引入也为企业在降低能耗方面提供了新的选择。许多纺织企业开始在生产过程中使用可再生能源，如太阳能、风能等，以取代传统的化石能源。绿色能源的使用不仅减少了企业的碳排放，还为其在环保方面树立了良好的市场形象。通过引入绿色能源，企业在实现节能目标的同时，也推动了整体生产结构的绿色转型。

承接绿色能源的应用，智能制造技术成为绿色生产工艺中的重要创新方向。智能制造通过大数据分析和人工智能技术，对生产过程进行实时优化和调整，减少了能源和水资源的浪费。智能化的生产系统不仅能根据订单需求自动调整生产线的工作状态，还能对设备进行预防性维护，减少因设备故障导致的能源浪费。智能制造技术的引入，使得低能耗与节水工艺得到了进一步的提升。

在降低能耗与水资源消耗的过程中，政府政策的支持同样起到了关键作用。许多国家和地区通过制定环保法规，要求企业在生产过程中减少能源消耗和水资源使用。这些法规的出台，推动了绿色生产工艺的推广，促使企业在技术研发和工艺创新方面投入更多资源。同时，政府还为企业提供了资金支持和税收优惠，帮助企业降低实施绿色生产工艺的成本，加速了环保技术的普及。

企业内部的管理制度也是实现绿色生产的关键环节。通过建立能源和水资源管理制度，企业可以更好地监控和提升资源的使用效率。许多企业通过实施能源管理体系，设定具体的能耗和节水目标，并将这些目标分解到生产的每一个环节。这种系统化的管理方式，不仅提升了资源利用效率，还增强了企业在绿色生产中的竞争力，为节能减排目标的实现提供了有力保障。

随着绿色生产工艺的不断进步，行业间的合作也变得至关重要。许多企业通过与科研机构和技术提供商的合作，开发出更加先进的节能和节水技术。这种跨行业合作模式，不仅推动了技术创新，还为企业在绿色生产方面提供了更多的解决方案。通过共享技术和经验，行业内的绿色生产水平不断提升，推动了整个行业向更加环保的方向发展。

二、3D打印与按需生产的环保优势

3D打印技术和按需生产模式在现代时尚产业的环保转型中发挥着重要作用。这些技术的应用不仅改变了传统的制造流程，还有效减少了资源浪费和碳排放，为行业实现绿色生产提供了有力支持。3D打印通过精确的数字化制造，使得材料的利用率大幅提升，按需生产则进一步优化了库存管理，避免了过度生产带来的环境负担。

在3D打印技术的应用中，最大的优势之一是材料的精确利用。传统的制造方式往往会产生大量的边角料和废弃物，而3D打印通过逐层构建的方式，精确使用每一单位材料。这样不仅减少了原材料的浪费，还提高了生产的效率。材料的精确使用使得时尚产品的生产更加环保，特别是在高端定制领域，3D打印可以根据消费者的个性化需求，定制生产出符合其要求的产品，减少了大规模生产中的资源浪费问题。

承接材料的精确利用，3D打印还能够有效降低供应链的复杂度。传统供应链需要多个环节的协同工作，包括原材料采购、加工、运输等，而3D打印则可以在一个生产点完成多个步骤的制造过程。这不仅减少了运输过程中的碳排放，还降低了物流成本，使得生产更加本地化和高效化。供应链的简化对于时尚产业而言，不仅是对资源的节约，还是对整个生产模式的革新。

按需生产模式进一步深化了3D打印技术的环保优势。传统生产模式中的大规模生产往往基于市场预测，导致了大量库存积压和资源浪费。按需生产则根据实际订单情况进行生产，避免了过度生产和存货过剩的问题。这种模式不仅提升了产品与市场需求的匹配度，还减少了因存货堆积产生的资源浪费。通过按需生产，品牌能够更加灵活地应对市场变化，减少环境负担。

3D打印技术为按需生产提供了技术支持，使其更加灵活和高效。通过数字化设计，3D打印能够快速调整生产线，满足不同客户的个性化需求，而不需要重新设计生产设备或进行大规模的工艺调整。这种灵活性使得按需生产能够更加高效地运作，同时减少了生产设备的能耗和碳排放。按需生产与3D打印的结合，使得时尚行业在环保方面的表现更加优异。

在实际操作中，3D打印材料的环保性也得到了不断提升。许多企业开始采用可回收材料或可生物降解材料进行3D打印，这不仅减少了传统塑料等材料对环境的影响，还使得生产过程中产生的废料能够被循环再利用。通过环保材料的使用，3D打印技术进一步契合了可持续发展的需求，为时尚行业的绿色转型提供了更多可能性。

承接材料环保性的提升，3D打印技术还减少了对传统制造设备的依赖，降低了能源消耗。传统的纺织设备和加工设备通常需要高能耗的支持，而3D打印设备则相对节能。尤其是在小批量定制生产中，3D打印能够在较短时间内完成产品的制造，不仅提高了效率，还大幅减少了能耗。这种节能优势使得3D打印在时尚产业的应用越来越广泛，特别是在小规模、定制化的生产领域。

按需生产在供应链管理中的优势还体现在其对库存和物流的优化上。传统供应链模式中，企业需要为大规模生产储备大量的库存，增加了仓储成本和管理难度。按需生产则根据实际需求进行生产，极大地减少了库存压力，并降低了产品滞销或过时而产生的浪费。按需生产不仅优化了企业的供应链流程，还提升了资源的利用效率，进一步推动了时尚产业向环保方向发展。

同时，3D打印技术还能够支持时尚产业的循环经济模式。通过精确的材料利用和回收技术，3D打印可以将废弃的材料重新加工，制成新的产品或部件。这种循环利用的方式减少了对新资源的需求，符合循环经济的理念。企业在生产过程中通过引入3D打印技术，不仅能够减少资源消耗，还赋予废旧产品新的价值，推动了资源的再生利用。

在设计方面，3D打印为设计师提供了更大的创造空间。通过数字化设计，3D打印能够实现传统工艺难以完成的复杂结构和细节处理，使得产品的设计更加自由化和个性化。这种技术上的突破，不仅提升了产品的美观度和独特性，还减少了复杂工艺导致的材料浪费。设计师可以利用3D打印技术，创造出更加环保且独具匠心的时尚产品，推动绿色设计理念的广泛应用。

按需生产模式也增强了时尚品牌的应变能力。通过实时监控市场需求和消费者偏好，品牌能够快速调整生产计划，避免了因市场预测不准而产生的过度生产和资源浪费。按需生产使得品牌的生产流程更加灵活，并能够及时响应市场变化，减少了库存积压的风险。这种灵活性不仅降低了企业的经营成本，还提升了整体供应链的效率，使得资源利用更加合理。

3D打印技术还为供应链的区域化和本地化生产提供了技术支持。通过减少对大规模集中生产的依赖，3D打印技术使得企业能够在更接近消费市场的地方进行生产，减少了长距离运输带来的碳排放和物流成本。本地化生产不仅降低了环境负担，还提升了产品的交付效率，为品牌带来了更多市场竞争优势。区域化供应链的构建，得益于3D打印技术的应用使得品牌在环保与效率之间找到了平衡点。

承接本地化生产的优势，按需生产和3D打印技术的结合也推动了时尚产业供应链的数字化转型。通过智能化系统，企业能够精准预测市场需求，并根据需求数据调整生产线的工作状态。这种数字化的供应链管理，不仅增强了生产的灵活性，还提高了资源的利用率。数字化技术与3D打印的结合，为供应链的绿色转型提供了坚实的技术基础。

随着3D打印技术的不断发展，其在时尚产业中的应用范围也在不断扩大。无论是服装、鞋履还是配饰，3D打印技术都为其生产带来了更多可能性。通过材料、工艺和设计的全面创新，3D打印正在逐渐成为时尚产业实现环保目标的重要工具。企业通过不断探索和应用这一技术，能够在激烈的市场竞争中保持领先地位，同时为环境保护做出贡献。

三、数字化设计工具与虚拟样衣制作技术

数字化设计工具和虚拟样衣制作技术在时尚产业的环保转型中扮演了重要角色。这些技术不仅大大提高了设计与生产的效率，还显著减少了传统样衣制作过程中的资源浪费。通过数字化手段，设计师能够更精确地控制设计流程，并通过虚拟样衣技术预览成品效果，从而减少了对物理样衣和材料的依赖。数字化设计的广泛应用，不仅提升了时尚品牌的市场响应能力，也为环保生产提供了技术支撑。

在数字化设计工具的应用中，设计软件的普及改变了传统设计的工作流程。设计师通过数字工具可以在虚拟环境中快速创建服装的模型和图样，并根据需要进行多次修改，无须消耗大量的物理资源。与传统手工设计相比，数字化设计提高了设计效率，同时减少了纸张、布料等材料的使用。这种高效的设计方式不仅符合可持续发展的理念，还让设计师能够更灵活地探索新的创意。

承接数字化设计工具的广泛应用，虚拟样衣技术为服装打样流程带来了革命性的变化。通过三维建模技术，设计师可以在虚拟空间中创建逼真的服装效果，并通过模拟布料的物理属性，如重量、柔软度和垂感，预览成品的穿着效果。虚拟样衣的出现，减少了传统服装样衣打样中的大量面料浪费，并避免了尺寸不符或设计修改带来的重复生产问题，极大提升了生产的环保性。

此外，虚拟样衣技术还加速了设计和生产的协同工作。在过去，设计师和生产团队常常需要通过反复的沟通和样衣制作确定最终的设计，而虚拟样衣技术使得设计师可以直接将三维模型与生产团队共享，大幅缩短了沟通周期。这种高效的协同方式不仅提升了生产的速度，还减少了样衣的运输和处理过程中的资源消耗，为时尚产业的环保生产提供了支持。

虚拟样衣技术的另一个重要优势在于它能够帮助设计师更好地预测成品的市场表现。通过虚拟试穿和3D展示，品牌可以在投入生产之前收集消费者的反馈，及时调整设计，避免不必要的生产浪费。这种虚拟化的市场测试手段，使得品牌能够更加精准地进行按需生产，减少了因产品滞销导致的库存积压问题。虚拟样衣技术的引入，优化了从设计到生产的整个链条，极大地提升了供应链的灵活性和环保性。

在时尚产业的可持续发展中，数字化设计工具还通过优化供应链管理发挥重要作用。通过集成数字化设计软件与生产管理系统，品牌能够实时跟踪设计和生产的进度，确保每个环节都在环保标准下运行。数字化设计工具的应用，不仅减少了生产环节中的不确定性，还提高了资源的利用效率，使得供应链更加环保和高效。数据化的生产管理为品牌在快速变化的市场环境中提供了强大的竞争力。

承接供应链管理的优化，虚拟样衣技术还在全球时尚行业的协作中扮演着关键角色。不同品牌和制造商可以通过共享虚拟样衣和设计文件，实现跨地区、跨公司的高效协作，减少了实际样衣的制作和运输所需的时间和资源消耗。这种跨地域的合作方式不仅提高了生产效率，还降低了对传统样衣物流的依赖，进一步减少了供应链中的碳排放。虚拟化的设计与生产协同模式，为品牌构建绿色供应链提供了新的可能性。

在材料选择方面，数字化设计工具也提供了更加环保的解决方案。设计师通过软件可以在虚拟环境中测试不同材料的效果，减少了对实际材料的使用需求。通过模拟不同材质的特性，设计师能够在虚拟空间中快速评估材料的可行性，从而避免了实际生产中对不合适材料的过度使用。这种数字化的材料测试方式，不仅节约了资源，还提高了材料的使用效率。

数字化设计工具的另一个重要应用是服装生产过程中的精准裁剪技术。通过数字化的裁剪模式，生产商可以根据设计文件直接进行布料的精准裁剪，减少了传统裁剪方式中的废料产生。精准裁剪不仅减少了原材料的浪费，还提升了生产效率，使得生产过程更加符合环保生产的要求。这种技术的应用，在大规模生产中表现尤为显著，有助于时尚品牌大幅降低生产中的环境负荷。

虚拟样衣技术也为消费者提供了更加个性化的购物体验。通过虚拟试穿，消费者可以在购买之前看到自己穿着服装的效果，减少了因不适合导致的退货。退货环节往往造成额外的运输成本和资源浪费，而虚拟试穿技术的应用则有效解决了这一问题。品牌通过这一技术，能够提供更加环保的购物方式，同时提升了消费者的购物满意度。

虚拟样衣和数字化设计工具的结合，还促进了时尚行业的创新设计。设计师能够通过数字平台探索更多的设计可能性，并以较低的成本进行多次修改和试验。这种创新自由度为设计师提供了更多的创意空间，推动了时尚产业的多样化发展。通过数字化设计，品牌不仅能够快速响应市场需求，还能在环保设计的基础上，推出更多独具特色的时尚产品。

承接创新设计的提升，虚拟样衣技术还帮助品牌在设计过程中实现了全程无纸化操作。传统的设计流程中，纸质图样和文件的使用非常普遍，随着虚拟设计技术的普及，品牌可以完全依赖数字化文件进行设计和生产，大大减少了纸张的使用。这种无纸化的设计流程，不仅符合环保理念，还提高了设计文件的管理和共享效率，使得整个生产过程更加绿色高效。

总的来说，数字化设计工具和虚拟样衣制作技术为时尚行业的环保生产提供了全新的解决方案。这些技术的应用，不仅优化了设计与生产流程，减少了材料浪费，还提升了供应链的透明度和协作效率。通过数字化手段，品牌能够在实现环保目标的同时，推动时尚设计的创新与发展。

四、环保生产中的分布式制造与本地化工厂

分布式制造与本地化工厂在环保生产中的应用正为时尚产业带来深刻的变革。这种生产模式通过将生产设施分散到不同地区，缩短了产品从生产到消费的距离，有效减少了长途运输带来的碳排放。通过分布式制造和本地化工厂，品牌能够实现更高效的生产与物流，提升对当地市场需求的响应能力，同时大幅降低对环境的负面影响。

在分布式制造的模式下，供应链更加灵活，能够快速响应市场变化。传统集中式制造模式中，产品通常在一个集中工厂完成生产，之后运送至全球各地，而分布式制造通过在不同市场区域设置多个小规模工厂，使生产过程更加贴近消费者。这样不仅减少了供应链中的运输成本，还缩短了交货时间，为品牌在环保生产中的效率提升提供了新的可能性。

承接分布式制造的优势，本地化工厂的建立进一步优化了生产流程。品牌通过在主要市场区域设置本地化工厂，能够大幅减少跨境运输所需的能源消耗和碳排放。这种模式不仅提升了产品的生产速度，还减少了物流中的资源消耗，为实现绿色生产提供了支持。本地化工厂的推广使得生产更具区域性，降低了长距离运输对环境的影响，符合可持续发展的要求。

在分布式制造中，生产工艺的标准化成为关键。由于多个工厂同时生产同一产品，品牌必须确保各地工厂的生产标准一致，以确保产品质量的统一性。标准化生产不仅提高了生产效率，还减少了生产过程中的资源浪费。通过建立严格的生产流程和标准，品牌能够有效控制分布式制造中的能源和资源消耗，实现绿色生产目标。

本地化工厂的建立还带动了供应链的优化。通过在不同区域建立工厂，品牌能够就近采购原材料，减少了长途运输的需求。这不仅节省了运输成本，还减少了运输过程中的碳排放。本地化采购和生产的结合，使得整个供应链的环保性大幅提升，为绿

色供应链的构建提供了实践依据。品牌通过本地化生产，减少了对全球化供应链的依赖，提高了供应链的稳定性和韧性。

在环保生产中，分布式制造还提升了资源的利用效率。传统的集中式生产往往导致资源集中使用，容易出现过剩或不足的情况，而分布式制造则将生产资源分散到不同区域，使得资源的分配更加合理。品牌能够根据不同市场的需求灵活调整生产规模，避免了过度生产和资源浪费。这种灵活的资源配置，使得生产更加环保和高效，为品牌的绿色发展提供了支持。

承接资源利用效率的提升，分布式制造中的自动化技术为环保生产带来了更多可能性。自动化设备能够在分布式工厂中实现精准的资源控制，减少了人工作业中的资源浪费。通过智能化的生产设备，工厂能够实时监测能源和材料的使用情况，确保生产过程中的环保合规。自动化技术的引入，不仅提高了生产效率，还减少了能源和材料的消耗，为分布式制造中的环保生产提供了技术保障。

在本地化工厂的建设过程中，社区的参与也起到了积极作用。品牌在当地建立工厂的同时，往往会雇用当地员工，提升了当地的就业水平。这种模式不仅促进了当地经济发展，还提升了品牌的社会形象。社区的参与使得本地化工厂的运营更加顺利，同时也提高了员工对环保生产的认可度和支持度。品牌通过与社区的合作，为环保生产创造了良好的社会环境。

分布式制造还为废弃物的本地化处理提供了可能。集中式生产中，废弃物的集中处理成本较高，且会对处理地环境产生较大压力，而分布式制造将生产设施分散到各个区域，使得废弃物的处理更加分散和高效。品牌可以在各地工厂设立废弃物回收系统，将废料就地回收和再利用。这种本地化的废弃物管理方式，减少了对环境的影响，并提高了资源的再生利用率。

在本地化工厂中，能源的本地化利用也是一大亮点。通过在本地化工厂中使用可再生能源，如太阳能、风能等，品牌能够减少对传统化石能源的依赖。可再生能源的引入，不仅降低了工厂的碳排放，还为工厂的环保生产提供了稳定的能源支持。本地化工厂通过与本地能源供应商的合作，实现了能源的绿色转型，符合可持续生产的要求。

在环保生产的目标下，分布式制造和本地化工厂还提升了企业的风险应对能力。集中式生产模式中，任何一个工厂的停工都可能影响整个供应链的正常运作，而分布式制造通过在各地建立多个工厂，使得生产更具弹性，能够更好地应对市场和环境变化带来的风险。品牌通过分散生产，提升了供应链的稳定性和可持续性。

承接风险应对能力的提升，分布式制造和本地化工厂还能够更好地满足消费者的个性化需求。通过贴近消费市场的生产模式，品牌能够根据不同区域的消费者偏好，灵活调整产品设计和生产规模。这种个性化的生产方式，不仅提升了产品的市场竞争力，还减少了库存积压和资源浪费，进一步提升了资源的利用率。

绿色生产的经济与社会影响

绿色生产在经济与社会层面产生了积极而深远的影响。经济层面上，绿色生产为企业节约了资源成本，提高了生产效率；在社会层面，企业通过环保生产管理树立了良好的社会形象，满足了消费者对可持续产品的需求。绿色生产不仅帮助企业在市场上获得更高的认同度，还推动了消费者的环保意识提升，进而带动了更为广泛的绿色消费行为。这种多层次的影响，不仅为企业创造了新的经济价值，也为社会可持续发展注入了积极力量。

一、环保生产对时尚产业经济效益的影响

在当今的时尚行业中，环保生产对经济效益的提升作用日益显现。传统时尚生产模式由于资源浪费和污染问题，逐渐暴露经济增长的瓶颈，而环保生产则以其更高的资源利用效率、循环利用模式与成本节约成为新选择。通过节省能源、水资源和减少化学品使用，环保生产降低了生产成本，为企业带来了直接的经济回报。此外，环保生产可以延长产品生命周期，减少原材料的浪费，使得生产的边际成本逐渐降低。这种方式有效地控制了企业在原材料和能源上的开支，从而带来了显著的经济收益。

与此同时，绿色生产方式的应用使得企业在市场竞争中占据优势地位。消费者越来越关注产品的环保属性，并愿意为绿色产品支付更高的溢价。环保生产使得企业在生产成本上降低了投入，而在售价上却能获得更高回报，明显提高了利润。此外，绿色品牌形象的塑造使得企业可以获得更多忠实的消费者，逐渐提升了品牌的价值和市

场份额。许多企业借助环保生产成功打造了品牌差异化，提升了市场地位，从而实现了经济效益的稳定增长。

在全球市场中，环保生产带来了供应链的经济优化效果。以低污染、低排放的生产技术降低了排放成本，并且减少了资源浪费，使得供应链更加高效。绿色生产技术不仅减少了生产过程中的能源消耗，而且避免了对环境的负面影响，提升了供应链的整体经济效益。通过优化资源配置和减少供应链中的冗余环节，企业得以实现可持续发展，不断提高成本效率，为经济效益的提升提供了有力的支撑。

为了应对不断上涨的能源成本，环保生产为企业降低生产开支提供了有效的方案。传统生产方式中对不可再生资源的依赖使得企业在能源价格上涨时承受了巨大压力，而环保生产利用清洁能源和循环利用技术，有效减轻了企业在资源成本上的负担。比如，太阳能和风能等清洁能源的使用，不仅为企业减少了碳排放量，同时降低了生产环节中的能源支出，带来了显著的经济效益提升。

环保生产还有效减少了污染带来的环境治理成本，节约了大量经济资源。传统生产模式下企业往往要支付高昂的污染治理费用，而绿色生产技术在源头上控制了污染的产生，减少了企业在环保方面的支出。通过在生产中减少有害物质排放，企业避免了环境污染带来的高额罚款和补偿，确保了经济效益的稳定。同时，绿色生产符合各国的环保法规，有助于企业减少不必要的经济损失，为行业创造可持续的经济利益。

绿色生产的经济效益还体现在供应链的优化中。采用循环经济模式，绿色生产通过资源的高效循环使用减少了供应链的资源消耗。尤其在纺织品和服装生产中，许多环保企业已经采用了可再生材料和可降解技术，不仅减轻了原材料的采购压力，还减少了生产过程中产生的废弃物，使得整体供应链的资源浪费大幅降低。绿色生产的这种资源优化不仅提高了供应链的经济效益，还提升了企业在市场上的竞争优势。

此外，绿色生产技术对时尚产业的经济效益影响显著。随着3D打印等技术的应用，按需生产减少了库存成本，并且大幅提升了生产的灵活性。绿色生产中的低消耗、按需制造等模式降低了库存积压的风险，使得产品得以快速上市，并且适应市场需求的变化，缩短了产品的周转周期，降低了企业的运营成本。因此，按需生产的推行不仅优化了库存管理，还为企业带来了实际的经济效益。

与传统生产相比，绿色生产还减少了过度生产和资源浪费带来的额外经济成本。传统时尚产业的过度生产会导致大量库存积压，增加了仓储费用和处理成本，而通过环保生产，企业可以将材料回收再利用，使得生产废料得以转化为新的资源，进一步降低了企业的生产成本。循环经济的实施不仅带来了资源节约的经济效益，也使企业能够更有效地利用已有资源，提升了整体经济效益。

从成本的角度来看，环保生产能够有效减轻企业的长期负担。绿色技术的创新，使得企业可以在生产过程中避免使用高耗能和高污染的材料，降低了成本压力。例如，使用生物基材料和生态染料，不仅减少了环境污染，还减少了化学品的采购费用，从而为企业节约了生产成本。环保材料和生产技术的持续改进，使企业能够在长期的市场竞争中保持成本优势，并实现经济效益的稳步增长。

绿色生产对经济效益的另一个显著贡献在于风险管理。传统生产模式中因环境污染引发的法律风险和社会风险往往带来巨额罚款，而绿色生产由于采用环保的生产流程，显著降低了这些潜在风险。这种风险管理的优势在于能够为企业节约大量的潜在成本，减少了法律问题引发的经济负担。通过建立绿色供应链，企业可以在合法合规的前提下降低风险，实现经济效益的稳步提升。

此外，绿色生产还能够促进企业社会形象的提升，进而带来经济效益。环保生产不仅能吸引有环保意识的消费者，也有助于企业在资本市场上获得更多投资者的青睐。许多投资者越来越关注企业的环保表现，愿意投资那些在环保领域有出色表现的公司。由此绿色生产使企业在资本市场中获得了更多取得投资的机会，为企业的长期经济效益提供了支持。

随着消费者环保意识的提高，环保生产带来的经济效益更加显著。绿色生产为品牌带来了更高的溢价空间，消费者愿意为环保产品支付更高的价格。这不仅提升了企业的销售收入，还使得品牌在市场中获得了独特的定位。环保生产的实施增强了企业的品牌忠诚度，使得消费者对企业的产品具有更高的认同感，从而实现了经济效益的增长。

在环保生产的推动下，许多企业在经济效益方面取得了实际成效。绿色生产不仅改善了企业的生产结构，还帮助企业通过节约资源和减少污染提升了盈利水平。环保生产模式下的企业成本控制更加精准，为时尚产业的经济效益带来了全新的提升路径。

二、绿色生产技术对产业链上相关人员就业的影响

绿色生产技术在产业链的各个环节对就业结构产生了深远影响。传统的生产流程通常依赖大量的劳动力，而绿色生产技术的应用引入了更加自动化、智能化的操作方式，这使得部分重复性高、技能要求较低的岗位逐渐减少。在自动化技术的普及下，企业开始减少流水线上的劳动力投入，转而增加对技术型岗位的需求。这种转变促使

原有的从业人员面临技能提升的压力，同时也提高了技术型人才在行业中的重要性。

在新兴绿色生产模式下，高技能岗位的需求显著增长。企业在采用环保生产技术时，通常需要具备专业知识的技术人员进行操作和维护，例如精通低能耗设备管理、清洁能源使用的专业人才。在生产流程优化中，绿色技术的运用对技术工人提出了更高的专业要求，促使工人转向更加复杂的技术型工作岗位，从而增加了技术人才的就业机会。这种需求变化也带动了职业培训市场的发展，为产业链上的相关人员提供了新的就业方向。

与此同时，绿色生产带来的技术创新在某些领域创造了新的就业岗位。以再生材料的开发和运用为例，企业需要大量具备材料科学知识的专业人才进行材料研究、开发和应用，提升资源的循环利用率。再生材料产业的扩展不仅增加了行业内的就业机会，还促进了产业链上下游的岗位创新。在研发、测试和推广等环节中，绿色生产技术带动了专业岗位的拓展，使得行业就业结构更加多元化。

绿色生产对就业结构的影响还体现在产业链分工的变化上。传统生产模式中，多个生产环节集中于一个企业内部，而随着绿色生产技术的推广，更多企业选择将某些环节外包给专业化程度更高的供应商。这种外包模式的增加为供应链上的中小企业带来了就业机会，并在某种程度上推动了产业链的区域化布局。在这种模式下，小型企业能够专注于特定的环保生产环节，为就业市场注入新的活力。

绿色生产技术的应用也使产业链中的技术支持服务逐渐成为就业市场的重点。许多企业为了保证环保技术的有效运作，需专门设置技术支持岗位，以确保生产设备和流程的持续优化。例如，设备调试、数据分析和环保监测等服务类岗位得到了快速发展，成为企业招聘中的新兴需求。这一趋势不仅为服务行业带来了新的发展机会，也增强了时尚产业链中就业岗位的多样性。

随着环保生产流程的复杂化，对项目管理岗位的需求逐渐增加。许多企业在绿色生产项目的实施过程中需要专业的项目管理人员协调生产、技术和资源，确保项目的顺利推进。这种专业化的管理岗位为产业链对应的就业市场增加了更多的高级管理职位，为从事项目管理的专业人士提供了广阔的就业空间。这一变化进一步拓展了产业链中高层次就业岗位的需求。

在培训领域，绿色生产的应用带来了新的就业机会。为适应环保技术的要求，越来越多的企业开始设立内部培训岗位或与培训机构合作，专门为员工提供绿色生产技术的培训课程。培训岗位的增加不仅为从业人员提供了提升的机会，还促使教育机构与企业建立了更紧密的合作关系。通过培训，更多的从业人员掌握了环保生产技能，增强了在就业市场中的竞争力。

绿色生产对原有岗位的影响显而易见。环保生产技术要求工人在操作中具备新的技能，例如处理可降解材料和操作低污染设备。这种变化促使原有岗位逐渐向技术型和复合型岗位转变，传统工人需进行职业技能的提升，才能适应岗位的变化需求。这种转变不仅提升了企业的整体生产水平，也为劳动力市场注入了新的活力。

在招聘方向上，环保生产推动了企业对环保专业背景人才的需求增长。尤其是在可持续发展理念逐渐深入的背景下，企业需要专业人员对绿色技术进行深入研究和应用。环保工程师、可持续发展顾问等岗位的涌现，为时尚产业链带来了更多专业技术型人才。这种招聘需求的变化不仅提升了企业的技术储备，也为就业市场提供了新的职业选择。

绿色生产技术还影响了劳动力市场的薪酬结构。由于环保技术岗位的技术要求较高，这些岗位的薪酬水平通常较传统岗位更高。这一变化在吸引技术人才进入绿色生产领域的同时，也推动了行业整体薪酬水平的提升。薪酬结构的变化不仅反映了绿色生产对技能需求的变化，也为从事绿色生产的人员提供了更具吸引力的职业发展空间。

随着绿色生产的推进，劳动力市场的流动性有所提升。企业在引入新技术的过程中，通常需要对岗位设置进行调整。一些传统岗位在工作内容上发生了变化，甚至被新兴的绿色岗位替代。这种变化促使部分传统工人流向新的岗位领域，从而提高了就业市场的流动性。劳动力的合理流动为企业提供了更灵活的人才资源配置，也促进了产业链整体的活力。

在技能提升方面，绿色生产技术促使企业加大对员工的技能培训投入。通过对员工进行环保技能和新设备操作的培训，企业不仅提升了员工的综合素质，也使员工具备了更强的职业适应能力。这种技能提升的需求为企业和员工带来了双重效益，既优化了企业的生产流程，又为员工的职业发展创造了新的可能性。

产业链中绿色生产技术的推广，为科研和技术开发岗位带来了新机遇。由于绿色生产需要不断创新以应对资源与环境方面的挑战，企业对研发人才的需求显著增加。这种需求在推动行业技术进步的同时，也为研发人员提供了更多就业机会。科研岗位的增加不仅为环保生产技术的发展提供了支持，还丰富了产业链的就业结构。

绿色生产技术的发展对环保审计和质量控制岗位的需求增长产生了影响。为了确保绿色生产技术的合规性和有效性，企业通常会设立专门的审计岗位，对环保流程进行监督和改进。这类岗位的设置不仅增强了企业的环保合规能力，还为从事质量控制和环保审计的专业人士提供了新的就业机会。这一变化丰富了企业的岗位结构，为产业链上相关人员的就业提供了更多可能性。

在生产工艺方面，绿色生产技术对操作工的技术要求逐步提高。例如，在低能耗生产设备的操作中，工人需要掌握新的技能，确保设备的高效运行。这种技术要求促使企业增加了技术培训上的投入，以便工人能够掌握环保生产设备的操作技巧。技能要求的提升不仅提升了工人的职业素质，也为企业创造了更加高效的生产环境。

绿色生产还促使供应链上游企业调整了岗位结构。许多供应商为了符合环保标准，不得不增加环保管理岗位和技术支持岗位，以确保产品符合绿色生产的需求。这种岗位设置的变化不仅提高了供应链的生产效率，还增加了产业链上游的就业机会，为更多技术人员提供了施展才华的空间。

三、环保生产对社会伦理与消费者认同的推动

环保生产作为一种可持续发展的生产模式，在提升企业经济效益的同时，对社会伦理和消费者认同起到了积极的推动作用。随着社会各界对环境保护的重视，企业推行环保生产不仅是适应市场需求的方式，更成为企业担负起社会伦理责任的具体体现。这种生产模式使企业通过减少资源消耗、降低污染物排放，履行了社会责任，在促进环境保护的同时，赢得了社会各界的认可，提升了企业在公众心目中的道德形象。

与此同时，环保生产使企业在道德形象的塑造上更具说服力。随着消费者对社会问题关注度的提升，他们对品牌的选择逐渐转向更具道德责任感的企业。环保生产符合消费者对可持续发展理念的期望，能够有效增强品牌的社会认可度。消费者在选择产品时，往往会优先考虑那些在生产过程中减少污染和浪费、积极采用绿色技术的品牌，这种选择不仅源于对环境保护的支持，也反映消费者的道德认同。

在社会层面上，环保生产通过带动绿色消费文化的发展进一步提升了品牌形象。环保生产作为一种创新的生产模式，不仅传达出企业在社会责任方面的积极态度，还鼓励了绿色消费的风尚。绿色消费文化的形成，使得消费者在选择商品时逐渐倾向于那些注重环境保护的品牌，企业的环保行为因此获得了消费者的认同。绿色消费文化的传播不仅强化了企业的社会责任感，也推动了品牌形象的提升，使企业在消费者心目中树立起道德标杆。

通过环保生产，企业得以在品牌建设中融入更多伦理价值。消费者逐渐对环保生产产生共鸣，认为这种生产方式更符合现代社会的价值取向。企业在推广品牌时强调其环保生产模式，使得消费者在购买产品时不仅考虑其实际功能，还关注其社会价值。

环保生产赋予了产品更多的伦理意义，消费者在选购过程中表现出对企业承担社会责任的高度认可，企业的道德形象因此得到了进一步巩固。

同时，环保生产还通过引导消费者的购买行为，推动了社会价值观的转变。环保生产的推广不仅使消费者看到了企业的道德责任，更促使他们在选择消费时优先考虑环保因素。企业通过环保生产的宣传，使得绿色消费逐渐成为一种潮流，引导消费者在购买商品时将环境保护作为重要的参考标准。企业的环保行为对消费者产生了深远的影响，使得消费者的购买行为不仅满足了自身需求，也实现了对社会伦理的支持。

环保生产还通过提升品牌信任度，强化了消费者对企业的认同感。消费者对企业的信任感往往与企业的社会责任表现密切相关，环保生产作为企业履行社会责任的重要途径，为消费者提供了信任的依据。消费者在选择品牌时，更倾向于信任那些重视环保的企业，因为他们认为这些企业在生产过程中不会对环境造成负面影响，这种信任感转化为购买决策上的支持，使得企业在市场中获得了更多的忠实客户。

随着环保意识的提升，环保生产已成为品牌竞争中的重要因素。企业通过推行环保生产，进一步巩固了消费者对品牌的认同感，并在竞争中树立起道德优势。消费者不仅关注产品的质量和价格，更加重视企业是否承担了应有的社会责任。环保生产模式展现了企业对环境保护的积极姿态，使得消费者在品牌选择上表现出明显的倾向性。企业通过环保生产的实施，塑造了与众不同的品牌形象，增强了市场中的竞争优势。

环保生产对消费者行为的影响也体现在其消费习惯的转变上。越来越多的消费者将环保作为购买的重要考量因素，而企业的环保生产模式则满足了他们的需求。企业通过绿色生产不仅提供了环保产品，更鼓励了消费者在消费过程中实践环保理念。消费者对环保品牌的认同感逐渐增强，他们更愿意购买那些在生产过程中减少环境负担的产品。这种消费习惯的改变反映了社会对环保生产的认可，也为企业的道德形象增添了光彩。

企业推行环保生产的过程中，社会价值的传播作用不容忽视。消费者在选择环保品牌时，会在潜移默化中被企业传递的环保理念影响，从而产生更为积极的消费观念。企业在推广环保生产的同时，通过产品宣传将环境保护的价值观传递给消费者，影响他们的消费选择。环保生产不仅使企业赢得了社会认可，也在消费市场中树立了正面的社会形象，成为引领绿色消费趋势的重要力量。

企业的环保生产行为在公众心目中产生了深远的社会影响。消费者在面对环保品牌时，往往会产生一种道德共鸣，认为自己的消费行为对社会有所贡献。环保生产在推动品牌形象提升的同时，也强化了消费者的道德观念，使他们在消费过程中主动选择符合社会伦理的产品。企业的环保行为赋予了品牌更深层次的社会价值，使消费者在消费过程中获得了满足感和成就感。

在实际消费中，环保生产让消费者的需求得到了深层次的满足。消费者不仅关心产品的实用性，更关注其对社会的正面影响。环保生产通过绿色技术的运用满足了消费者的多重需求，使其在选购产品时产生了对企业的信赖感。消费者在选择环保品牌时获得了内心的满足，这种认同感不断推动他们重复购买环保产品，形成了稳定的消费群体。企业在环保生产中的表现因此得到了消费者的长期支持。

环保生产在消费者心目中树立了正面的品牌形象，使其成为市场中的优先选择。环保生产通过减少对环境的负面影响，为消费者提供了一种负责任的选择。消费者对环保品牌表现出更高的忠诚度，因为他们认为这些企业在环境保护方面表现出了足够的诚意。企业的环保生产模式不仅提升了品牌的市场吸引力，也使其在消费者中赢得了更高的认同度和信任感。

企业推行环保生产不仅对自身品牌产生积极影响，还对消费者的社会意识提高产生了深远的推动作用。消费者在面对环保品牌时，会将自身的价值观与企业的环保行为相结合，认为消费行为是其支持环保事业的一种方式。企业通过环保生产树立起积极承担社会责任的形象，使消费者在消费过程中将个人需求与社会价值实现相结合，达成更高层次的消费体验。这种价值观的影响使消费者的品牌忠诚度进一步提升。

通过环保生产，企业在消费者群体中形成了较强的口碑效应。消费者对环保生产的认同往往会通过口口相传的方式在社会中传播，进一步提升了品牌的社会影响力。消费者在社交平台和日常生活中积极推荐环保品牌，帮助企业获得了更多的市场关注。企业的环保生产模式不仅增强了其在市场中的品牌认知度，还使其在消费群体中赢得了更广泛的支持。

环保生产对消费者的消费心理产生了积极的作用。消费者在选购环保产品时，会认为自己的选择体现了社会责任感，因而产生了内在的认同感。环保生产通过传递环境保护的价值观，使消费者在消费过程中更关注其行为的社会影响。这种消费心理的变化不仅促使消费者对环保品牌产生依赖，也为企业带来了持续的市场优势。企业在环保生产中的正面表现因此获得了消费者的积极评价和支持。

四、绿色生产对全球碳排放的贡献与评估

绿色生产对全球碳排放的减排贡献越来越受到重视。通过采用低碳技术和节能设

备，绿色生产有效降低了生产过程中的能源消耗，从而减少了二氧化碳的排放。许多企业通过绿色生产减少了化石能源的使用，大幅度降低了生产链中的碳足迹。绿色生产不仅仅是生产模式的转变，更是企业对全球碳减排目标的一种响应，体现了时尚产业对全球气候问题的积极态度。

与此同时，绿色生产在能源使用的优化上发挥了重要作用。通过引入清洁能源和循环利用技术，企业大幅减少了对传统高污染能源的依赖，优化了生产过程的碳排放水平。例如，太阳能、风能等可再生能源的引入不仅减轻了生产过程中环境的负担，也为企业减少了二氧化碳排放量。这种能源替代的策略使绿色生产成为企业履行减排义务的有效手段，为全球碳排放的减少贡献了力量。

此外，绿色生产在资源循环利用方面的创新为实现减排目标提供了新的方向。许多企业通过循环经济模式，将生产废弃物和副产品进行再利用，从而减少了资源的消耗量。这种循环利用的方式在减少二氧化碳排放方面具有显著的效果，有助于实现低碳生产。通过提高资源的利用率，企业在减少生产过程中废弃物的同时，也达到了减少碳排放的目的。

绿色生产的推广还推动了低碳技术的广泛应用。在低碳技术的支持下，企业在生产过程中大幅减少了能源消耗，从而减少了温室气体的排放。例如，3D打印、按需生产等技术的应用，使得企业在生产过程中能够根据需求灵活调整生产计划，减少了浪费和碳排放。低碳技术的普及为时尚产业提供了低排放生产的方案，有效推动了行业内的碳减排工作。

绿色生产模式在供应链管理中的应用进一步提升了碳排放的控制能力。通过供应链的透明化和信息化管理，企业能够实时监测各环节的碳排放情况，及时调整生产流程，减少不必要的排放。供应链管理中的绿色生产模式，不仅帮助企业控制生产过程中的碳排放，还在整体上提升了行业的环境绩效。通过加强供应链的低碳管理，绿色生产成为全球碳减排的重要组成部分。

在生产工艺方面，绿色生产的技术进步大大减少了生产过程中的碳排放。许多企业采用先进的生产工艺，使得生产流程更加高效，从而减少了能源的消耗。高效生产工艺的应用不仅在节约能源方面具有显著成效，也有效降低了碳排放量。这些技术的应用使得绿色生产在碳减排方面的贡献进一步扩大，成为时尚产业应对气候变化的关键措施之一。

通过绿色生产，企业能够在生产过程中采用低碳材料，从源头上减少碳排放。许多环保材料在生产和使用过程中产生的碳排放明显少于传统材料，使得企业能够通过材料选择实现碳排放的优化。低碳材料的应用为企业提供了绿色生产的基础，使得生产过程更加环保，同时在整体上降低了企业的碳足迹。这种材料的选择对行业内的碳减排起到了积极作用，逐渐成为绿色生产的重要环节。

绿色生产还通过延长产品生命周期，减少了生产和废弃过程中的碳排放。通过设计耐用、可循环使用的产品，企业减少了频繁生产带来的能源消耗，从而降低了碳排放。耐用型设计和产品循环使用的推广，使得绿色生产在减少碳排放方面发挥了积极作用，帮助企业实现了可持续发展的目标。产品生命周期的延长不仅减少了生产过程中的碳排放，也在使用环节减少了废弃物的产生。

绿色生产的环保染色工艺在减少碳排放方面也取得了显著效果。传统染色工艺通常需要消耗大量水资源和能源，而环保染色技术通过创新的染色方式，减少了对资源的依赖，从而降低了碳排放。环保染色工艺的使用，不仅减少了生产过程中的资源浪费，还在环境保护方面发挥了积极的作用。染色工艺的绿色化为企业提供了可持续的生产方式，使得碳排放的控制变得更加有效。

通过对物流运输环节的优化，绿色生产还减少了碳排放。企业在供应链管理中通过改进物流方式，减少了长距离运输带来的碳排放。例如，使用本地化的生产和供应链布局，可以减少跨国运输的需求，从而降低运输过程中的碳排放量。物流环节的优化不仅提升了供应链的效率，也在整体上减少了生产和流通过程中的碳排放，为碳减排目标的实现提供了支持。

在工厂的基础设施方面，绿色生产对碳排放的控制也起到了积极作用。许多企业在生产基地中采用节能设备和智能化管理系统，使得工厂的能源消耗大幅减少。例如，智能化管理系统能够实时监测能源使用情况，优化生产过程，减少不必要的能源消耗。这种基础设施的改造为绿色生产提供了技术支撑，使得企业在碳减排方面的表现更加显著。

通过推广绿色生产，企业还能够在全球碳市场中获得经济收益。许多国家的碳市场为减排企业提供了碳信用额度的交易机制，企业通过减少碳排放能够获得碳信用额度，在市场中实现经济效益。碳市场的建立为企业提供了额外的激励，使得绿色生产的推广更加具有吸引力。通过参与碳市场，企业在实现经济效益的同时，也在全球范围内积极推动了碳减排目标的实现。

绿色生产的推广对行业标准的提升也有积极作用。随着绿色生产逐渐普及，许多国家和地区制定了碳排放标准，要求企业在生产过程中减少碳排放。这些标准的实施为绿色生产提供了政策支持，使得企业在碳减排方面的努力得到了认可。行业标准的提升不仅推动了碳减排工作的落实，也使得绿色生产在全球碳排放的控制中发挥了更大的作用。

绿色生产在提升企业社会形象方面的作用也不容忽视。通过采用绿色生产方式，企业向公众展示了其在碳减排方面的积极态度。消费者越来越关注企业的环保表现，他们更愿意支持那些在碳减排方面表现突出的品牌。绿色生产通过对碳排放的控制，帮助企业提升了社会形象，使其在公众中树立了负责任的品牌形象。这种形象的塑造不仅对企业的市场表现有积极作用，也为全球碳排放的控制贡献了力量。

在产业链上游方面，绿色生产还促进了低碳材料供应链的建设。许多材料供应商为了符合绿色生产的要求，逐渐转向低碳材料的开发和供应。这种转变不仅满足了企业对低碳生产的需求，也推动了整个供应链的碳减排。通过绿色生产的推动，产业链上游的供应商在碳减排方面进行了有效的调整，为企业在碳排放控制方面提供了稳定的资源支持。

绿色生产的推广还使得企业在产品设计阶段就能够考虑碳排放的控制。通过在设计过程中融入低碳理念，企业能够在产品的整个生命周期有效控制碳排放。例如，在产品设计中优先使用低碳材料和环保工艺，不仅减少了生产过程中的碳排放，也在产品的使用和处置阶段减少了对环境的负面影响。产品设计的低碳化使得绿色生产的碳减排目标在更大范围内得以实现。

第五章

消费者行为与
市场推广策略

消费者行为与市场推广策略在可持续时尚的推广中起着至关重要的作用。随着全球环境问题日益严重，消费者越来越关注时尚行业的环境影响，可持续时尚成为消费者心目中的重要考量因素。消费者不仅关心服装的款式和质量，更希望品牌能够承担环保责任。可持续时尚的推广不仅是市场策略的调整，也是品牌与消费者价值观逐渐契合的过程。在此背景下，深入分析消费者对可持续时尚的认知和态度，探讨环保品牌的市场营销策略及其在市场中的挑战和机遇具有重要的实际意义。通过理解消费者在环保产品中的行为模式，品牌可以更精准地制定营销策略，提升消费者对环保品牌的认同感。同时，环保服装市场的未来潜力和发展瓶颈需要进行深入评估，以使品牌在竞争中获得可持续的市场优势。本章将分析不同市场背景下的消费者行为、营销策略及市场挑战，为可持续时尚行业的发展提供理论支持和实际指导。

第一节

消费者对可持续时尚的认知与态度

随着环保意识的提升，消费者对时尚产品的要求不再仅限于外观设计，品牌的社会责任和环境保护态度成为关注重点。许多消费者尤其是年轻一代，将可持续性视为选择品牌的重要标准，他们更倾向于购买符合环保标准的产品。理解消费者对可持续时尚的认知及其购买态度，对于品牌制定有效的推广策略至关重要。本节将深入分析消费者对可持续时尚的认知方式，探讨影响其购买决策的主要因素，帮助品牌更好地把握消费者需求，推动可持续时尚的市场发展。

一、全球不同地区与文化中的消费者环保意识有差异

全球不同地区和文化背景的消费者在环保意识上存在显著差异。各国经济发展水平、社会观念及文化传统影响了消费者对可持续时尚的接受度和认知度。发达国家普遍重视环保理念，公众对可持续消费的接受程度较高，而在一些发展中国家，环保意识尚未完全普及，导致消费者对可持续产品的需求相对较低。每个地区在环保观念的形成和推动中都受到独特因素的影响，因此呈现出多样化的消费倾向。

在欧洲地区，环保意识已深入民众生活。许多欧洲国家通过政策推动和教育普及，使得消费者对环保产品的需求不断增长。德国、瑞典等国家的消费者对可持续时尚的认可度较高，他们注重品牌的环保表现，并倾向于选择符合环保生产标准的产品。尤其是在北欧，消费者更愿意为环保品牌支付溢价，认为这种消费行为是践行社会责任的方式。欧洲的消费者关注产品从生产到处理的全生命周期，因而对品牌的环保认证和透明度提出更高要求。

在亚洲地区，环保意识发展较为复杂。日本、韩国等发达经济体的消费者环保意识相对成熟，公众对可持续时尚表现出积极的态度，尤其是年轻一代，他们在消费决策中更加关注环保属性。在日本，传统的节约观念与现代环保理念相结合，使得消费者在选择时尚产品时更关注环保性能；中国消费者的环保意识在近年来显著增强，《中国居民消费趋势报告（2023）》显示有73.8%的消费者会在日常生活中优先选择绿色、环保的时尚产品；而在一些经济发展较快的东南亚国家，由于发展阶段的影响，消费者对环保产品的认知度和接受度相对较低，价格因素在消费决策中仍占据重要地位，环保意识的普及尚需进一步推动。

在美洲地区，北美环保意识的普及程度相对较高，但表现出地域差异。美国和加拿大的消费者对可持续时尚的接受度较高，尤其是在沿海的大城市，消费者更注重品牌的社会责任表现。美国消费者在环保时尚的选择上更注重品牌的透明度和企业的环保承诺，而中部和南部地区的消费者则对环保产品的关注度相对较低，这种差异反映了社会观念和文化多样性的影响。加拿大消费者由于政策推动和自然环境的影响，对可持续消费有着更积极的态度，愿意支持本地品牌的环保实践。

在拉丁美洲地区，环保意识的发展受到了社会经济状况和教育水平的制约。巴西和墨西哥等国家的环保意识虽逐步提升，但经济因素仍是影响消费者决策的重要因素。

许多消费者对可持续时尚的认知较为局限，更关注产品的价格和实用性。虽然一些环保组织和非政府组织在拉丁美洲地区积极推动环保理念的传播，但消费者对可持续时尚的需求尚未形成主流趋势。经济差距和教育资源的分布不均，使得环保观念在不同阶层和地区之间存在显著差异。

在非洲地区，环保意识的发展面临挑战。由于经济发展水平相对较低，许多非洲国家的消费者更关注基本的生活需求，对可持续时尚的认知相对不足。环保观念的推广主要依靠外部组织的推动和政府的政策引导。在一些经济较发达的国家如南非，环保意识的普及程度相对较高，消费者对可持续时尚表现出一定的兴趣。整体而言，非洲的消费者对环保品牌的关注度不高，价格和实用性仍然是他们的主要考量因素。环保理念在非洲的传播仍需要更多的支持和推动。

在中东地区，环保意识的发展受限于资源环境和经济结构。部分消费者对可持续时尚的认知仍处于初步阶段，环保意识的普及受到经济利益和传统文化的制约。由于能源经济处于主导地位，中东地区消费者对环保时尚的需求并不强烈。尽管在一些经济较发达的国家如阿联酋和沙特阿拉伯，政府推动了消费者环保意识的培养，但消费者在日常消费中对可持续产品的重视度仍有提升空间。在这些国家，消费者对品牌的认知多集中于其奢华和高端形象，对可持续发展属性的关注度则相对较弱。

全球范围内，消费者的环保意识还受到年龄和社会阶层的影响。年轻一代往往在环保问题上表现出更高的关注度，他们更倾向于支持可持续品牌，将环保视为自身价值观的体现，而在年龄较大或经济条件相对不稳定的群体中，对环保产品的接受度较低，价格和产品实用性往往在消费决策中占主导地位。不同年龄层和社会背景的消费者在环保意识上的差异，进一步加剧了各地区对可持续时尚需求的多样性。

不同文化背景对消费者环保意识的塑造具有重要作用。在西方文化中，个人责任感和社会道德观念使得消费者更关注品牌的社会责任，而在一些集体主义文化中，消费者的环保意识更多受到社会氛围和公共意识的影响。例如，在亚洲文化中，消费者的环保意识常与家庭和社区利益联系紧密，环保产品的推广需要在家庭和社区层面获得更多支持。这种文化差异使得环保观念的传播路径有所不同，品牌在推广时需结合地区文化的特点加以调整。

教育水平的不同也在全球范围内影响了消费者的环保意识。受教育程度较高的消费者通常对环保议题的了解更深入，他们更能理解环保行为对社会和环境的积极影响。许多发达国家由于教育体系中包含了环保内容，使得消费者从小接受了环保教育，对可持续时尚的认同感较高，而在一些教育资源不足的地区，消费者对环保的认知相对薄弱，更注重实际的生活需求。这种教育差异使得不同地区在环保观念的普及上表现出明显的层次性。

在全球化的影响下，不同地区的环保意识正在相互影响。随着信息的传播，许多地区的消费者通过互联网接触到不同文化背景下的环保观念，逐渐提升了对可持续时尚的接受度。例如，西方国家的环保理念通过社交媒体的传播，逐渐在其他地区获得认同，使得环保时尚的消费趋势开始在全球范围内扩展。这种文化交流的加深，使消费者的环保意识逐渐趋向一致，为可持续时尚的发展创造了有利条件。

二、千禧一代和Z世代的消费行为研究

千禧一代和Z世代在消费行为上展现出鲜明的个性和高度的环保意识，相比于上一代人，他们更加注重品牌的社会责任和环保表现，并倾向于选择符合可持续理念的产品。他们的消费决策不仅基于产品的功能和价格，也更加关注其是否符合个人的价值观。这种消费态度的转变，为可持续时尚品牌的成长提供了市场基础，使得绿色消费理念逐渐融入主流市场。

与传统消费观念不同，千禧一代和Z世代对品牌的信任建立在透明度和真实性之上。绿色消费的趋势推动品牌必须公开其生产过程和供应链的环保表现，以满足消费者对信息透明的需求。这两个世代的消费者更愿意支持那些在生产过程中减少污染和资源浪费的品牌，因为这符合他们对环境责任的期待。企业的环保行为若能以真诚和透明的方式传递出去，将赢得这些消费者的认可。

在消费习惯上，千禧一代和Z世代更倾向于选择本地和小众品牌。与大规模生产的品牌相比，本地品牌往往更加注重资源节约和环保理念，使千禧一代和Z世代在消费过程中能够更好地体现自身的环保观念。小众品牌因其独特的设计和环保理念吸引了这些年轻消费者的关注，品牌通过彰显独特性和环保价值观获得了市场份额。千禧一代和Z世代在选择品牌时，往往会优先考虑这些能够体现其个性和价值观的产品。

与此同时，千禧一代和Z世代对社交媒体和网络平台的依赖，使他们更容易接触到环保信息和绿色消费理念。社交媒体不仅是他们获取时尚资讯的主要来源，也成为他们表达个人环保观念的途径。在社交媒体上，他们关注环保品牌的动态，参与讨论，并分享绿色消费经验，从而在消费决策中形成更强的环保意识。这种信息的传播方式加速了环保理念在年轻人中的普及，使得可持续时尚逐渐成为他们消费选择的主流。

千禧一代和Z世代的消费者在购物时更倾向于支持品牌的环保承诺。品牌若能在

产品包装、材质和供应链管理上表现出可持续性，将更容易获得千禧一代和Z世代的青睐。这些消费者对品牌的期望已经超越了传统的质量和价格因素，环保和社会责任成为他们决定购买的重要依据。品牌若在环保实践上表现出色，将在年轻消费者中建立良好的口碑，进一步推动绿色消费的普及。

千禧一代和Z世代更倾向于参与和支持有社会影响力的消费活动。许多环保品牌通过与非营利组织合作，或在销售中捐出部分收益以支持环境保护项目，吸引了年轻一代的关注。这些消费者认为通过购买具有环保价值的产品，不仅满足了个人需求，也能够为社会和环境贡献一份力量。他们的消费行为与社会责任感紧密结合，推动了环保时尚品牌在市场中的影响力。

在选择产品时，千禧一代和Z世代的消费者更加重视产品的生命周期和可持续性。与快时尚文化相对，千禧一代和Z世代倾向于购买使用寿命长且具有多功能的产品，以减少消费频率和浪费。他们愿意投资在高质量、耐用的产品上，以实现对资源的节约。品牌若能在产品设计中体现出耐用性和环保特性，将更容易赢得这部分消费者的青睐，从而增强品牌的市场竞争力。

对于千禧一代和Z世代而言，购买环保产品不仅是个人选择，更是一种社交符号。年轻消费者通过选择环保品牌表达他们对环境保护的支持，并在社交媒体上展示这一价值观。他们将消费行为视为展示个人信仰和生活方式的途径，环保品牌因此成为他们彰显个性和责任感的媒介。品牌能够借此机会将环保理念融入品牌文化，增强与年轻消费者的情感连接。

千禧一代和Z世代对绿色消费的理解也逐渐深入。他们不仅关注品牌的环保声明，还会对品牌的具体实践进行审视。对于那些仅仅标榜环保而未采取实际措施的品牌，消费者往往持怀疑态度，甚至会拒绝购买。消费者对环保行为的严格要求，促使品牌在实践中更为真实和有效，使得环保时尚不再流于表面，而是实实在在地融入品牌运营之中。

千禧一代和Z世代也推动了环保时尚的个性化和多样化发展。年轻消费者的环保需求不仅体现在产品本身，还延伸到产品的独特性和设计感上。他们希望购买的环保产品既符合个人审美，又能够展现品牌的环保价值。这种个性化需求推动品牌在环保理念下进行设计创新，为市场带来更加丰富的产品选择。环保品牌在设计上若能结合时尚潮流和环保特色，将更具吸引力。

在价格敏感度上，千禧一代和Z世代的消费者表现出一定的弹性。虽然价格仍然是影响消费的因素之一，但千禧一代和Z世代更愿意为环保产品支付较高的溢价，尤其是那些具有实际环保效果的品牌。对于这些消费者而言，价格在一定程度上反映了品牌的环保承诺，他们更愿意花费在能够体现社会价值的产品上。这种对价格的态度为环保品牌的推广提供了空间，也在一定程度上推动了绿色消费的普及。

三、消费者对可持续时尚的心理驱动与态度变化

消费者对可持续时尚的态度和行为受到多种心理驱动因素的影响。随着环保意识的提高，越来越多的消费者在选择时尚产品时，将其对环境的影响作为考虑的重要因素。这种态度变化不仅源于对环境保护的关心，更是消费者对自身价值的体现。他们希望通过购买环保产品，表达自己在环保方面的责任感，这种心理驱动使可持续时尚逐渐被更广泛的群体所接受和认可。

承接对环保的关注，消费者的社会责任感成为其心理驱动的重要一环。许多消费者认为，选择可持续时尚产品不仅是个人喜好的体现，更是一种负责任的消费方式。他们希望自己的消费行为能够在更大范围内带来积极影响，从而体现对社会的承诺。这种心理驱动使得消费者对环保品牌表现出更高的忠诚度，愿意支持那些在环保方面有实际行动的品牌，以此增强自己的社会价值感。

在个人层面方面，身份认同是推动消费者选择可持续时尚的一个关键因素。许多消费者将环保消费视为一种时尚趋势，选择可持续产品成为其展示个性和价值观的方式。尤其是年轻一代，他们在选择时尚品牌时更加注重品牌的环保理念，因为这不仅满足了他们的审美需求，也能展示其在社会议题上的立场。这种心理驱动不仅提升了消费者的环保意识，也促使品牌在营销中更加突出其可持续性的特点。

同时，环保消费带来的心理满足感也是消费者选择可持续时尚的重要动机。许多消费者在购买环保产品时会产生积极的情感体验，认为这种选择能够为环境保护贡献力量。这种心理满足感不仅增强了消费者的环保信念，也使得他们在购买过程中获得了一种成就感。品牌在推广可持续时尚时，若能充分传递环保消费的正面情感体验，将更容易赢得消费者的认可和支持。

在市场推广方面，消费者对可持续时尚的态度变化还受到社交影响的驱动。消费者在社交平台上分享其环保消费体验，往往会对他人产生影响，使得更多人对可持续时尚产生兴趣。这种社交影响不仅推动了环保理念的传播，也强化了消费者的环保意识。许多人在社交圈中通过展示环保产品来传递自己的价值观，从而影响他人，进一步推动可持续时尚的普及。

消费者对可持续时尚的态度变化还受到信息获取渠道的影响。社交媒体、广告宣传等多种信息渠道的普及，使消费者更容易接触到环保信息，逐渐形成对可持续产品的正面印象。这些信息的广泛传播帮助消费者建立了对环保产品的信任感，使他们在消费决策时优先考虑可持续时尚品牌。品牌在推广中通过多渠道的信息传递，能够有效提升消费者对可持续产品的接受度和认可度。

在消费心理方面，情感共鸣也是消费者支持可持续时尚的一个关键因素。许多品牌通过讲述环保故事，引发消费者的情感共鸣，使他们对品牌产生情感依赖。这种情感共鸣促使消费者在购买时优先选择具有环保理念的品牌，从而提升了品牌的市场竞争力。品牌在推广中若能利用情感共鸣的策略，将消费者的情感与环保理念相结合，能够有效推动绿色消费行为的形成。

对环境今后的担忧也是消费者选择可持续时尚的一个重要心理驱动。随着气候变化问题的加剧，越来越多的消费者开始意识到个人消费对环境的影响。许多人认为选择环保产品是为后代创造更好环境的一种方式，这种未来意识使得他们更加关注产品的环保属性。品牌若能在宣传推广中强调环保产品对环境保护的实际贡献，将更容易引起消费者的共鸣，得到他们的支持。

消费者对可持续时尚的接受度还受到认知一致性的影响。许多消费者认为环保消费与其道德观念相符，因此选择可持续产品成为实现自我价值的一种途径。这种认知一致性促使消费者在环保品牌之间产生忠诚度，他们不仅愿意持续购买，还会向周围的人推荐。品牌在推广中若能突出环保消费与消费者自我价值的关联，将更容易赢得他们的长期支持。

购买可持续产品带来的自豪感也是促使消费者选择环保时尚的重要因素。许多消费者在购买环保产品后，会产生一种成就感，认为自己为环境保护作出了积极贡献。这种自豪感不仅使他们对环保品牌更加忠诚，还增加了其在社交场合展示环保产品的动力。品牌在营销中若能强调环保消费的积极影响，将有助于消费者获得更多心理满足，进一步推动可持续时尚的普及。

消费者对品牌的信任直接影响了其对可持续时尚的态度。消费者在选择环保品牌时，更倾向于信任那些在环保方面表现出实际行动的品牌，而非仅仅以环保为宣传口号的品牌。这种信任驱动使得消费者在选择环保产品时，优先考虑品牌的真实性和透明度。品牌若能在营销中体现出对环保的长期承诺，将更容易赢得消费者的信任和支持。

对社会影响的渴望也是消费者支持可持续时尚的心理因素之一。许多消费者希望自己的消费选择能够带来积极的社会变化，通过支持环保品牌来实现这一愿望。这种心理动机使得消费者在选择品牌时更偏向于那些在环保方面有具体表现的企业。品牌在宣传中若能突出其环保实践带来的社会影响，将增强消费者的认同感和购买意愿。

四、消费者对环保时尚品牌忠诚度的影响因素

消费者对环保时尚品牌的忠诚度受到多重因素的影响。随着环保意识的提升，许多消费者开始关注品牌是否具备可持续生产和环境友好的特质。这种需求使品牌不仅要展示产品的质量和设计，还需通过实际行动证明其环保承诺。品牌的环保表现成为影响消费者忠诚度的关键因素，若品牌能够在环保方面树立良好的形象，将在市场中更具吸引力。

在消费者对品牌忠诚度的影响因素中，透明度尤为重要。许多消费者希望了解品牌在生产和运营过程中的具体环保措施，以确保其购买行为符合环保理念。品牌若能公开供应链管理、生产流程及材料来源等信息，将更容易赢得消费者的信任。这种透明度使得消费者在选择品牌时，能够感受到品牌的真诚与可信度，从而增加对品牌的忠诚度。

承接这一观点，品牌的社会责任感也是影响消费者忠诚度的重要因素。消费者普遍期待品牌在生产中减少资源浪费和环境污染，并愿意支持那些在环保方面积极投入的品牌。品牌若能通过绿色生产和社会公益项目展现其社会责任，将在消费者心中树立良好的道德形象。许多消费者认为品牌的社会责任行为能够与自身的价值观相契合，因此更愿意长期支持这些品牌，形成较高的忠诚度。

品牌的创新能力也对消费者忠诚度有显著影响。环保时尚品牌通过引入新技术和新材料，能够满足消费者对环保和时尚的双重需求。这种创新使品牌在市场中保持竞争力，消费者对品牌的忠诚度也因此提升。品牌的环保创新不仅为消费者提供了高质量的产品，也使消费者在选择时能感受到品牌的独特性和环保承诺，从而增加对品牌的支持。

在品牌形象的塑造方面，环保价值观的传达尤为重要。品牌在宣传中若能有效传递其环保理念，将更容易引起消费者的共鸣。许多消费者在选择环保时尚品牌时，关注的不仅是产品本身，更在于品牌是否能够通过文化和理念体现出社会责任。品牌通过价值观的传达，使消费者在选择产品时能够实现自我认同和道德满足，从而增强对品牌的忠诚度。

对于许多消费者而言，品牌的承诺与行动的一致性也是影响忠诚度的关键。消费者期望品牌在实际行动中实现其环保承诺，而非仅停留在口号上。品牌的环保行为若能够体现在生产和销售的每个环节，消费者将对品牌建立更高的信任感。这种一致性

为品牌带来了长期的忠实客户，消费者因信任而选择继续购买该品牌的产品，形成了稳定的忠诚度。

品牌的客户体验在影响消费者忠诚度中同样具有重要地位。消费者在购买环保时尚品牌时，希望能够获得积极的购物体验，这不仅包括产品的质量和设计，还包括品牌对客户的关怀和服务质量。品牌若能提供高质量的客户体验，将使消费者对品牌产生情感依赖。许多消费者因愉快的购物体验而对品牌产生依赖，从而形成较高的忠诚度，品牌也因此在市场中获得了更稳定的支持。

在价格方面，消费者对环保品牌的忠诚度也受到了溢价接受度的影响。环保品牌通常因材料和生产工艺的特殊性导致成本较高，消费者是否愿意支付溢价直接影响其忠诚度的高低。许多消费者认为，价格能够反映品牌的环保承诺，因此愿意为环保品牌的高品质和可持续性支付额外费用。品牌若能在定价上保持合理，且将价格与环保理念相结合，将更容易赢得消费者的长期支持和忠诚。

消费者对品牌忠诚度的形成还受到品牌社区感的影响。许多环保品牌通过建立品牌社群，使消费者能够在其中找到共同的价值观和归属感。品牌社群不仅是消费者交流的平台，也成为品牌传递环保理念的重要途径。消费者在品牌社群中获得了情感支持和环保信念的强化，从而增强了对品牌的忠诚度。品牌若能利用社群的力量，将其环保理念深入人心，将对消费者忠诚度的形成产生积极作用。

品牌的口碑传播也在很大程度上影响了消费者的忠诚度。许多消费者在选择环保品牌时会参考他人的评价，品牌的环保表现若能获得广泛认可，将更容易吸引忠实的客户。品牌口碑不仅影响消费者的首次购买，也对其以后的消费决策产生深远影响。品牌若能在环保方面树立良好的口碑，将对消费者忠诚度的形成产生积极的推动作用。

环保品牌的市场营销策略

环保品牌的成功离不开有效的市场营销策略。面对日益多样化的消费需求，品牌不仅要展示其产品的环保特性，还需通过创新的宣传手段传递可持续发展的理念。将环保理念融入品牌形象，使消费者在选择时产生情感共鸣，是赢得市场认可的关键。绿色营销策略、社交媒体推广、品牌故事讲述等手段成为推动环保品牌的重要途径。本节将聚焦于环保品牌的主要市场营销策略，分析其在激烈市场竞争中的优势，探讨如何通过宣传方式创新强化消费者对品牌的环保认同。

一、绿色营销策略：从产品到品牌故事

绿色营销策略在环保品牌的推广中扮演着关键角色，从产品设计到品牌故事的构建，都传达出品牌对环境保护的承诺。环保品牌的绿色营销策略并不局限于产品的环保属性，而是通过构建一个符合可持续发展理念的品牌形象，引起消费者的共鸣。品牌在设计产品时，将环保理念融入材料、工艺及包装等各个环节，使得产品本身成为品牌环保承诺的直接体现。这种从产品到品牌故事的绿色营销方式，让消费者在购买时更能感受到品牌的价值观，从而提升其对品牌的认可度。

在产品设计方面，环保品牌通过选择可持续材料来践行绿色承诺。许多品牌在材料选择上倾向于使用可降解、可再生或可循环利用的原材料，以减少资源浪费和环境污染。产品的环保属性不仅表现在材料上，生产工艺也逐步采用节能、低污染的技术，以确保生产过程对环境的影响最小化。这种在生产全过程体现的环保理念，使产品本身成为一种绿色消费的象征，为品牌建立了独特的市场定位。

接续产品设计，包装的环保性也是绿色营销策略的重要部分。许多品牌在包装设计上避免使用不可降解的材料，转而采用可回收或可降解的包装材料。这不仅符合品牌的环保形象，也使消费者在使用产品时获得一种环保体验。品牌在包装上的绿色承诺成为消费者对其信任的重要来源，使产品不仅仅是物品，更成为一种传递环保理念的载体。这种从外观到内涵的绿色设计，使品牌在市场中有了更高的辨识度。

为了更好地传达绿色价值观，品牌故事的构建成为绿色营销策略中不可或缺的环节。许多环保品牌通过讲述其创立理念、产品研发过程以及对环境保护的坚持，吸引了关注环保的消费者。品牌故事不仅是一种宣传手段，更是连接消费者情感的桥梁。通过真实、生动的故事，品牌向消费者传递其在环保方面的投入，使消费者在选择品牌时产生情感共鸣，从而增强品牌的吸引力。

在品牌故事的塑造中，创始人及团队的环保信念也是重要的传播内容。许多品牌通过讲述创始人如何在环保之路上不断努力的故事，得到消费者对品牌的认可。例如，创始人对环境问题的关心和对可持续时尚的追求，成为品牌故事的核心内容，使得消

费者在了解品牌时能够感受到品牌的真实性和环保初心。将品牌创始人信念融入品牌故事的方式，增强了品牌在市场中的感染力。

绿色营销策略还重视品牌与消费者的互动，通过传递绿色生活方式来深化消费者对品牌的理解。许多环保品牌通过举办环保活动、分享绿色生活小贴士等方式，让消费者在日常生活中感受到环保的可行性。品牌通过这种方式，不仅推广了自身的环保理念，也使得消费者在参与品牌活动时对品牌产生了更高的认同感。品牌与消费者的互动不仅增加了品牌的影响力，也增强了消费者对品牌的忠诚度。

在宣传渠道方面，环保品牌更倾向于选择能够广泛传播绿色理念的平台。品牌通常选择社交媒体、环保论坛等具有影响力的渠道，将品牌的绿色价值观传递给更多人。社交媒体上丰富的内容形式，使品牌能够通过视频、图片和文章等多种方式展示其环保承诺。这样的传播策略使得品牌故事和绿色理念更易于被消费者接纳，从而在短时间内吸引大量关注，为品牌的市场推广奠定基础。

品牌在绿色营销中还通过建立品牌文化来强化其环保形象。许多环保品牌通过倡导可持续生活方式，使品牌文化与环保理念紧密相连。品牌文化不仅为品牌增添了个性，也使得消费者在选择产品时能够感受到品牌的价值导向。品牌文化的建立有助于品牌在消费者心中形成独特的环保形象，吸引那些对环保有高度认同的消费者，从而为品牌的长期发展提供支持。

绿色营销策略中的品牌合作也具有重要作用。环保品牌通过与其他绿色品牌、环保组织的合作，扩大了品牌的影响力。品牌合作不仅丰富了品牌故事，也增强了品牌在环保领域的公信力。通过合作，品牌能够将绿色价值观传递给更多消费者，使环保理念深入人心，进一步提升品牌在市场中的竞争力。这种合作模式为品牌带来了更广阔的市场前景，也增加了品牌的可信度。

环保品牌在绿色营销中还强调消费者的参与感，让消费者成为品牌故事的一部分。品牌通过让消费者参与环保活动、体验绿色产品制作等方式，使其在实际体验中加深对品牌的认同感。消费者在参与过程中，不仅加深了对品牌环保理念的理解，也增强了对品牌的忠诚度。消费者的参与感在品牌传播中起到了积极作用，使品牌的环保形象更具吸引力。

二、社交媒体与可持续时尚的传播方式

社交媒体已成为环保品牌推广可持续时尚的重要平台。通过丰富的内容形式和互

动模式，社交媒体能够迅速将品牌的环保理念传播给广大消费者。环保品牌利用社交媒体，不仅可以展示产品的环保特性，还能通过传播环保知识和理念，增强消费者对可持续时尚的理解。不同于传统媒体的单向传播，社交媒体的互动性使品牌能够更直接地与消费者交流，从而强化品牌与消费者之间的情感连接。

在社交媒体平台上，视频成为环保品牌传递环保理念的重要方式之一。许多品牌通过短视频向消费者展示产品的生产过程和环保材料的选择，让消费者直观地了解品牌的绿色生产理念。视频内容的视觉冲击力使得消费者能够更好地理解品牌的环保承诺，尤其是那些涉及材料和工艺展示的视频，更能增强消费者对品牌的信任感。通过视频的动态呈现，环保品牌将复杂的可持续时尚概念转化为直观的信息，极大地提升了品牌传播的效果。

图文内容在环保品牌的社交媒体传播中发挥了重要作用。品牌通过图片展示产品的环保属性，或通过文字讲述品牌故事，使得消费者在视觉和情感上对品牌产生兴趣。图文的组合能够更全面地传达品牌的环保理念，使消费者在阅读过程中逐步理解品牌的可持续发展价值观。环保品牌通过富有创意的图文内容，增强了品牌的视觉吸引力，使消费者对品牌产生深刻印象。

互动问答也是社交媒体平台上环保品牌常用的传播手段之一。品牌通过设置环保知识问答，不仅可以吸引消费者参与，还能够加深他们对环保理念的理解。许多消费者在参与互动问答时，不仅加深了对品牌的印象，也通过这种互动方式提升了自身的环保知识。品牌的这种互动传播方式，不仅活跃了社交媒体平台，还增强了消费者的参与感，进而增加了对品牌的好感度。

环保品牌利用社交媒体的直播功能，与消费者进行实时互动。在直播中，品牌可以邀请创始人、设计师等专业人士向观众讲解产品的环保特色，展示其生产过程，解答观众的问题。通过这种面对面的交流，品牌能够直接回答消费者的疑问，使消费者更深入地理解品牌的环保理念。直播的即时互动使品牌与消费者之间的距离缩短，消费者在观看直播的过程中对品牌产生更强的信任感。

环保品牌在社交媒体上还通过发布环保小贴士来推广绿色生活理念。许多品牌在社交媒体上分享节约资源、减少污染的生活小技巧，使消费者在日常生活中能够感受到环保的可行性。这种实用性强的内容不仅使消费者对品牌产生好感，也提升了品牌在日常生活中的影响力。品牌的环保小贴士不仅推广了可持续时尚的理念，也让消费者在实际生活中体验到环保的便利。

在社交媒体上发起挑战活动是环保品牌推广的重要手段之一。品牌通过发起"减少塑料使用""旧衣回收再利用"等主题的挑战，吸引消费者参与到环保行动中。这种挑战活动的形式新颖，能够激发消费者的兴趣和参与热情，使环保理念更加深入人心。品牌的这种推广方式，使消费者在参与活动的过程中对品牌的环保承诺产生认同感，增强了品牌的社会影响力。

社交媒体平台上的社群功能为环保品牌创造了与消费者深入沟通的空间。许多品牌通过建立环保社群，邀请消费者分享绿色生活经验、交流环保知识。在社群中，品牌不仅是信息的传递者，也成了与消费者共同探讨环保的伙伴。社群的互动性和情感连接，使消费者在品牌社区中找到了归属感，品牌的环保理念也因此在社群内得到了广泛传播。

品牌通过合作推广的方式，利用社交媒体扩大了环保理念的传播范围。许多环保品牌选择与社交媒体上的环保达人合作，通过他们的影响力将品牌的环保理念传播给更广泛的受众。合作推广不仅使品牌获得了更多的曝光机会，也增强了品牌的可信度。社交媒体达人的推荐，使消费者对品牌产生了更多的信任，从而提升了品牌在市场中的竞争力。

环保品牌还通过社交媒体平台开展用户生成内容的活动，激励消费者分享使用品牌产品的体验。品牌通过这种方式收集了大量真实的用户反馈，使品牌形象更加真实和贴近消费者。用户生成内容不仅丰富了品牌的社交媒体内容，也为其他消费者提供了参考，增强了品牌的口碑。品牌在社交媒体上发布消费者的真实体验，使其环保理念更具说服力。

品牌在社交媒体上的广告投放也是传播可持续时尚的重要方式。环保品牌通过精准的广告投放，能够将环保理念传递给特定的消费群体。社交媒体的广告系统能够根据用户的兴趣和浏览习惯进行定向推送，使品牌的环保信息更有效地到达目标消费者。广告投放的精准性，使品牌能够在有限的预算下获得最大的传播效果。

三、名人效应与环保品牌的全球影响力

名人效应在环保品牌的全球推广中具有极为重要的作用。由于名人自带的巨大影响力和广泛的受众基础，他们在推广环保品牌时能够迅速引起大众的关注，增强品牌的吸引力。许多环保品牌选择与公众认可的名人合作，通过他们的形象和影响力传递品牌的可持续发展理念。名人参与环保品牌的推广，能够激发消费者对绿色消费的兴趣，提升品牌的全球影响力，使品牌在市场中迅速获得知名度。

承接这一趋势，名人的环保形象成为影响消费者购买决策的关键因素。许多消费者因为喜爱某位名人而对其代言的环保品牌产生兴趣，名人所展现的环保行为成为他们的参考标准。环保品牌通过借助名人的环保形象，在消费者中建立了更加值得信赖的品牌形象。消费者在选择品牌时不仅基于产品质量，也会参考代言人的环保形象，从而提升了品牌在市场中的地位。

与此同时，名人的环保态度也对消费者产生了深刻影响。许多环保品牌选择那些具备环保意识的名人代言，使得品牌形象更加符合可持续发展的价值观。名人通过自身的言行传递环保理念，能够促使其粉丝关注环保时尚，并选择具有环保属性的品牌。品牌通过名人的环保态度，不仅赢得了消费者的关注，也在市场中获得了更加积极的品牌形象，使得消费者在选择时能够感受到品牌的社会责任感。

环保品牌通过与名人合作，在全球范围内吸引了不同文化背景的消费者。名人拥有跨文化的影响力，使得品牌能够突破地域限制，将环保理念传递到全球各地。品牌与具备国际影响力的名人合作，使其环保理念更容易被全球消费者接受。跨文化的名人效应不仅增加了品牌的国际知名度，也增强了品牌的全球影响力，使环保理念在不同地区的消费者中获得认同。

在品牌故事的构建中，名人的参与增加了品牌的吸引力。许多环保品牌通过讲述名人参与产品研发、设计等过程的故事，让消费者感受到品牌的真实与诚意。名人参与品牌故事的传播，使环保品牌不仅是产品，更是社会责任的象征。消费者在了解品牌故事时，因为名人的参与而对品牌产生情感连接，这种情感连接有助于提高品牌在消费者心中的地位。

名人参与公益活动也对环保品牌的推广产生了积极影响。许多名人通过参与环保活动、倡导绿色生活，向公众展示了其对环境保护的关注。品牌与名人合作举办环保公益活动，使得品牌的环保形象更加鲜明。消费者在关注活动的同时，对品牌的社会责任形象产生了认同，使品牌在市场中获得了更高的美誉度。环保公益活动的传播使得消费者对品牌产生了更多的信任。

品牌通过名人效应还能够影响消费者的消费观念。名人的选择和使用行为会在一定程度上引导消费者的消费观念，许多人因为名人的影响而改变了对环保品牌的看法。品牌与名人合作，使消费者更容易理解并接受环保理念。消费者在追随名人时逐渐将环保品牌视为时尚的象征，从而改变了传统的消费观念，增加了对环保品牌的支持。

在社交媒体方面，名人的宣传效应进一步扩大了环保品牌的影响力。名人通过个人账号分享其对环保品牌的支持，能够迅速吸引大量粉丝关注。社交媒体的广泛传播性使环保品牌能够在短时间内获得大范围的曝光。名人在社交媒体上的宣传，不仅增加了品牌的知名度，也增强了品牌在年轻消费群体中的吸引力，使环保理念更深入人心。

此外，名人的公开支持也使环保品牌的市场定位更加清晰。许多品牌通过名人效应，向消费者展示其环保特质和独特的市场定位。名人代言使得品牌形象更加鲜明，消费者在选择品牌时能够迅速识别其环保定位。品牌的这种清晰定位有助于消费者对品牌的认知，使品牌在市场中获得更多的关注和支持。

在推广可持续发展理念方面，名人效应起到了不可替代的作用。环保品牌通过与具备环保理念的名人合作，使得可持续发展理念更加具体和可感知。名人通过日常的行为和公开发言，将环保理念传递给粉丝和消费者，促使他们关注并支持环保品牌。品牌借助名人的影响力，将可持续发展理念植入消费者的日常生活，使其逐渐接受并认同这种环保的消费方式。

四、通过品牌合作与共创提高消费者认知度

品牌合作与共创策略在提升环保品牌的消费者认知度方面具有极为显著的效果。环保品牌通过与不同领域的品牌或组织合作，能够扩大品牌的接触面，让其环保理念渗透到更多的消费场景中。品牌合作不仅提升了品牌的市场影响力，同时也为消费者提供了更为丰富的产品选择，使他们在日常生活中更频繁地接触到环保品牌。通过联合推广、资源整合和多样化的合作模式，品牌合作有效提高了环保品牌的认知度，使其在市场中获得广泛关注，助推了可持续消费的传播。

在跨界合作方面，环保品牌通过与生活方式类品牌的共创，成功融入消费者的日常生活。许多环保品牌选择与家居、食品、个人护理等领域的品牌展开合作，将环保理念延伸至更广泛的生活品类。这种跨界合作不仅让品牌获得了更多的曝光，也使消费者在衣食住行的各个方面都能感受到环保生活方式的便捷性与必要性。同时，环保品牌与家居、食品等领域的品牌合作，不仅丰富了产品种类，也让消费者更直观地意识到环保行为可以体现在生活的每一个细节之中，潜移默化地提升了品牌认知度。

环保品牌与非营利组织的合作进一步提升了品牌在环保领域的公信力。非营利组织在环境保护方面拥有较高的专业性，与环保品牌的价值观高度契合，能够为品牌提供更为权威的环保支持。品牌通过与非营利组织共同开展环保项目、生态保护行动等活动，让消费者对品牌的环保承诺有了更直观的认识。例如，一些品牌通过与国际环保组织合作开展森林保护项目，使消费者在购买产品时知道其部分支出将用于保护生

态资源。这种合作不仅提高了品牌的认知度，也增强了消费者对品牌的信任，使品牌的形象更加真实可信。

环保品牌还通过与时尚品牌的合作，共同推广可持续时尚的理念。许多时尚品牌在环保方面的实践相对较少，而环保品牌的加入为其注入了新的绿色元素。品牌通过共创限量系列、联合设计等方式，将可持续时尚的概念以独特的形式展示给消费者。通过这种方式，环保品牌不仅吸引了对时尚感兴趣的消费者，还使更多人对可持续时尚产生了好奇与兴趣，从而提升了环保品牌的市场认知度。同时，时尚品牌的广泛受众群体也让环保品牌获得了更多的曝光机会，进一步推动了环保时尚在市场中的发展。

在科技领域的合作方面，环保品牌通过与技术公司的合作，不断增强产品的环保特性。例如，一些环保品牌与科技公司合作开发新型环保材料或智能化环保设备，使其产品在性能和环保属性方面得以提升。这种合作不仅为品牌提供了技术支持，也让消费者对品牌的环保创新有了更深的理解。科技公司的加入使得环保品牌更具创新性，使消费者在选择品牌时对其产品的环保性充满信任。这种合作模式帮助品牌树立了前瞻性的环保形象，为其在市场中赢得了更高的认可。

在环保活动的推广中，品牌还通过与媒体的合作进一步扩大宣传范围。媒体能够将品牌的环保理念传播给更广泛的受众，使其获得更多的社会关注。品牌通过与媒体合作发布环保专题报道、制作纪录片、策划公益节目等形式，使得消费者可以更加深入地了解品牌的环保承诺和理念。例如，一些品牌通过与电视台合作拍摄环保纪录片，不仅展示了自身的环保实践，也呼吁了更多人关注生态保护。这种媒体合作为品牌提供了更大的传播平台，使品牌的认知度大幅提升。

品牌合作在市场营销中还运用了体验式活动的模式，提升了消费者对品牌的认知度。环保品牌通过与体验式活动平台的合作，让消费者能够亲身参与环保体验活动中。在这些活动中，消费者不仅可以了解到环保品牌的理念，还能够深刻理解环保产品的特性。通过这种体验式的互动，消费者对环保品牌的认知不再停留在表面，而是通过实际的参与和体验深化了对品牌的了解。这种直接的互动模式使品牌更容易被消费者接受，从而提高了品牌的市场影响力。

在文化艺术方面，环保品牌与艺术家的合作为产品增添了更多的艺术价值和吸引力。例如，一些品牌邀请艺术家设计环保系列产品，使消费者在感受艺术的同时了解到环保理念。艺术家的独特设计赋予了环保产品更多的情感和审美价值，使得品牌在市场中更具竞争力。消费者在使用这些产品时，不仅满足了自身对时尚和美的追求，也对品牌的环保理念有了更深刻的理解。品牌通过艺术共创，不仅提升了自身形象，也吸引了更多关注环保和艺术的消费者，扩大了其市场认知度。

环保品牌还通过与旅游业的合作，推广可持续旅游的理念。许多环保品牌与生态旅游公司合作，将环保产品和理念融入旅游项目中，使游客在体验自然之美的同时感受到环保品牌的存在。例如，一些品牌在生态度假村提供环保日用品和服饰，让游客在旅行中直接体验到环保产品的便利。这种旅游合作模式不仅扩大了环保品牌的应用场景，也让消费者对品牌的环保形象有了更深刻的印象，品牌的环保价值在不同的消费场景中得到了更全面的展现。

在零售方面，环保品牌通过与线上平台的合作提升了品牌的曝光率。许多线上购物平台开设了环保产品专区，使消费者在浏览时能够更加便捷地找到环保品牌。品牌通过与线上平台的合作，打破了地域限制，使其产品可以更加广泛地触及消费者，扩大了品牌的市场份额。线上平台的推荐和宣传也让消费者在浏览商品时更加关注环保品牌，从而增强了环保品牌的市场认知度。

此外，环保品牌还通过与教育机构的合作，促进了环保理念的普及。许多品牌与学校或大学合作，开展环保知识讲座、环保实践活动等，使学生在学习中了解到品牌的环保理念。这种合作方式不仅提升了环保品牌的影响力，还使环保理念深入年轻一代的生活中。品牌通过与教育机构合作，不仅获得了更多的关注，也在以后的市场中赢得了潜在的支持者，为环保品牌的长期发展提供了重要的助力。

环保品牌在合作共创中积极利用消费者的参与感，增强了品牌的市场认知度。品牌通过开展用户生成内容活动，鼓励消费者分享使用环保产品的体验。这种方式使品牌获得了大量真实的用户反馈，使品牌形象更加真实贴近消费者。用户生成内容不仅丰富了品牌的社交媒体内容，也为其他消费者提供了实际的使用参考。

第三节

环保服装市场的机遇与挑战

在全球环保意识提升的背景下，环保服装市场迎来了巨大的发展机遇。然而，市场的快速增长也伴随严峻的挑战。环保服装不仅需要满足消费者对时尚和品质的需求，还需应对原材料成本高、生产技术复杂等问题。与此同时，快速时尚的影响和价格敏感度也为环保品牌的发展带来了压力。如何在满足消费者需求的同时保持品牌的可持续性，是环保服装市场亟待解决的问题。本节将探讨环保服装市场的主要机遇与挑战，为品牌在竞争激烈的市场中提供有价值的参考。

一、全球环保时尚品牌的市场份额分析

全球环保时尚品牌的市场份额在近年来持续扩大，展示了可持续消费理念在各地的深刻影响。随着环保意识在全球范围内的普及，环保时尚品牌逐步从小众市场迈向主流，得到更多消费者的认可和支持。许多消费者已将环保因素纳入其消费决策中，这一趋势成为推动环保时尚品牌市场份额增加的重要因素。全球市场对环保时尚的接受度不断提升，尤其是在欧洲和北美市场，环保品牌的影响力持续攀升，市场份额逐步扩大，这不仅反映了消费者对环保产品的青睐，也反映出环保品牌通过创新和质量赢得了消费者的信任。

在欧洲地区，环保时尚品牌的发展尤为突出。欧洲消费者对环境保护的重视程度较高，对环保时尚产品的接受度也处于全球前列。特别是在北欧地区，环保观念早已深入人心，许多消费者积极践行可持续生活方式，因此环保品牌在这一地区拥有广泛的市场空间。德国、瑞典、丹麦等国家的消费者普遍认可品牌的环保承诺，愿意为符合环保标准的品牌支付溢价。这种消费观念的普及，使得环保品牌在欧洲市场的份额逐年提升。同时，欧洲各国对环保标准的严格要求也促使品牌不断提高自身的环保性能和透明度，迎合了消费者对可持续产品的期望。

在北美地区，环保时尚品牌同样展现出强劲的市场扩展能力。美国和加拿大的消费者对品牌的环保表现有着高标准的期望，特别是一些大型城市中的年轻消费者，更倾向于选择环保时尚产品。环保品牌通过展示自身在材料选择、生产工艺等方面的环保实践，赢得了北美消费者的认可。尤其是一些大型零售商和电商品牌在推广环保产品方面不遗余力，为环保品牌在北美的市场份额提升提供了助力。美国的环保品牌还通过社交媒体等渠道加强消费者教育，使得环保消费逐渐成为一种流行趋势。消费者愿意为环保产品支付溢价，认为这不仅是对产品质量的肯定，也是对个人环保责任的履行，从而推动了环保品牌在北美市场份额的增长。

在亚太地区，环保品牌的市场份额近年来增长迅速。日本、韩国等国家的消费者对环保有着深厚的理解和认知，尤其是在年轻消费者中，环保品牌受到了高度关注。

日本消费者对品牌的环保特性表现出较高的忠诚度，许多品牌通过推广环保材料和节能工艺成功地扩大了市场份额。在韩国，年轻一代在选择品牌时将环保作为重要考量标准，这种消费观念的转变推动了环保品牌在韩国市场的快速发展。亚太市场中的新兴经济体，如中国和印度，虽然环保意识的普及度有所差异，但环保时尚品牌的市场份额呈现出稳定上升的态势，特别是中国的环保时尚品牌在大城市中获得了越来越多的市场认可。

在中东地区，环保品牌市场份额扩展则面临一定的挑战。中东地区的消费者对时尚和奢侈品需求旺盛，但因气候、经济结构等因素，环保意识的普及度较低。尽管在阿联酋、沙特阿拉伯等较为富裕的国家，环保时尚品牌的高端产品在市场中也占据了一定份额，但从整体来看，环保品牌在中东的认知度和市场占有率仍相对有限。中东市场的消费者更注重品牌的奢华性和知名度，对产品的环保属性关注度不高，环保品牌在这一地区的推广仍需时间来逐步培育市场。

在拉丁美洲地区，环保品牌市场份额则受到多种社会经济因素的影响。拉丁美洲市场中，巴西、墨西哥等国家的经济水平相对较高，环保品牌在这些市场的份额呈现上升趋势。巴西消费者对环保产品表现出较高的兴趣，尤其是在有经济条件支持的消费者群体中，环保品牌逐渐受到青睐。然而，由于拉丁美洲地区的消费者在收入水平和消费观念上的差异，许多环保品牌难以在整体市场中获得显著份额。拉丁美洲市场的环保意识存在区域性差异，环保品牌的推广和接受度在不同市场中呈现出不均衡的特点。

在全球市场份额的构成中，环保品牌的溢价能力对其市场份额扩展起到了重要作用。许多消费者认为环保品牌代表了高质量和社会责任，因此愿意为这类产品支付较高的价格。环保品牌通过创新材料、节能工艺和独特的设计，不断提升产品的附加值，满足了消费者对高品质环保产品的需求。环保品牌的溢价策略不仅提升了品牌的市场竞争力，也增加了品牌的利润空间，使得品牌在市场中具备较强的生命力。这种溢价策略的成功也体现了消费者对环保产品的高度认可，为环保品牌的持续发展提供了动力。

全球各地市场的消费者因文化背景和社会观念的不同，对环保品牌的接受度也存在差异。欧洲的消费者普遍重视品牌的环保承诺和透明度，倾向于选择符合严格环保标准的品牌。在北美，消费者更关注品牌的社会责任，愿意支持那些在环保方面具有积极表现的品牌。亚太地区的消费者则更强调产品的环保性能和使用体验，特别是在年轻消费者中，环保品牌的创新和可持续特性得到了高度评价。不同地区的消费者的关注重点不尽相同，使得环保品牌在全球市场的推广需因地制宜，以满足各地消费者的需求。

环保品牌在市场中还面临一些挑战，例如，在部分发展中国家市场中，价格敏感度较高的消费者往往难以接受高溢价的环保产品。虽然环保意识在全球范围内有所提升，但在一些经济条件较为薄弱的市场，环保品牌的市场份额仍然有限。消费能力和观念的限制使得这些市场的环保品牌的推广步伐相对缓慢。

二、快速时尚品牌与环保品牌的竞争与合作

快速时尚品牌与环保品牌在当前市场中形成了既竞争又合作的复杂关系。快速时尚品牌凭借更新迅速、价格低廉和迎合潮流的特点，吸引了大量消费者，尤其在年轻群体中广泛流行。然而，高频次生产带来的资源消耗和环境污染问题日益突出，促使部分消费者逐渐质疑快时尚的可持续性。与之形成对比的是，环保品牌专注于减少环境影响，采用可持续材料、节能生产和循环利用等方式，为消费者提供更具责任感的时尚选择。两者在市场中的定位、生产模式和目标消费群体方面存在较大差异，因而在竞争中展现出鲜明的特性。

快时尚品牌的独特优势在于其市场敏感性和反应速度。得益于完善的供应链和生产体系，快速时尚品牌可以在短时间内推出紧跟潮流的新品，以吸引消费者的注意。更新迅速的特点，使品牌能够迅速捕捉和响应市场需求，满足消费者对时尚变化的需求。相较之下，环保品牌因其专注于环保生产和资源优化，产品更新速度相对缓慢，不易在潮流变化频繁的市场中与快速时尚品牌直接竞争。因此，环保品牌在设计和创新上需要不断提升，以在保持环保性与满足消费者时尚需求之间找到平衡。

在价格竞争方面，快速时尚品牌通过低价策略牢牢吸引着对价格敏感的消费群体。快速时尚品牌凭借大规模生产和低成本材料，使产品价格相对较低，抢占了大量市场份额，而环保品牌由于采用环保材料、实施可持续生产等，产品成本更高，难以在价格上与快速时尚品牌抗衡。许多环保品牌的消费者更关注产品的环保性能、设计和品质，对价格敏感度相对较低。因此，环保品牌在市场推广中往往依靠产品的高质量和独特性吸引特定消费群体，而非仅仅依赖价格竞争。

近年来，随着环保意识的增强，快时尚品牌开始关注可持续性，以改善其形象。许多快时尚品牌在产品宣传中引入环保理念，例如，宣称采用可再生材料、优化生产工艺，试图在市场中塑造更为正面的环保形象。这些品牌逐渐通过环保标签吸引对可

持续发展有兴趣的消费者。环保品牌在这种竞争背景下，面临着快时尚"绿色化"带来的市场压力，需要进一步强化其环保承诺，以保持其在市场中的独特价值和可信度。环保品牌通过真实的环保行动和透明的生产过程，巩固其在消费者心目中的差异化定位。

在竞争关系之外，快时尚品牌与环保品牌之间也逐渐出现合作趋势。许多快时尚品牌选择与环保品牌合作，推出限量系列，以环保为主题吸引消费者。这种合作不仅帮助快时尚品牌树立更为积极的环保形象，也使得环保品牌触及更广泛的消费群体。例如，联合推出的系列产品往往通过强调环保材料、可持续设计和绿色工艺等特色，打动那些对时尚与环保兼顾的消费者。通过合作推广环保理念，快时尚品牌与环保品牌实现了双赢，环保品牌提升了市场影响力，快时尚品牌则改善了品牌形象。

在市场推广方面，快时尚品牌的覆盖范围使环保理念得以更快地传播。快时尚品牌通过其广泛的渠道，将环保时尚概念传递给更大规模的消费群体。环保品牌借助快时尚品牌的平台，不仅增加了市场曝光度，也推动了消费者环保意识的提升。这种共享市场资源的方式，使得环保品牌更易于进入主流消费市场，使更多消费者能够接触和了解环保理念。这种推广方式使得环保时尚的概念在消费者中更具亲和力，加快了环保品牌的市场认知。

在资源选择方面，快时尚品牌和环保品牌的合作也表现出一定的融合趋势。快时尚品牌为了满足市场对绿色产品的需求，开始逐步使用部分环保材料。环保品牌在环保材料方面的丰富经验为这种合作提供了便利。通过合作，双方共同选择可降解、可回收的环保材料，不仅推动了环保材料的普及，也提升了消费者对环保品牌的认同。材料选择的合作使得消费者在购买产品时，能够更加清楚地感受到品牌对可持续性的投入与承诺。

环保品牌在合作中也能从快速时尚品牌的市场运作方式中汲取经验。快速时尚品牌在生产和分销方面具有极高的效率，环保品牌通过观察和借鉴快速时尚品牌的策略，可以提升自身的供应链管理水平。例如，环保品牌可以学习快速时尚品牌的市场分析和供应链响应模式，在确保环保生产的前提下优化自身的运作效率。这种借鉴帮助环保品牌在满足消费者需求的同时提高了市场竞争力，使其在市场中获得更强的适应性和增长潜力。

环保品牌在与快速时尚品牌的竞争中逐步强化其品牌定位。面对快速时尚品牌的价格优势和更新速度，环保品牌更加重视自身在环保性和社会责任方面的核心价值。通过展示品牌的环保生产流程和可持续发展的实际成果，环保品牌逐渐增强了在消费者中的信任度。消费者对环保品牌的信任，源于其真实、透明的环保承诺，这种信任使得环保品牌在特定的消费群体中获得较高的忠诚度。环保品牌通过强化其环保价值，成功地将消费者的环保需求转化为品牌的竞争优势。

在品牌传播中，快时尚品牌通过与环保品牌的合作逐步塑造出积极的环保形象。随着合作的深入，快时尚品牌逐渐意识到环保的市场价值，不再仅仅将环保视为市场趋势，而是将其作为未来的品牌发展方向。许多快时尚品牌通过与环保品牌联合行动，吸收可持续生产的经验，并在设计和生产流程中融入更多的环保元素。消费者在快速时尚品牌的宣传中逐渐认识到环保理念的重要性，这种合作不仅推动了环保消费，也使快速时尚品牌在市场中更具竞争力。

在环保时尚的推广过程中，快时尚品牌和环保品牌的合作扩展了环保产品的市场覆盖面。快时尚品牌利用自身的市场渠道，使环保品牌的产品能够覆盖更多的潜在消费者。这种资源整合不仅让环保品牌获得了更大的市场接触面，也使快时尚品牌在其产品线中融入更多的环保元素。消费者在快时尚品牌的推广中，更容易接触到环保产品和理念，从而增加了对环保时尚的认可。

三、消费者价格敏感度与环保产品定价策略

在环保服装市场中，价格因素对消费者的购买决策起着至关重要的作用。随着环境保护意识的提升，越来越多的消费者开始关注环保产品，但他们在实际购买时，价格仍然是重要的考量。价格敏感度的差异，使得环保服装品牌在定价时面临挑战。消费者是否愿意为环保产品支付溢价，往往取决于他们对产品环保价值的认可程度及其经济承受能力。

消费者的收入水平显著影响了其价格敏感度。低收入群体通常更在意价格，较难接受环保服装较高的价格；而高收入消费者在选择环保产品时，更注重产品背后的环保理念。针对不同收入层次的消费群体，环保服装品牌可以采取多样化的定价策略，以实现市场最大化覆盖。合理的价格分层策略，能够更好地满足不同消费能力的群体需求。

与此同时，不同年龄层的消费者对价格的敏感度也存在差异。年长者可能因消费观念，对价格变化较为敏感，倾向于选择传统服装；年轻一代则更关注品牌的社会责任，愿意为环保价值支付更高的价格。这种代际差异使得环保品牌在制定定价策略时，需考虑年龄层分布，以便更精确地接触到目标消费者。

值得注意的是，消费者对环保产品的价格接受度还受到日常消费习惯的影响。对于那些平日倾向于购买高品质产品的消费者来说，环保服装的高价更容易被接受。相较而言，习惯于选择平价产品的消费者，则可能对环保产品的高价格保持观望。因此，品牌在定位时，需要综合考虑消费群体的日常购买习惯，以适应市场需求。

品牌对环保服装的定价策略还需兼顾产品本身的使用寿命和耐用性。许多消费者在面对环保产品时，希望价格和产品使用年限成正比。若品牌能够在产品推广中强调其耐用性与高品质，消费者则可能会更愿意为之买单。产品寿命的延长，能够减少频繁更换服装的需求，从而进一步降低长远的消费成本。

不同地区的消费者对环保服装的价格敏感度也有所差异。发达地区的消费者一般对环保理念有更高的认知水平，且经济能力较强，因此对环保服装的接受度更高，而在一些经济发展较为缓慢的地区，消费者可能更在意价格，而非环保理念。这种地域性差异要求品牌应在不同市场采取区域化的定价策略，以最大限度地吸引当地消费者。

除了收入和地域因素，品牌知名度同样会影响消费者的价格敏感度。知名品牌因其在市场中的影响力，更容易赢得消费者的信任，因而在定价时拥有较高的灵活性。消费者对于大品牌的环保服装，通常有更高的价格接受度。因此，品牌在提升知名度的同时，还应关注消费者对品牌环保价值的认可，以进一步提升市场竞争力。

同时，消费者对环保服装价格敏感度的变化，受到当前消费环境的影响。若整个市场趋向于对环保理念的推广，消费者对环保服装的价格接受度也会有所提升。当前，一些环保服装品牌通过开展教育活动、增加消费者对环保知识的理解，提升其对环保服装的认可度，进而降低价格敏感度。由此可见，提升消费者的环保意识，也有助于改善价格承受度。

市场竞争是影响环保服装定价的重要因素。随着环保时尚行业的快速发展，越来越多的品牌进入该市场，价格竞争日益激烈。若竞争品牌中存在低价策略，消费者可能会倾向选择价格较低的环保服装，从而对其他品牌的高价产品产生排斥。品牌应时刻关注市场动态，根据市场需求和竞争环境，灵活调整定价策略，以保持市场竞争力。

在环保产品的定价中，品牌需同时考虑供应链成本的波动性。环保服装的生产过程通常涉及较高的成本，如有机材料的采购、环保生产技术的应用等，都会增加产品的总成本。消费者的价格敏感度与这些生产成本的波动息息相关。品牌在定价时，需权衡生产成本与消费者的价格接受度，合理控制成本，以确保产品价格符合市场预期。

品牌在设定环保服装的价格时，还需关注消费者的购买频率。对于某些高频消费产品，消费者对价格的敏感度较高，而环保服装作为较低频率购买的产品，价格接受度相对较高。品牌可以通过推出限量版环保服装或特殊设计的单品，以提升产品的附加值和稀缺性，从而增强消费者的购买意愿。

品牌的市场推广策略也会影响消费者的价格敏感度。通过有效的推广手段，品牌能够提升消费者对环保服装的认同感，进而降低其价格敏感度。例如，一些品牌通过与名人合作，向消费者传达环保理念，增加了品牌的影响力。消费者因对品牌有了更深的认知，而愿意为品牌的环保服装支付溢价。

随着数字化技术的发展，品牌可以利用大数据分析消费者对环保服装价格的反应，从而更准确地制定定价策略。通过分析消费者的消费习惯、收入水平和区域差异，品牌能够更科学地预测市场需求，并据此调整定价。这种数据驱动的策略，能够帮助品牌更有效地控制价格敏感度，提高消费者的购买意愿。

在环保服装市场中，品牌的透明度也会影响消费者的价格敏感度。消费者越来越关注品牌的生产过程和供应链管理，若品牌能够通过透明的方式展示其环保生产的实际成本，消费者也就更易接受相对较高的价格。透明度的提升，不仅有助于降低价格敏感度，还能提高消费者的信任度。

品牌的环保形象建设，也影响消费者对价格的接受程度。若品牌在市场中已树立良好的环保形象，消费者对其产品的价格接受度通常较高。品牌可以通过长期的环保公益活动，逐步提升在消费者心中的形象，从而增强价格竞争力。消费者因品牌的环保责任感而更愿意支持其高价产品，进而增强品牌的市场地位。

环保服装的价格定位，也需与产品的独特性相结合。消费者通常更愿意为具有创新性和差异化的环保服装支付溢价。品牌可以通过设计独特的环保款式，吸引消费者的关注。产品的独特性能够提升品牌在市场中的差异化优势，进而在价格策略上获得更多的灵活性。

品牌在制定环保服装的价格策略时，还需关注定价方式的多样性。灵活的定价策略能够满足不同消费者的需求。部分品牌通过会员折扣、限时优惠等方式，吸引更多消费者的关注。这样的策略不仅能降低消费者的价格敏感度，还能提升对品牌的忠诚度。

四、未来市场中的新机遇：定制化与个性化

环保服装市场的定制化与个性化趋势正在为消费者提供新的机会。随着消费者对个性化产品的需求不断增加，品牌在设计和生产中开始关注客户的具体偏好和需求。

这一转变促使企业探索更加灵活的生产方式，以满足不同消费者的个性化需求。在环保服装领域，定制化和个性化不仅满足了消费者对独特性的追求，也增强了他们与品牌之间的情感联系。

此外，技术进步为环保服装的定制化和个性化提供了强有力的支持。数字化技术和自动化生产设备的普及，使得企业能够在不增加生产成本的情况下，为消费者提供个性化服务。例如，3D打印技术的应用让企业能够根据客户的具体需求进行快速生产，大幅度提高了生产效率。技术的创新使环保服装品牌可以灵活调整生产流程，满足多样化的市场需求。

在环保服装市场，个性化产品的推出能够有效提升消费者的品牌忠诚度。消费者在选择环保服装时，越来越倾向于选择能够反映个人风格和价值观的产品。个性化设计使消费者能感受到品牌的独特性，进而增强对品牌的情感认同。品牌通过提供定制化服务，使消费者在购物体验中获得更多的参与感，进一步加深了品牌与消费者之间的联系。

同时，市场的细分也为环保服装的定制化提供了更多机会。随着消费者偏好的多样化发展，市场上出现了不同类型的细分群体。针对特定消费群体的个性化服务能够满足消费者在设计、面料和功能上的特殊需求，品牌通过分析消费者的喜好和需求，能够精准定位目标市场，推出相应的环保服装系列，创造出更具竞争力的市场产品。

个性化的环保服装也能够提高消费者对可持续发展的重视。通过选择环保材料和生产过程，消费者在购买个性化产品的同时，也体现了对环境保护的关注。品牌在推广定制化和个性化产品时，往往强调环保理念，让消费者意识到自己的选择不仅关乎个人风格，也对环境产生积极影响。这种意识的提升使得环保服装市场的个性化趋势更具意义。

社交媒体和网络平台为环保服装的个性化定制提供了广阔的展示空间。许多品牌通过社交媒体展示个性化产品的设计过程和消费者的定制体验，吸引了大量消费者的关注。消费者在分享自己的定制体验时，能够有效传播品牌形象，增强品牌的市场影响力。社交平台成为品牌与消费者互动的重要渠道，提升了个性化服务的认可度和影响力。

品牌的个性化定位为市场营销提供了新的思路。随着消费者对环保和个性化需求的不断增加，品牌可以通过差异化的市场营销策略来吸引目标消费者。个性化的营销方式能够让消费者感受到品牌对其需求的重视，从而激发购买欲望。企业通过对特定消费者群体进行精准营销，能够在激烈的竞争市场中获得更好的销售业绩。

在生产流程方面，环保服装品牌通过引入灵活的生产系统，实现了定制化的生产目标。通过采用模块化设计和实施按需生产，品牌能够根据消费者的需求灵活调整生产规模和产品设计。这种灵活性使得品牌能够更好地应对市场变化和消费者需求的快速转变，从而在环保服装市场中保持竞争优势。

个性化服务的实施也为品牌带来了新的盈利模式。消费者愿意为独特的定制体验支付更高的价格，这为品牌的利润增长提供了机会。通过个性化设计，品牌能够在产品定价上进行灵活调整，从而实现更高的经济效益。个性化的产品策略不仅提升了消费者的满意度，也为品牌带来了可观的经济收益。

绿色供应链的建立使环保服装的个性化定制变得更加可行。品牌在推行个性化生产时，能够通过绿色供应链管理，确保所用材料和生产工艺的环保性。绿色供应链不仅降低了生产过程中的资源浪费，也提升了产品的环保价值。通过优化供应链，品牌在实现个性化定制的同时，能够保持对环境的责任感。

随着消费者对时尚的认知不断深化，个性化和定制化的环保服装市场将迎来更广阔的发展空间。消费者的审美标准和购买决策受到多种因素的影响，个性化产品能够满足他们对独特性和环保性的双重需求。这种市场需求的变化为环保服装品牌提供了新的发展机会，使市场趋于多元化。

品牌在推广个性化产品时，可以通过消费者参与设计增强产品的吸引力。许多环保服装品牌已经开始探索与消费者的互动模式，让消费者参与设计过程中。这种参与感不仅丰富了消费者的购物体验，也增强了他们对品牌的认同。通过与消费者建立更紧密的联系，品牌能够更好地满足市场需求，实现可持续发展。

针对不同的消费群体，品牌可以制定灵活的个性化策略。针对年轻消费者，品牌可以通过社交媒体平台推出个性化服务，吸引他们参与设计和反馈，针对成熟消费群体，品牌可以强调个性化定制的质量和服务，以满足他们对高品质生活的追求。通过灵活调整市场策略，品牌能够在不同的消费群体中取得成功。

在个性化市场的竞争中，品牌可以借助数据分析提高产品的市场适应性。通过分析消费者的购买行为和偏好，品牌能够更好地预测市场趋势，及时调整个性化产品的设计和生产。这种数据驱动的决策方式为品牌提供了较大的市场竞争优势，能够快速响应消费者的需求变化。

环保服装市场的个性化定制也为可持续发展提供了新的动力。消费者在选择个性化环保服装时，往往更加关注产品的材料和生产过程。这种选择使品牌在设计和生产过程中必须考虑可持续性，以满足消费者的环保需求。通过推动个性化定制，环保服装市场在促进可持续发展的同时，也提升了消费者对品牌的忠诚度。

随着定制化和个性化趋势的增强，品牌在市场推广中应重视消费者的反馈。消费者的反馈不仅能帮助品牌改进产品设计，还能为品牌的市场策略制定提供重要的参考依据。品牌通过积极倾听消费者的声音，能够不断优化个性化服务，满足市场的多样化需求。这种以消费者为中心的市场策略，使品牌在个性化产品的推广中更具竞争力。

在环保服装市场中，定制化与个性化的结合将推动品牌的创新能力提升。品牌在推出个性化产品时，需要不断探索新的设计理念和生产工艺，以满足消费者的期待。这种创新能力的提升不仅增强了品牌的市场竞争力，也为环保服装市场的可持续发展奠定了基础。通过不断创新，品牌能够在个性化定制的浪潮中站稳脚跟，取得长期成功。

第六章

数字化转型与
可持续时尚的未来

数字化转型正在彻底改变时尚行业的面貌，成为推动可持续发展的新机遇。在信息技术迅猛发展的背景下，时尚品牌面临着如何有效整合数字技术与可持续战略的挑战。数字化不仅提升了生产和供应的效率，也为企业在环境保护和社会责任方面提供了新的解决方案。通过实施数字技术，企业能够更精确地管理资源、减少浪费，同时在产品设计与开发中引入可持续理念。此外，数字化时代的到来使消费者与品牌之间的互动更加密切，促使品牌更好地理解消费者需求，从而在生产和营销策略上进行调整。整体来看，数字化转型为可持续时尚带来了新的可能性，推动行业向更加环保、透明和高效的方向发展。

第一节

数字技术在可持续时尚中的应用

随着数字技术的不断进步，时尚行业正逐步采用创新工具以促进可持续发展。这些技术包括人工智能、区块链和虚拟现实等，均在设计、生产和销售环节中发挥着重要作用。通过数字化技术，品牌可以实现资源的优化配置和生产流程的精细化管理，从而降低资源消耗和碳排放。尤其是在设计阶段，数字工具能够帮助设计师快速构建和修改样式，体现更为环保的设计理念。此外，数字技术的应用还增强了消费者与品牌之间的互动，消费者能够通过虚拟试衣等功能，降低购买错误产品的概率，从而减少退换货带来的资源浪费。总之，数字技术为可持续时尚提供了全新的解决方案。

一、虚拟设计与样衣试穿的数字化工具

虚拟设计与样衣试穿的数字化工具在可持续时尚中发挥着越来越重要的作用。这些工具不仅提高了设计效率，还减少了材料浪费和资源消耗。通过虚拟设计，设计师能够在计算机上创建3D模型，并对其进行修改，省去传统样衣制作过程中反复实验的时间。这种方法在很大程度上简化了设计流程，缩短了产品上市时间，同时显著降低了对物理材料的需求，有助于减轻环境负担。

随着技术的不断进步，虚拟试衣工具的应用越来越普及。这些工具允许消费者在购买之前，通过虚拟现实或增强现实技术试穿衣物。用户可以在自己的设备上看到衣物的外观，并根据自身的身材特征进行调整。这种互动体验不仅提升了购物的乐趣，也避免了因尺码不合适而产生的退换货情况，从而降低了运输和处理所造成的资源浪费。

设计师在使用虚拟设计工具时，可以更加专注于创意的实现。与传统设计方法相比，虚拟设计为查看和修改设计提供了更加直观的方式。设计师可以在三维空间中观察服装的形状、结构和材料的搭配，进行实时调整。这种高效的设计流程使得创作的可能性大大扩展，设计师可以尝试更多的创新思路，推动可持续时尚的发展。

虚拟设计工具还使团队协作变得更加高效。在传统的设计过程中，信息传递和沟通往往需要耗费大量的时间，而通过数字化工具，设计师可以将自己的设计实时分享给团队成员，实现即时反馈。这种协作模式大大提升了设计效率，确保团队在设计过程中保持一致的目标，减少了因沟通不畅导致的错误和浪费。

通过利用虚拟样衣试穿技术，品牌能够获得更深入的消费者反馈。消费者在虚拟环境中试穿后，可以直接提供意见和建议，这为品牌优化产品提供了宝贵的数据支持。品牌可以根据消费者的反馈进行及时调整，以确保最终产品更符合市场需求。这样一来，产品的上市更具市场导向，减少了不必要的库存和资源浪费。

在市场推广方面，虚拟试衣技术也为品牌的营销策略提供了新思路。通过社交媒体平台，品牌可以展示消费者试穿后的效果，吸引潜在客户的购买兴趣。这种互动式的营销手段，不仅提升了品牌的曝光度，也增强了消费者的参与感。品牌通过这种方式能够更好地建立与消费者之间的信任关系，进而推动销售转化。

在环保方面，虚拟设计与样衣试穿的数字化工具在环保方面的贡献不可忽视。传统样衣制作需要大量的面料，而数字化工具则减少了面料消耗。设计师可以在虚拟环境中反复实验不同的材料和设计，而无须实际制作每一件样衣。这不仅节约了原材料，也降低了废弃物的产生，对环境保护产生了积极影响。

在教育和培训方面，虚拟设计工具为时尚教育提供了新的教学模式。许多院校已经开始引入数字化设计工具，帮助学生在学习中体验真实的设计流程。学生能够在虚拟环境中进行创作，培养他们的设计思维和技能。这种教育方式不仅提高了学生的参与度，也为他们将来的职业发展奠定了基础。

在生产方面，虚拟设计技术还能够在生产环节中发挥作用。通过与生产系统的集成，设计师可以将虚拟样衣直接转化为生产指令，实现快速的生产流程。这种生产方式能够有效缩短生产周期，提高生产的灵活性。使品牌在面对快速变化的市场需求时，能够做到快速响应，从而保持市场竞争力。

在消费者接受度方面，消费者对于虚拟试衣技术的接受度也在逐步提升。越来越多的消费者愿意尝试这种新兴的购物方式，他们希望能够在网上购物时获得与实体店相似的体验。品牌在满足这种需求的同时，也通过虚拟试衣提升了消费者的满意度。这种新模式不仅为消费者提供了便利，也为品牌带来了更高的消费者忠诚度。

在可持续发展方面，虚拟设计与样衣试穿的数字化工具同样为时尚产业的可持续发展提供了新的路径。通过降低资源的消耗和对环境的影响，这些技术帮助行业向更环保的方向转型。随着消费者环保意识的增强，品牌能够通过数字化手段展现其在可持续发展方面的努力，赢得更多消费者的认可。

此外，这些技术为品牌提供了在市场中脱颖而出的机会。品牌通过创新的虚拟设计和试穿体验，能够吸引那些追求新颖与独特的消费者。这种差异化的竞争策略，使品牌在激烈的市场竞争中占据有利位置。通过将科技与可持续时尚相结合，品牌不仅提升了产品的竞争力，也为行业的整体转型作出了贡献。

虚拟设计技术的应用使产品开发的周期大大缩短。企业可以在短时间内快速推出新款服装，并根据市场反馈进行调整。这种快速反应的能力，使品牌能够在变化莫测的时尚市场中保持领先地位。同时，通过减少开发过程中的资源浪费，品牌在环保方面也展现出积极的态度。

虚拟设计与样衣试穿的数字化工具将在未来继续发展，并与其他技术融合，推动可持续时尚的进一步发展。随着技术的不断创新，品牌在实现个性化与定制化服务的同时，也能够更好地响应市场需求。这种灵活性将使品牌在面对今后挑战时，具备更强的竞争优势。

总的来说，虚拟设计与样衣试穿的数字化工具正在为可持续时尚带来全新的可能性。通过提升设计效率、减少资源浪费和增强消费者互动，品牌能够更好地满足市场需求。这一切都在推动时尚行业向更加环保和可持续的方向发展，体现了数字化转型在时尚领域的重要价值。

二、区块链技术在绿色供应链中的应用

区块链技术的应用在绿色供应链管理中展现了巨大的潜力。作为一种去中心化的数字账本技术，区块链能够确保供应链中每个环节的透明性和可追溯性。通过记录和存储每一个交易数据，企业能够实时跟踪产品从原材料采购到最终销售的整个过程。这种透明度有助于企业增强对供应链的控制，确保在生产和运输过程中遵循可持续发展原则。

在绿色供应链中，区块链技术的引入可以有效降低欺诈和伪造的风险。传统供应链中，信息的传递常常受到人为因素的影响，导致数据的不准确或失真，而区块链技术通过其不可篡改的特性，使每一笔交易都经过验证并被记录，从而保障了信息的真实性。这样，消费者和企业都可以对所购买产品的来源和质量有更高的信任度，有助于可持续品牌形象的建立。

通过区块链技术，企业能够实现对环保标准的合规性监测。这项技术可以帮助企业记录与环境保护相关的各类数据，例如，能源消耗、废弃物处理和材料来源等。所有相关信息均存储在区块链上，相关方能够随时查阅，从而提高其合规性和监管效率。企业在此过程中能够快速识别潜在的环境风险，采取相应的措施降低负面影响，确保其运营符合可持续发展的要求。

区块链技术的实施还能推动各参与方之间的协作。通过建立共享数据平台，供应链上的不同企业可以实时共享相关信息，促进信息的有效流通。这种协作不仅减少了信息孤岛现象，还促进了资源合理配置。企业能够根据供应链上其他环节的数据分析进行决策，从而提高生产效率，降低成本，并实现更高的环境效益。

区块链技术为消费者提供了更多的参与机会。通过扫描产品上的二维码或条形码，消费者可以轻松获取关于产品的详细信息，包括生产过程、材料来源和环保认证等。这种透明度增强了消费者的决策能力，鼓励他们选择符合可持续发展标准的产品。消费者在购买过程中拥有更多的信息，也促进了品牌在环境责任方面的努力。

在质量控制方面，区块链技术的应用确保了每个环节的质量追溯。通过记录每一项生产和运输的数据，企业能够在出现质量问题时迅速追踪到问题源头。这种快速反应机制使企业能够及时采取纠正措施，减少资源的浪费，降低对环境的影响。同时，

完整的质量追溯记录也提升了消费者对品牌的信任，增加了他们对产品的认可度。

供应链的可持续发展离不开对环境影响的评估。区块链技术为企业提供了实时数据分析的能力，帮助其量化环境影响。企业能够通过分析区块链中记录的能源消耗和排放数据，评估其生产过程对环境的影响。这种定量分析，为企业制定更有效的环境政策提供了科学依据，有助于其在可持续发展方面不断改进。

在全球化背景下，区块链技术在跨国供应链中的应用尤为重要。由于各国的环境标准和法规存在差异，区块链技术能够为跨国企业提供一个统一的信息平台。通过在区块链上记录所有相关数据，企业能够确保在各个国家和地区都符合当地的环境法规。这种合规性管理不仅提升了企业的国际竞争力，也有助于全球环境保护目标的实现。

随着区块链技术的不断发展，越来越多的企业开始探索其在绿色供应链中的应用。许多时尚品牌已经开始利用区块链技术追踪原材料的来源，以确保其符合可持续发展的标准。例如，某些品牌通过区块链技术记录羊毛的来源，确保其羊毛来自符合环保标准的农场。这样的追踪能力不仅提升了产品的可信度，也增强了消费者对品牌的忠诚度。

在设计和生产阶段，区块链技术的应用能够提高供应链的灵活性和响应速度。通过实时获取供应链上各环节的数据，企业能够快速调整生产计划，以应对市场变化。这种灵活性在减少库存积压的同时，也能够有效降低资源的浪费。企业在面临不确定性时，能够依靠区块链技术提供的数据分析支持，制定出更科学的决策。

在绿色供应链的实施过程中，区块链技术为建立生态合作伙伴关系提供了基础。通过共享信息和数据，各个环节的参与方能够共同努力，实现可持续目标。企业可以通过区块链建立更紧密的合作关系，形成利益共同体，推动整个供应链的绿色转型。这样的合作不仅有助于降低成本，也有助于环境保护目标的实现。

区块链技术的普及将改变绿色供应链的运营模式。今后，企业将能够通过区块链获取更为精准的市场需求数据，从而进行更加有效的生产规划。这种数据驱动的决策模式，使企业能够在保持环境友好的前提下，提高市场竞争力。同时，实时数据共享将增强供应链的透明度，促进企业之间的信任与合作，形成更具可持续性的供应链生态。

在绿色认证和标签方面，区块链技术的应用为企业提供了新的可能性。通过在区块链上记录环保认证信息，企业可以确保其产品在生产和销售过程中始终符合环保标准。消费者能够通过扫描产品上的区块链记录，轻松验证其是否环保认证。这种透明的认证过程为消费者提供了安全感，增强了他们对品牌的信任。

区块链技术在绿色供应链中的应用还有助于降低运营成本。通过实现信息共享和自动化流程，企业能够减少中间环节，降低交易成本。此外，透明的数据记录能够减少因信息不对称造成的损失，从而提升整体经济效益。企业在追求可持续发展的同时，也能够实现经济效益的提升，达到双赢的效果。

在市场监管方面，区块链技术为政府和相关机构提供了有效的监管工具。通过获取区块链上记录的所有交易数据，监管机构能够实时监测供应链中的环保合规性。这种监管方式提高了透明度，使得不符合环保标准的企业难以逃避监管。同时，监管机构也能基于实时数据分析制定更为科学的政策，推动行业的绿色转型。

最后，区块链技术在绿色供应链中的应用也促进了消费者对可持续发展的关注。越来越多的消费者开始意识到自己的购买决策对环境的影响，而区块链提供的透明信息使他们能够做出更明智的选择。消费者的选择推动企业加强在可持续发展方面的努力，形成良性循环。这种市场驱动的方式为推动时尚行业向可持续发展转型提供了动力。

三、人工智能辅助的环保设计与生产优化

人工智能（AI）的应用在环保设计与生产优化中展现了前所未有的潜力。通过运用数据分析和机器学习算法，设计师能够更加高效地设计出符合可持续发展标准的服装。人工智能技术能够分析大量的市场数据和消费者偏好，帮助设计师了解流行趋势，减少因设计失误导致的资源浪费。这一转变使得时尚品牌能够在更短的时间内推出市场所需的产品，降低了过度生产的风险。

随着人工智能技术的不断发展，设计师在设计阶段的决策能力也得到了提升。AI可以提供实时反馈，帮助设计师在设计过程中更快地评估不同材料和造型的可行性。通过模拟不同设计选项，AI能够预测每种设计方案对成本、时间和环保影响的具体效果。这种智能辅助设计的过程不仅提升了设计的准确性，也使设计师在环保方面作出更加科学的选择。

在设计创新方面，人工智能为设计师提供了更多灵感来源。通过对历史设计数据的分析，AI能够生成新的设计灵感，帮助设计师打破传统思维的束缚。设计师可以利用AI生成的设计草图，进行更为创新的尝试，从而推动时尚界的环保设计进程。这样的创新不仅丰富了设计的多样性，也使环保理念得以更广泛地传播。

人工智能还为个性化设计提供了强有力的支持。通过分析消费者的偏好和购买历

史，AI可以生成个性化的设计建议。设计师能够利用这些建议，为不同消费者群体提供量身定制的产品。这种个性化的设计不仅满足了消费者对独特性的追求，也减少了因为不符合消费者需求而造成的退换货现象，进一步降低了资源的消耗。

在材料选择方面，人工智能的应用同样重要。AI可以分析各种材料的性能和环保特性，为设计师提供最佳的材料选项。设计师在进行材料选择时，能够通过AI系统快速获取材料的可持续性评价，确保所选材料符合环保标准。这种科学的材料评估方法，能够帮助品牌在满足消费者需求的同时，履行环境保护的责任。

在生产环节方面，人工智能在生产优化过程中发挥着关键作用。通过分析生产数据，AI可以识别生产流程中的瓶颈，提供优化建议。企业在实施这些建议后，能够显著提高生产效率，减少不必要的能源消耗和原材料浪费。例如，AI能够监测机器的运行状态，预测设备故障，从而提前安排维护，确保生产的持续性和稳定性。这种主动管理方式不仅降低了生产成本，也提高了企业的整体运营效率。

通过人工智能的预测功能，企业能够实现更精准的需求预测。AI能够分析市场趋势和消费者购买行为，预测不同款式的销售情况。这样一来，企业能够更好地制订生产计划，避免因盲目生产而导致的库存积压。这种精准的需求管理模式，不仅优化了生产流程，还有效降低了资源的浪费，使得环保设计得以落到实处。

人工智能的技术应用还可以增强生产环节的透明度。在现代供应链管理中，企业能够利用AI实时监测生产过程的各个环节，确保生产符合可持续发展的标准。通过收集和分析生产数据，企业能够及时发现问题并进行调整，确保每一步都遵循环保原则。这种透明的生产管理模式，有助于提高企业的社会责任感，增强消费者的信任。

在营销与推广方面，人工智能的应用同样值得关注。AI能够帮助品牌分析市场反馈和消费者评价，从而制定更为有效的市场推广策略。通过分析数据，品牌能够识别出哪些环保设计受到了消费者的欢迎，进而优化未来的产品开发和推广计划。这样的数据驱动营销方式，提升了品牌的市场适应能力，有助于推动环保时尚的发展。

企业在使用人工智能进行生产优化时，也能获得更为科学的决策支持。AI的分析能力使得企业能够从复杂的生产数据中提取有价值的信息，从而做出更加明智的管理决策。通过对不同生产方案的模拟与比较，企业可以在保持环保的同时，提高生产效率。这样的科学决策方式，为企业的可持续发展奠定了基础。

在废料管理方面，人工智能技术还可以在废料管理中发挥重要作用。通过对生产过程中产生的废料进行实时监测与分析，AI能够帮助企业识别出可回收材料。这种精准的废料管理使企业能够有效减少生产过程中的资源浪费，提高材料的循环利用率。

通过优化废料处理，企业不仅降低了环保成本，也推动了绿色生产的发展。

在产品生命周期管理方面，人工智能也起到了关键的支持作用。企业能够利用AI跟踪产品在市场中的表现，分析不同阶段的环境影响。这种数据驱动的生命周期管理为品牌提供了重要的决策依据，帮助其优化产品设计与生产流程。通过持续监测产品的环境影响，企业能够不断改进其环保设计方法，提升其整体可持续性。

在与供应商的合作方面，人工智能可以帮助企业实现更为高效的沟通与协作。通过共享AI分析的数据，供应商与品牌能够及时调整生产策略，以应对市场变化。这种协同工作的方式，有助于优化供应链各环节的资源配置，提升整体生产效率。供应链的高效运作不仅降低了成本，还能为环保设计提供有力的支持。

通过人工智能的技术应用，品牌能够实现更为智能化的库存管理。AI能够分析库存数据，优化库存水平，减少因过量库存而产生的资源浪费。企业在合理控制库存的同时，能够更好地响应市场需求，实现更快的生产周转。这样的库存管理策略不仅提升了效率，也在环保方面起到了积极的作用。

在人才培养方面，人工智能的应用为设计师和生产管理者提供了新的学习平台。许多品牌开始采用AI驱动的培训系统，帮助员工掌握新技术和新方法。这种基于人工智能的培训模式，使员工能够在实践中快速提升技能，适应数字化转型带来的变化。这种技术赋能的方式为时尚行业培养了更多适应未来需求的人才。

在政策制定方面，人工智能还在推动可持续时尚的政策制定中起到积极作用。通过对市场趋势和消费者行为的分析，AI能够为政策制定者提供有价值的数据参考。这些数据不仅帮助政策制定者了解行业现状，也为制定有效的环保政策提供了支持。通过推动政策的完善，AI技术促进了可持续时尚的发展，为行业的整体转型提供了有力保障。

简而言之，人工智能辅助的环保设计与生产优化为时尚行业的可持续发展带来了新的机遇。通过智能化的设计、生产和管理，企业能够实现更高效的资源利用和更小的环境影响。这一切都在推动时尚行业向更加绿色、更加可持续的方向发展，充分展示了数字化转型的巨大潜力。

四、数据驱动下的环保时尚新趋势

数据驱动下的环保时尚新趋势正在逐渐改变整个行业的运作模式。通过对大量数据进行分析，品牌能够深入了解市场需求、消费者偏好及产品性能。这种以数据为基础的决策方式，不仅提高了品牌的市场竞争力，也促进了资源的高效利用。在这个过程中，数据分析为企业提供了精准的市场洞察，使其能够在设计、生产和营销各环节中做出更加明智的选择，从而推动可持续时尚的发展。

同时，数据分析技术的应用提升了供应链管理的透明度。企业通过实时监控供应链中各个环节的数据，能够快速识别问题和瓶颈。这种数据驱动的透明度使企业能够在采购、生产和销售中做出更为灵活的调整。例如，企业能够依据实时数据了解原材料的库存情况，从而避免由于信息滞后而导致的过量采购或库存积压。这一转变使企业在运营中更加高效，也大幅度减少了资源浪费。

通过数据驱动的设计过程，品牌能够更精准地满足消费者需求。在收集消费者反馈、社交媒体数据以及市场趋势的基础上，设计师能够实时调整设计理念和风格。数据分析不仅能提供流行趋势的预测，还能帮助设计师理解不同消费者群体的偏好。这种精准的市场分析，确保了品牌能够推出符合市场需求的产品，减少了因设计不当而导致的资源浪费。

在生产优化方面，数据驱动的策略也展现出明显的优势。企业利用数据分析技术，可以识别生产过程中的低效环节，并提出优化建议。通过对生产数据的持续监测，企业能够实时调整生产计划，确保生产效率和资源的最优配置。这种智能化的生产流程，不仅提高了生产效率，还大幅度降低了环境影响，推动了可持续生产的实现。

在材料选择方面，数据分析在绿色材料的选择中起到重要作用。品牌能够通过分析材料的环境影响和性能数据，选择更符合可持续发展的材料。这种科学的材料选择方法，使企业能够在设计产品时综合考虑材料的环保性和实用性，从而最大限度地降低对环境的负担。此外，数据驱动的材料选择还可以推动新材料的研发和应用，使环保材料能够更广泛地被应用于时尚产品中。

在消费者认知和需求方面，消费者对环保时尚的认知和需求也受到数据驱动的影响。企业通过分析消费者在社交媒体上的互动和评论，能够了解其对环保产品的看法与期待。这种对消费者数据的分析为品牌提供了宝贵的市场反馈，帮助其制定相应的市场策略。随着消费者对环保意识的增强，品牌能够更好地满足其在产品和服务方面的需求，从而增强其对品牌的忠诚度。

在营销与推广方面，数据驱动的策略为品牌提供了更为精准的定位。通过对市场数据的分析，企业可以制订更加有效的广告投放和市场推广计划。品牌能够识别出目标消费者的特征，选择合适的传播渠道，从而提升营销的效果。这种基于数据的市场推广方式，不仅提高了品牌的知名度，也有效地促进了环保产品的销售。

通过数据驱动分析，品牌能够更好地评估产品的生命周期影响。企业可以利用数据分析技术，监测产品从设计、生产、消费到废弃的各个环节的环境影响。这种全面的生命周期评估，为品牌提供了在产品开发过程中优化环境表现的依据。企业能够基于这些数据，制定出更为科学的环境政策，实现可持续发展的目标。

在定制化服务方面，数据驱动策略为消费者提供了个性化体验。通过分析消费者的购买历史和偏好数据，品牌能够为消费者推荐量身定制的产品。这种个性化的服务不仅提升了消费者的购物体验，也提高了品牌与消费者之间的互动。消费者在选择产品时能够享受到更加个性化的服务，从而增强了对品牌的认同感和忠诚度。

在供应商管理方面，数据驱动的策略为企业带来了更多的合作机会。品牌能够通过分析供应商的表现数据，识别出最佳合作伙伴。这种数据驱动的选择方法，使企业能够与那些在可持续发展方面表现出色的供应商合作，从而提升整个供应链的环保绩效。这种合作不仅有助于降低成本，也推动了环保时尚的发展。

在环境责任方面，企业在环境责任方面的表现也日益受到重视。通过对数据的分析，企业能够更清晰地了解自身的环境影响，并制定出相应的改进措施。这种基于数据的环境管理方法，使企业能够在可持续发展方面实现更大的进步。企业的透明度和责任感在不断增强，进一步推动了消费者对品牌的信任。

在社区互动方面，数据驱动的策略使品牌能够与消费者建立更深层次的联系。通过收集和分析消费者反馈，品牌能够及时了解消费者对环保产品的看法。这种数据分析不仅提升了品牌的市场敏感度，也为企业在产品开发和服务创新方面提供了重要依据。品牌能够通过这种方式加强与消费者之间的互动，促进可持续时尚的进一步发展。

在政策制定方面，数据驱动的环保时尚趋势还为政策制定提供了科学依据。政策制定者能够通过分析市场数据和消费者行为，制定出更加符合实际需求的环保政策。这种基于数据的政策制定方法，不仅提高了政策的有效性，也为行业的可持续发展提供了支持。政策与市场的良性互动，推动了环保时尚的深入发展。

通过数字技术的不断创新，数据驱动的环保时尚新趋势将在今后发挥更大的作用。企业能够借助数据分析技术，提升自身在环保和可持续发展方面的表现。品牌通过对数据的有效利用，不仅提升了市场竞争力，也在行业内树立了良好的社会形象。数据驱动的环保时尚新趋势将成为时尚行业转型的重要推动力，促进其向更加绿色和可持续的方向发展。

数据驱动的策略在未来的市场环境中，将进一步深化对消费者需求的理解。品牌能够通过持续的数据分析，及时调整其产品和服务，以更好地适应市场变化。这种灵活的应对能力使品牌在竞争中始终保持领先地位，确保其在可持续发展的道路上不断前行。

数字化供应链与生产优化

数字化供应链的实施为时尚行业带来了生产优化的机会。通过引入先进的信息技术，品牌能够实现供应链的透明化与智能化，提升效率和响应速度。这种优化不仅减少了生产环节的冗余步骤，还通过实时数据分析帮助企业更好地预测市场需求，从而减少库存积压和资源浪费。数字化供应链使得企业能够更灵活地应对市场变化，同时也为环境保护提供了助力。有效的数据管理和资源调度减少了对自然资源的依赖，为实现可持续发展的目标奠定了基础。此外，数字化技术在追踪和监控供应链各环节中的应用，提升了企业对环保责任的透明度，推动了行业的可持续性。

一、数字化供应链管理中的透明度与效率提升

数字化供应链管理中的透明度与效率提升正在成为可持续时尚的重要组成部分。随着数字技术的发展，时尚品牌能够实时监测供应链的各个环节，提高对信息的掌控力。这种透明度使企业能够及时获取关于原材料、生产流程及物流状态的数据，从而做出更为迅速、有效的决策。透明的供应链不仅增强了企业对内部流程的理解，还提升了与外部合作伙伴的协作能力，为可持续发展奠定了基础。

与此同时，数字化工具的引入提升了信息共享的能力。企业通过建立统一的数据平台，各个参与方能够实时访问和更新供应链信息。这种信息共享的机制有效减少了信息滞后的情况，促进了供应链的高效运作。各方在透明的环境中合作，能够更快地应对市场变化，提升了整体运营效率。同时，消费者也可以通过数字平台获得关于产品来源和生产过程的信息，增强了对品牌的信任。

通过实时数据监控，企业能够更好地识别和解决供应链中的问题。例如，若某一

原材料供应出现延误，企业可以立即获得通知，并及时调整生产计划以应对这种情况。这种灵活的应对能力，使企业能够在面对突发事件时，迅速采取行动，减少了因供应链中断造成的损失。透明的供应链管理使企业具备了更强的抗风险能力，保障了生产的连续性。

数字化供应链管理中的透明度还促进了可持续发展目标的实现。企业在透明的环境中运营，能够更加清晰地识别自身的环境影响，并采取有效措施进行改进。例如，通过监测生产过程中的能源消耗和废弃物排放，企业可以设定具体的减排目标。这种数据驱动的环境管理策略，有助于企业在实现商业目标的同时，履行社会责任，推动可持续时尚的发展。

在库存管理方面，数字化供应链的高透明度极大提高了库存的周转效率。企业能够通过数据分析，实时掌握库存状态和市场需求，从而优化库存水平。透明的库存管理方式使企业能够避免因库存过剩或不足造成的资源浪费。这种精准的库存控制，不仅提升了资金的使用效率，还降低了环境影响，为可持续发展提供了保障。

在供应链方面，通过数字技术，企业能够实现供应链的可追溯性。每一件产品从原材料到成品的整个过程都能够被记录并追踪。这种可追溯性不仅增强了消费者的信任，也使企业能够及时识别和处理质量问题。若出现产品缺陷，企业能够迅速找到问题源头，避免不合格产品流入市场。这种透明的追溯机制，不仅控制了产品质量，也增强了品牌的声誉。

在跨国供应链中，数字化管理的透明度尤为重要。面对不同国家和地区的法律法规，企业能够通过数字技术确保各环节的合规性。数字化工具为企业提供了完整的合规记录，使其能够在必要时随时提供证据。这种透明的合规管理方式，降低了企业的法律风险，提高了全球运营的效率，促进了可持续发展的实施。

在生产流程方面，数字化工具能够提升生产流程的可视化。企业通过实时监测生产线的运行状态，能够快速识别生产瓶颈和效率低下的问题。这种可视化的管理方式使管理者能够直观地了解生产情况，从而及时调整生产计划和资源配置。在提升生产效率的同时，也降低了资源浪费，推动了可持续发展的目标实现。

在与供应商的关系管理方面，数字化供应链的透明度也发挥了重要作用。企业能够通过数字平台与供应商共享信息和数据，增强了合作的紧密性。供应商能够及时获取生产计划和需求变化，从而在原材料供应上快速作出反应。这种良好的合作关系不仅提高了供应链的整体效率，也推动了双方在可持续发展方面的共同努力。

在管理模式方面，通过数据驱动的管理模式，企业能够实现精准的市场预测。数据分析使企业能够及时掌握市场动态和消费者需求，从而调整生产策略。透明的市场信息流通，使企业在生产和销售过程中保持灵活性，避免因市场变化导致的资源浪费。这种敏捷的市场应对能力，是数字化供应链管理中的一大优势。

在客户服务方面，数字化供应链的透明度也提升了消费者的满意度。消费者可以通过在线平台获取关于产品的信息，包括生产过程、材料来源和运输状态等。这种透明的信息提供，使消费者对品牌的信任感增强，同时也提升了客户的购买体验。品牌通过与消费者建立更为紧密的联系，进一步推动了可持续时尚的发展。

在企业创新方面，数字化供应链中的透明度还为企业的创新提供了支持。企业能够通过分析市场数据和消费者反馈，识别出潜在的创新机会。这种数据驱动的创新过程，不仅促进了新产品的开发，也推动了现有产品的改进。品牌在不断优化的过程中，能够更好地响应市场需求，提升其竞争力，同时实现可持续发展的目标。

随着技术的不断进步，数字化供应链的透明度将不断提升。在将来，企业能够借助更先进的数据分析工具，实现对供应链的全面监控和管理。这样的发展趋势将使企业在资源利用、生产效率和环境影响等方面都能够实现更高的优化水平。透明的供应链管理将成为时尚行业可持续发展的重要推动力。

在行业内标准与规范方面，数字化供应链的高透明度也推动了整个行业的标准化和规范化。通过共享数据，企业能够在行业内形成统一的操作标准，减少因信息不对称导致的误解与冲突。这种标准化的趋势，有助于提升行业整体的运营效率，推动可持续发展目标的实现。企业在推动自身发展的同时，也为行业的转型升级贡献了力量。

归纳起来，数字化供应链管理中的透明度与效率提升不仅改变了企业的运作模式，也为可持续时尚的发展提供了有力支持。通过数字技术，企业能够在各个环节实现透明的信息流通，从而提高生产效率、降低资源浪费，并在环保方面取得积极进展。透明的供应链管理将持续推动行业的进步，促进可持续时尚的未来发展。

二、智能化制造与按需生产的环境效益

智能化制造与按需生产的结合正在为时尚行业带来显著的环境效益。通过引入先进的智能技术，企业能够实现生产流程的自动化和优化。智能制造不仅提高了生产效率，还能够在生产过程中有效减少资源消耗和环境污染。这一转变使时尚品牌在满足市场需求的同时，履行了对环境的责任，推动了可持续发展的进程。

在智能化制造中，企业借助大数据分析和物联网技术，能够实时监控生产环节。

通过收集和分析各类数据，管理者可以准确了解生产设备的运行状态、能耗情况及生产效率。这种实时监控的能力使得企业能够及时发现问题并进行调整，从而提高整体生产效率。优化后的生产过程不仅减少了资源浪费，还降低了对环境的影响。

智能化制造带来的环境效益还体现在对资源的高效利用上。通过实施精细化管理，企业能够根据生产计划和市场需求，合理安排生产任务。这种灵活的生产调度减少了过度生产的可能性，从而降低了原材料的使用量。此外，智能化技术还能够对生产过程中产生的废弃物进行有效管理，提高废料的回收率，进一步降低环境负担。

在按需生产模式下，企业能够根据消费者的具体需求进行生产。这一模式不仅减少了库存积压，还降低了因产品滞销而产生的资源浪费。消费者在进行定制化购买时，能够直接影响生产过程，使企业只在真正有需要的时候才进行生产。这种按需生产的方式使得资源得到了更合理的配置，提升了环境效益。

通过智能化制造，企业可以实现对生产流程的全面优化。在生产中，智能设备能够自动进行调整，以适应不同的生产需求。这种自动化的生产方式不仅提高了生产效率，还降低了人工成本和操作失误率。通过减少人为因素带来的不确定性，使企业在生产过程中能够保持稳定的质量和效率，从而减少资源的浪费。

智能化制造还推动了新材料的应用。通过引入智能制造技术，企业能够对新型环保材料进行高效加工。这些材料通常具有更好的可回收性和可降解性，在生产过程中对环境的影响较小。企业通过智能化制造，能够更灵活地应对新材料的应用需求，推动时尚行业向更加环保的方向发展。

在供应链管理中，智能化制造与按需生产的结合也产生了积极的环境效益。通过优化供应链的各个环节，企业能够减少运输过程中的资源消耗。智能化的物流管理系统可以根据市场需求和库存情况，自动调整运输计划，减少不必要的运输。这样的方式不仅提高了物流效率，也减少了碳排放，为可持续发展作出了贡献。

智能化制造的环境效益还表现在节能降耗方面。通过对生产设备的智能化改造，企业能够有效降低能源消耗。在生产过程中，智能设备可以根据实时数据调整能耗，避免浪费。例如，在生产高峰期，设备能够自动优化运行模式，提高能效比。这种节能措施不仅降低了生产成本，也减少了对环境的负面影响。

按需生产模式的实施，使得企业在面对市场变化时能够更为灵活。消费者需求的多样化和个性化趋势要求企业快速响应，而智能化制造能够为这一要求提供支持。通过数字化技术，企业能够实现快速的市场反馈和产品调整。这种灵活性不仅提升了客户满意度，还为环保时尚的发展提供了动力。

在生产过程中的环境监测方面，智能化制造也发挥了重要作用。企业能够借助智能传感器和监测系统，对生产过程中产生的排放和废弃物进行实时监控。这种监测方式使企业能够及时识别环境问题，并采取相应的措施进行整改。通过主动管理生产环境，企业不仅提高了生产环境合规性，也为可持续发展创造了条件。

智能化制造和按需生产的结合为企业创造了新的商业模式。通过灵活的生产方式，企业能够降低库存风险，减少资金占用，提高资金的使用效率。与此同时，按需生产的模式使企业能够更好地满足市场需求，降低了因过度生产而带来的资源浪费。这种新兴的商业模式为品牌在可持续发展上提供了新的机遇。

随着消费者环保意识的提升，智能化制造与按需生产的结合也为企业提供了更大的市场空间。消费者更加青睐那些能够提供环保产品的品牌，企业通过灵活的生产方式能够更好地迎合这一趋势。满足消费者对环保和个性化的需求，使得品牌在市场中更具竞争力，推动了环保时尚的发展。

通过智能化制造，企业能够更好地控制生产成本和环境影响。数字技术的引入使企业在生产过程中能够进行成本预测和分析，从而制订出更为合理的生产计划。这种数据驱动的决策方式，不仅提升了生产效率，也减少了对环境的负担，为可持续发展作出了贡献。

智能化制造还为企业提供了在市场中获得竞争优势的机会。通过提升生产效率和环境合规性，企业能够在行业中脱颖而出。消费者对品牌的认同感与信任度逐渐增强，推动了品牌的销售增长。企业通过不断优化生产流程，实现环保效益与经济效益的双重提升，形成良性循环。

在新材料的研发和应用上，智能化制造为企业提供了支持。企业通过智能技术对新材料进行测试和评估，能够快速了解其在生产中的应用效果。这种快速反馈机制使得企业能够在材料的选择上更加科学，推动了环保材料的应用。品牌在材料创新方面的努力，为时尚行业的可持续发展提供了支持。

智能化制造与按需生产相结合为行业内的绿色转型提供了动力。随着数字技术的不断进步，企业能够借助智能化生产模式，提高整体的生产效率和环境效益。这一转型不仅符合行业发展的趋势，也为企业在激烈的市场竞争中创造了新的机遇。通过不断优化生产流程，品牌能够在可持续发展的道路上不断前行，推动环保时尚的深入发展。

三、物联网技术在绿色生产中的应用

物联网技术在绿色生产中的应用正在成为可持续时尚的重要推动力。这项技术通过连接设备和传感器，实现对生产流程的智能化管理，使得企业能够实时监控和优化各个环节。物联网技术不仅提高了生产效率，还为企业提供了降低资源消耗和环境影响的新方式，推动了行业的绿色转型。

在生产过程方面，物联网技术的应用使得设备的状态和性能能够被实时监测。通过在机器设备上安装传感器，企业可以获取关于设备运行的详细数据。这些数据帮助企业识别潜在的故障和维护需求，从而提前进行维修，避免生产中断。通过这种智能化管理，企业不仅提高了生产效率，也减少了因设备故障导致的资源浪费。

在供应链方面，物联网技术为供应链的透明化提供了支持。通过在供应链的各个环节安装传感器，企业能够实时跟踪原材料的来源、流转及使用情况。这种透明的数据流通，不仅提升了企业对供应链的控制能力，也使消费者能够了解产品的全生命周期。这种透明性增强了消费者对品牌的信任，促进了环保意识的提升。

在能源管理方面，物联网技术在能源管理中的应用同样具有显著的环境效益。通过对生产过程中能耗的实时监测，企业能够识别出能耗较高的环节，并采取相应的措施进行优化。例如，企业可以根据实时数据调整设备的运行模式，减少高峰期的能源消耗。这种智能化的能源管理，不仅降低了生产成本，也为实现可持续发展的目标作出了贡献。

在材料管理方面，物联网技术也展现了其独特的优势。通过对材料库存的智能监控，企业能够实时掌控材料的使用和库存情况。这种数据驱动的管理方式使得企业能够及时调整采购计划，避免因库存过剩导致的资源浪费。此外，物联网技术的应用还能够促进材料的循环利用，提高资源的利用率。

在产品质量控制方面，通过物联网技术，企业能够在产品质量控制方面实现精细化管理。传感器可以在生产过程中实时检测产品的质量指标，确保每一批次产品都符合环保标准。当出现质量问题时，企业能够及时获得反馈，快速调整生产流程，确保产品的环保性能。这种智能化的质量控制，降低了不合格产品的产生，减少了资源的浪费。

在物流管理方面，物联网技术在物流管理中的应用也为绿色生产提供了支持。企业能够通过智能物流系统实时跟踪运输过程，优化运输路线和时间。这种基于数据的物流管理，不仅提升了运输效率，还能够有效降低运输过程中的碳排放。此外，企业可以根据实时数据调整运输计划，减少空载运输的情况，从而提高资源利用率。

在市场反馈方面，通过对数据的搜集和分析，物联网技术能够为企业提供精准的市场反馈。企业在生产过程中，能够实时获取消费者对产品的评价和需求变化。这种数据驱动的市场响应机制，使得企业能够及时调整生产策略，推出符合市场需求的环保产品。这种灵活的生产方式，不仅满足了消费者的需求，也促进了可持续时尚的发展。

在废弃物管理方面，物联网技术的应用同样不可忽视。通过对生产过程中的废弃物进行监测，企业能够实时了解废弃物的产生量和处理情况。这种监测机制使企业能够及时采取措施进行废弃物的分类和回收，减少对环境的负面影响。智能化的废弃物管理不仅提高了资源的循环利用率，也推动了环保生产的实施。

在企业内部协作和沟通方面，物联网技术在企业内部的协作和沟通中发挥了重要作用。通过建立智能化的信息平台，各部门能够实时共享生产数据，提升了信息流通的效率。这种协作模式使企业能够快速响应市场需求和内部调整，提高了整体的生产效率。在绿色生产的背景下，这种高效的协作模式为企业带来了更大的竞争优势。

在企业可持续发展方面，物联网技术的推广也促进了企业在可持续发展方面的创新。企业能够通过对数据的深入分析，识别出新兴的环保技术和材料。这种基于数据驱动的创新，推动了新产品的研发，满足了市场对环保产品的需求。此外，企业通过不断改进生产过程中的环保性能，提升了品牌的社会责任感。

在人才培养方面，物联网技术为企业提供了新的培训平台。员工能够通过智能化的学习系统，快速掌握物联网技术的应用和操作。这种培训方式不仅提高了员工的技能水平，也为企业在数字化转型中培养了更多的专业人才。具备物联网技术能力的员工，能够在生产过程中发挥更大的作用，推动绿色生产的实施。

随着物联网技术的不断发展，企业在绿色生产方面的效率将持续提升。未来，企业将能够借助更先进的智能设备和系统，实现对生产全过程的精细化管理。这种高效的生产方式，不仅降低了资源的消耗，也减少了对环境的负面影响，推动了可持续时尚的发展。

物联网技术的应用还将在行业标准化方面发挥积极作用。通过数据的共享和透明，企业能够共同建立绿色生产的标准和规范。这种行业内的标准化，有助于提升整个行业的环境表现，推动可持续发展目标的实现。企业在这一过程中，不仅能够增强自身的市场竞争力，也为行业的整体转型贡献力量。

通过物联网技术，企业能够在环保和经济效益之间实现良性循环。智能化的生产过程降低了资源消耗，提高了生产效率，从而提升了经济效益。同时，企业在实现盈利的过程中，也履行了对环境保护的责任，推动了可持续发展的进程。这种双赢的局面，将促使企业在今后的市场竞争中占据有利位置。

综上所述，物联网技术在绿色生产中的应用为时尚行业的可持续发展提供了新的机遇。通过提升生产效率、降低资源浪费和加强环保管理，企业能够在数字化转型的过程中，实现更高水平的可持续性。物联网技术的推广，不仅推动了企业的转型升级，也为全球环保目标的实现贡献了力量。

四、从大规模制造到定制化生产的可持续转型

从大规模制造到定制化生产的转型正在为可持续时尚带来新的机遇。传统的大规模生产模式往往造成资源的浪费和环境的负担，随着消费者对个性化和环保的关注度提升，品牌不得不重新思考其生产模式。定制化生产不仅能够满足消费者的个性化需求，还能够显著减少因库存过剩和过度生产造成的资源浪费。通过这种转型，时尚行业有望在满足市场需求的同时，实现更高水平的可持续发展。

定制化生产模式的实施需要对生产流程进行全面的优化和调整。企业在转型过程中，应注重灵活性和适应性，以应对市场的快速变化。通过引入智能化技术，企业能够根据实际订单来调整生产计划，实现按需生产。这种灵活的生产方式使企业能够最大限度地减少不必要的资源消耗，确保每一件产品都符合消费者的需求，从而提升资源利用效率。

随着数字化技术的不断进步，生产定制化的可行性大大增强。企业可以通过数字化工具收集消费者的偏好数据，分析市场趋势，从而制订出更符合消费者需求的定制化产品方案。数据的应用使设计师能够快速获取消费者反馈，实时调整产品设计，提高了市场适应能力。这种数据驱动的设计过程，使得企业能够在竞争激烈的市场中获得优势。

在定制化生产的过程中，物联网技术的引入可以提升生产效率和透明度。通过实时监控生产设备和流程，企业能够及时发现生产瓶颈并进行调整。这种监控机制不仅提升了生产效率，也为企业提供了准确的数据支持，使其能够在生产过程中实现更高的可持续性。此外，物联网技术的应用使消费者能够实时跟踪自己的订单状态，增强了购物体验。

在此期间，定制化生产还能够推动资源的循环利用。企业在生产过程中，通过材

料的回收和再利用材料，能够减少对新材料的采购需求。许多品牌已经开始探索使用可回收材料进行定制化生产，这种做法不仅符合环保理念，也满足了消费者对可持续产品的需求。通过引入循环经济的理念，企业能够在推动可持续转型的同时，创造新的商业机会。

在定制化生产的过程中，生产流程的简化同样至关重要。企业可以通过精益生产的方法，优化生产环节，减少不必要的操作步骤。这种简化的生产流程不仅提高了效率，也降低了资源消耗。通过引入自动化设备和智能系统，企业能够在生产过程中实现更高的精度，确保每一件定制产品都符合质量标准，从而降低了废弃率。

消费者对个性化定制的需求日益增加，推动了企业在产品设计和生产方面的创新。企业可以根据消费者的反馈，推出更多符合个性化需求的产品。这种快速响应市场需求的能力，使企业能够在竞争中保持灵活性和优势。通过与消费者的互动，企业不仅能够更好地理解市场需求，还能提升消费者的品牌忠诚度。

在品牌与消费者的关系方面，定制化生产为企业提供了更大的互动空间。消费者在参与定制过程中，能够对产品的设计和功能提出意见，这种参与感提升了消费者的购物体验。品牌通过加强与消费者的沟通，能够更好地把握市场趋势，并及时调整产品策略。这种双向的互动关系，有助于品牌在市场中建立良好的声誉。

通过智能化技术，企业在生产定制化过程中能够实现更高的自动化水平。智能设备能够根据市场需求和消费者偏好，自动调整生产计划。这种智能化的生产方式，不仅提高了效率，还降低了人工成本。企业在此过程中能够更加灵活地应对市场变化，确保产品及时交付。定制化生产的可持续转型也促进了供应链的优化。企业能够通过精细化管理，降低供应链中的资源消耗。例如，通过与供应商共享数据，企业能够实时掌握材料的使用情况，从而调整采购计划。这种高效的供应链管理方式，减少了资源的浪费，提高了整体运营效率，为可持续发展提供了支持。

定制化生产使得企业能够更好地控制产品的生命周期。使品牌能够在设计和生产的每个环节中考虑环保因素，确保每一件产品都符合可持续发展的标准。这种全生命周期的管理方式，有助于企业识别产品对环境的影响，并采取相应的措施进行改进。通过持续监测产品的环境影响，企业能够实现更高水平的环保绩效。

在教育和培训方面，定制化生产的转型也为员工提供了新的学习机会。企业需要培训员工掌握新的生产技术和管理方法，以适应定制化生产的需求。通过数字化培训平台，员工能够快速学习新技能，提升自身的职业素养。这种培训不仅有助于员工的个人发展，也为企业在转型过程中提供了强有力的支持。

在市场推广方面，企业通过定制化生产能够更精准地满足消费者的需求。品牌可以通过社交媒体和数字化营销手段，推广个性化定制产品。这种精准的市场营销策略，使企业能够在目标消费群体中建立良好的品牌形象，提升市场份额。定制化产品的推广，有助于吸引更多关注环保的消费者，推动可持续时尚的发展。

智能化制造与定制化生产的结合，将进一步推动时尚行业的可持续转型。通过数字化技术，企业能够实现灵活的生产方式，快速响应市场变化。消费者对个性化产品的需求，推动企业不断创新设计方法和生产流程。这种转型不仅提升了品牌的市场竞争力，也为行业的可持续发展奠定了基础。

定制化生产的成功实施还需要企业在技术和管理方面的持续投入。品牌应关注数字化技术的应用，提升生产效率和透明度。同时，企业在生产过程中需要不断优化资源配置，以实现更高水平的可持续性。通过这些努力，企业将能够在激烈的市场竞争中保持优势，为可持续发展贡献力量。

归根结底，从大规模制造到定制化生产的可持续转型为时尚行业带来了新的机遇和挑战。企业通过灵活的生产模式和数字化技术的应用，不断提高生产效率和资源利用率。定制化生产不仅满足了消费者对个性化的需求，也为可持续时尚的发展提供了强有力的支持。这一转型过程将推动整个行业向更加环保、可持续的方向发展。

第三节
数字化时代的消费者互动新模式

在数字化时代，消费者的购买行为和品牌互动方式发生了深刻变化。社交媒体、移动应用和电商平台的兴起，使消费者可以更方便地获取信息，参与品牌决策，并分享自己的购物体验。这种新的互动模式使消费者不仅是产品的购买者，更是品牌故事的传播者。品牌通过分析消费者在各类平台上的反馈，能够及时了解市场趋势和消费者需求，从而进行针对性的营销和产品优化。此外，数字化也为品牌提供了个性化服务的机会，通过数据分析和消费者画像，品牌能够为用户量身定制产品和体验。这一切都在不断推动可持续时尚的发展，消费者在选择环保产品时也愈加注重品牌的社会责任与环保承诺。

一、虚拟时尚与数字服饰的环保潜力

虚拟时尚与数字服饰的环保潜力正在为时尚行业带来新的发展方向。这一新兴趋势通过数字技术的应用，使消费者能够以更环保的方式参与时尚消费。与传统服装相比，虚拟服饰不需要实体材料的生产和运输，从根本上降低了资源的消耗和环境的负担。这种创新的消费模式不仅迎合了当今消费者日益增长的环保意识，也为品牌创造了全新的市场机会。

与此同时，虚拟时尚能够有效减少生产过程中的废弃物。传统服装生产通常会产生大量的边角料和未售出的库存，而虚拟服饰的设计和展示完全依赖于数字平台，设计师可以在虚拟环境中创造多样化的服装风格而不必担心实体材料的浪费。这种无物理界限的设计方式，促使品牌在环保方面做出更大的努力，有利于实现可持续发展的目标。

通过虚拟试衣技术，消费者可以在购买前实时体验服装效果，降低了因不合适而产生的退换货率。在传统购物中，因尺码或款式不合适导致的退换货不仅浪费了资源，也给环境带来了额外的负担。虚拟试衣使得消费者能够在购物前对服装进行全面的评估，从而有效避免了不必要的资源浪费。品牌借助这一技术，能够提高消费者的满意度，降低环保压力。

数字服饰的个性化定制能力也为可持续时尚注入了新的活力。消费者能够通过数字平台，根据自身喜好和风格定制独特的虚拟服装。这一过程不仅满足了消费者对个性化的需求，也减少了因生产多余产品而造成的资源浪费。定制化的趋势提升了品牌在设计和生产中的灵活性，促进了环保设计理念的落地。

在社交媒体和虚拟社区的推动下，虚拟时尚正逐渐成为新一代消费者的热门选择。品牌可以通过社交平台展示虚拟服饰的设计过程与应用效果，吸引更多关注环保的消费者。社交媒体的互动性使得消费者能够参与品牌的设计与传播中，形成良好的品牌忠诚度。这种新型的互动模式不仅提高了品牌的曝光率，也促进了虚拟时尚在可持续发展中的发展。

虚拟服饰的推广还为时尚品牌创造了新的收入模式。通过在线平台，品牌能够销售虚拟服装，消费者可以在社交媒体或虚拟活动中展示。这种新颖的消费方式不仅吸引了年轻一代的关注，也减小了实体服装生产带来的环境负担。品牌通过多样化的收入渠道，能够在竞争激烈的市场中保持优势，推动可持续时尚的发展。

在教育和意识提升方面，虚拟时尚也展现出了独特的潜力。品牌可以利用虚拟服饰展示环保材料的优势和可持续设计的理念，增强消费者的环保意识。通过虚拟环境，消费者能够更直观地了解时尚产业对环境的影响，从而在购买时做出更为明智的决策。这种教育作用为今后的可持续时尚奠定了良好的基础。

通过虚拟时尚，企业能够在品牌形象上实现绿色转型。品牌借助虚拟服饰传达可持续发展的理念，使消费者能够感受到品牌对环保的承诺。这种形象的建立不仅提升了品牌的市场竞争力，也为吸引关注环保的消费者提供了机会。品牌通过塑造绿色的形象，实现与消费者之间的情感共鸣，提升了品牌忠诚度。

在虚拟时尚与现实时尚的结合中，品牌能够探索更多的创新应用。例如，通过增强现实技术，消费者可以在实体店中看到虚拟服装的展示。这样的结合不仅提升了消费者的购物体验，也使实体店能够有效吸引消费者的关注。品牌在这种交互模式中实现了线上线下的无缝衔接，促进了环保理念的传播。

虚拟时尚的可持续潜力还体现对传统供应链的影响。通过减小对实体材料的依赖，品牌能够有效降低原材料采购和运输的成本。这种新的生产模式不仅提升了生产效率，还减少了碳排放，降低了供应链对环境的影响。品牌在实施这种模式时，能够更好地管理资源，实现环保与经济效益的双赢。

通过虚拟设计与展示，品牌能够在短时间内推出多款产品，满足不同消费者的需求。这种灵活性使品牌能够快速响应市场变化，降低因产品滞销带来的库存压力。减少库存不仅减少了资源的浪费，也使品牌能够在环保方面实现更大的成就。品牌还能在定期更新虚拟服饰的过程中保持新鲜感，吸引消费者的持续关注。

虚拟时尚的环境效益还体现在对传统制造工艺的颠覆。通过数字设计，企业能够在设计阶段进行多次试验和修改而无须进行物理样衣的制作。这一过程不仅节省了时间和材料，也使得企业能够更快地实现创意的落地。这种创新的设计流程，为时尚行业的可持续发展带来了新机遇，推动了环保意识的深入人心。

在消费者互动方面，虚拟时尚为品牌与消费者提供了更广泛的交流渠道。消费者在社交平台上分享自己的虚拟穿搭体验，不仅提高了品牌的曝光度，也促进了环保时尚的传播。通过这种互动，品牌能够更好地了解消费者的需求和反馈，从而在设计和产品开发中作出相应的调整。消费者与品牌之间的紧密联系，进一步推动了可持续发展目标的实现。

虚拟时尚还为品牌提供了一个创新的市场营销平台。品牌可以通过虚拟服饰进行广告宣传和推广活动，吸引更多关注环保的消费者。这种新颖的市场营销方式，不仅提升了品牌的知名度，也使环保理念深入人心。通过与消费者的互动，品牌能够在市场中建立良好的声誉，推动可持续时尚的发展。

在未来的时尚产业中，虚拟时尚与数字服饰的应用将继续拓展，推动行业的可持续转型。品牌通过数字技术的创新应用，将在生产和消费的各个环节中实现更高的环保标准。这种转型不仅符合市场需求，也为时尚行业的绿色发展提供了强有力的支持。通过充分挖掘虚拟时尚的潜力，企业能够在竞争中占据有利位置，实现可持续发展的目标。

二、消费者共创与数字时代的个性化定制

消费者共创与数字时代的个性化定制正在重塑时尚行业的运作模式。通过数字化技术，品牌能够将消费者的意见和需求直接融入产品设计和生产过程中。这种共创模式使消费者不仅是产品的使用者，更是设计过程中的参与者。品牌通过与消费者的深度互动，能够更好地理解市场需求，提高产品的市场适应性，同时也提升了消费者的品牌忠诚度。

数字化技术的进步为个性化定制提供了更为丰富的可能性。通过分析消费者的行为数据和偏好，品牌能够为其提供高度个性化的产品选项。消费者可以在网上选择面料、颜色、款式等，按照自己的喜好定制独特的服装。这种个性化的体验不仅满足了消费者对独特性的追求，也使得品牌能够在市场中脱颖而出。

在消费者共创的过程中，社交媒体发挥了重要的作用。品牌通过社交平台与消费者建立互动，鼓励他们分享对产品的看法与建议。消费者的反馈能够直接影响品牌的设计方向，使品牌在开发新产品时更具针对性。通过这种方式，品牌能够在保持市场敏感度的同时提升产品的竞争力，实现双赢。

数字技术的应用使得个性化定制的生产流程更加高效。企业能够借助3D打印等技术，快速实现消费者的定制需求，使品牌能够在极短的时间内推出新款产品，满足消费者对新鲜感的需求。通过优化生产流程，品牌不仅提高了效率，还减少了资源浪费，推动了可持续发展目标的实现。

通过消费者的参与，品牌能够获得更准确的市场信息。共创模式使消费者的声音得以直接传达给设计团队，这种信息反馈有助于品牌在设计阶段做出更为科学的决策。通过对消费者意见的重视，品牌能够在产品设计中融入更多符合市场需求的元素，从

而提高其市场适应性，增强其品牌形象。

个性化定制不仅提升了消费者的购物体验，也推动了品牌的创新。消费者通过参与设计，提出独特的想法和创意，这种创新的源泉使品牌在产品开发中不断突破传统界限，尝试新的设计思路。在此过程中，品牌不仅丰富了产品线，也在市场中创造了新的增长机会。

数字化时代的个性化定制还能够有效减小库存压力。品牌在生产过程中可以根据实际订单进行生产，避免了过量生产导致的库存积压问题。这种按需生产模式不仅提高了资源的利用率，也降低了资金占用率，为企业创造了更大的经济效益。同时，也降低了库存对环境的影响，符合可持续发展的理念。

在消费者共创中，品牌能够建立起更为紧密的客户关系。通过与消费者的互动，品牌能够增强消费者的归属感。消费者在参与设计和反馈的过程中，感受到品牌对其意见的重视，进而提高了品牌忠诚度。这种良好的客户关系为品牌的长期发展提供了支持，促进了可持续时尚的深入推进。

数字技术的快速发展使得消费者共创的方式更加多样化。品牌可以通过线上设计平台、社交媒体等渠道，与消费者进行互动。消费者不仅能够参与产品设计，还能通过网络投票、反馈等方式影响品牌决策。这种参与方式增强了消费者的体验，使其在购物过程中感受到更多乐趣，也推动了品牌的创新。

在环保意识日益增强的背景下，消费者的共创与个性化定制为品牌提供了新的发展机会。越来越多的消费者开始关注产品的环保特性，他们在选择定制产品时希望品牌能够提供可持续的材料和环保的生产方式。品牌通过响应消费者的需求，不仅能够提升自身的环保形象，还能在竞争中获得优势，促进可持续时尚的发展。

通过分析消费者的偏好数据，品牌能够更精准地满足不同消费者个性化定制的需求。数据驱动的决策使品牌能够洞察市场趋势，及时调整生产和设计策略。这种基于数据的精准营销，不仅提升了品牌的市场竞争力，也为消费者提供了更为个性化的购物体验。在这一过程中，品牌通过持续优化产品设计，推动了可持续发展的实现。

在教育与培训方面，消费者共创模式也为品牌提供了新的思路。品牌可以通过在线平台与消费者进行互动，了解其对环保设计的期望。这样的反馈机制不仅提升了品牌的市场敏感度，也为品牌的可持续发展提供了支持。消费者的参与使品牌在产品开发过程中更具灵活性，能够及时应对市场的变化。

通过消费者的参与，品牌能够加强对环保材料的推广。消费者在定制产品的过程中，可以选择环保材料，推动品牌在生产中使用可持续的资源。这种选择不仅提升了消费者的环保意识，也使品牌在市场中获得更多的关注。品牌通过这种方式，不仅实现了经济效益，还履行了社会责任，为可持续发展作出了贡献。

在品牌形象塑造方面，个性化定制与消费者共创为企业提供了新的机遇。品牌通过展现其在环保方面的努力，能够吸引关注可持续发展的消费者。消费者的参与使品牌能够建立良好的社会形象，增强市场竞争力。这种积极的形象塑造，不仅有助于品牌在市场中获得认可，也为可持续时尚的推广提供了支持。

随着技术的不断进步，消费者共创与个性化定制的趋势将会持续发展。品牌能够借助数字化工具，提高与消费者的互动频率，通过不断创新和优化，在个性化定制方面将实现更高水平的服务，满足消费者对独特产品的需求。在这一过程中，品牌与消费者之间的关系将更加紧密，共同推动可持续时尚的发展。

在市场推广方面，品牌可以通过与消费者共创来增强市场推广的效果。消费者在社交媒体上分享定制体验，有助于品牌扩大影响力。品牌通过鼓励消费者参与产品设计和推广，能够形成良好的口碑，吸引更多关注环保的消费者。通过这种互动方式，品牌不仅提升了知名度，也为可持续发展创造了良好的条件。

总而言之，消费者共创与数字时代的个性化定制正在为时尚行业带来新的变化。品牌通过与消费者的深度互动，不断优化产品设计，提升市场适应性。个性化定制的实施不仅满足了消费者的需求，也为企业的可持续发展提供了动力。这一新模式将继续推动时尚行业向更加环保、可持续的方向发展。

三、社交媒体与虚拟平台对消费者行为的引导

社交媒体与虚拟平台正在深刻影响消费者行为，尤其是在时尚行业。随着互联网的普及，消费者越来越依赖社交媒体获取信息、寻找灵感和与品牌互动。这类平台的广泛应用不仅改变了消费者的购物方式，也重塑了品牌与消费者之间的关系。通过社交媒体与虚拟平台，品牌能够迅速传播其产品和理念，吸引更多关注环保的消费者，从而推动可持续时尚的发展。

与此同时，社交媒体为品牌提供了直接与消费者沟通的渠道。品牌通过发布内容、分享产品信息和展示消费者评价，能够增强消费者对品牌的信任感。消费者在社交平台上看到其他用户的使用体验，会更容易产生购买欲望。这种信息共享的方式，有助于品牌在市场中建立良好的形象，吸引更多潜在客户。

通过社交媒体，消费者能够方便地获取有关时尚潮流和环保产品的信息。品牌可

以利用虚拟平台发布有关可持续时尚的内容，引导消费者关注环保和社会责任。消费者在浏览这些信息时，会形成对品牌和产品的认知，进而影响其购买决策。社交媒体的影响力使得品牌能够有效传播环保理念，推动消费者对可持续时尚的重视。

在虚拟平台方面，消费者可以获得沉浸式的购物体验。这些平台通过虚拟现实技术，为消费者提供与品牌互动的全新方式。消费者能够在虚拟环境中试穿服装、搭配饰品，体验不同风格的穿着效果。这种互动体验不仅提升了消费者的参与感，也激发了他们的购买欲望和个性化定制的需求。

社交媒体和虚拟平台的结合，进一步增强了消费者的互动体验。消费者能够在社交平台上分享自己的虚拟试穿体验，吸引朋友的关注和讨论。这种分享行为不仅提升了品牌的曝光度，也促进了消费者之间的互动与交流。品牌通过社交媒体的传播效应，能够更快速地扩展市场影响力，推动可持续时尚的发展。

在消费者行为的引导上，社交媒体营销策略尤为重要。品牌可以通过社交媒体投放针对特定消费群体的广告，精准触达目标用户。通过分析消费者的数据和行为，品牌能够制订出更为有效的营销方案。这种精准的市场营销方式，能够引导消费者关注品牌的环保产品，从而提高销售转化率。

通过社交媒体的评价和反馈机制，消费者能够获取真实的产品信息。品牌可以通过邀请消费者分享使用体验，收集反馈和建议。这种互动方式不仅能够让品牌了解消费者的需求，还能提升消费者对品牌的认同感。通过积极响应消费者的反馈，品牌能够在产品设计和市场推广上不断改进，推动可持续时尚的发展。

在社交媒体方面，知名人士的影响力不容忽视。品牌可以通过与这些影响者合作，提升自身在市场中的可见度。这些影响者的推荐能够显著提高品牌的信任度和曝光率，帮助品牌更好地接触到关注环保的消费者。这种营销策略不仅有效提升了品牌的市场竞争力，也推动了消费者对可持续时尚的认同。

虚拟平台为消费者提供了便捷的购物渠道，提升了购物的效率。消费者可以在虚拟环境中直接购买所需产品，而无须去实体店铺。这种便利的购物体验，符合现代消费者的生活节奏，同时减少了实体店购物产生的资源浪费。品牌通过优化线上购物流程，能够在满足消费者需求的同时推动环保目标的实现。

在品牌宣传方面，社交媒体能够提升品牌的传播效应。品牌通过发布与可持续时尚相关的内容，能够吸引关注环保的消费者。通过信息的传播，品牌能够塑造自身的环保形象，增强消费者对品牌的信任。消费者在选择时尚产品时会优先考虑那些具有社会责任感的品牌。

社交媒体的互动性为消费者提供了更多的参与机会。消费者可以在平台上参与品牌的活动，分享自己的设计想法和建议。这种参与感增强了消费者对品牌的归属感，使其在购买时更加倾向于选择该品牌的产品。品牌通过积极互动，能够在市场中建立良好的口碑，推动可持续发展目标的实现。

随着社交媒体和虚拟平台的不断发展，品牌与消费者之间的关系将更加紧密。消费者在社交平台上的活跃参与，使品牌能够更好地了解市场动态和消费者需求。品牌可以通过分析社交媒体数据，洞察消费者的行为变化，从而及时调整产品和营销策略。这种数据驱动的决策方式，有助于品牌在竞争中保持优势。

同时，社交媒体与虚拟平台的结合还推动了消费者对时尚的再思考。消费者在虚拟平台上接触到的环保时尚内容，能够改变其对消费的态度。越来越多的消费者开始关注产品的环保性能，愿意为可持续产品支付更高的价格。在这一过程中，品牌通过持续的教育与宣传，能够引导消费者形成更加理性的消费观。

在虚拟环境中，品牌可以进行多样化的推广活动。消费者可以通过参与虚拟时尚秀、在线设计比赛等活动，直接体验品牌的个性化服务。这种新颖的互动形式提升了消费者的参与感，增强了品牌与消费者之间的联系。品牌通过创新的推广方式，能够吸引更多关注环保的消费者，为可持续发展贡献力量。

在未来，社交媒体与虚拟平台将继续引领时尚行业的发展。品牌需要不断探索新的互动模式，提升消费者的参与体验。通过社交媒体的广泛传播，品牌能够将可持续时尚的理念推广给更广泛的人群，推动行业的绿色转型。消费者的反馈与参与将为品牌提供宝贵的市场信息，促进品牌的创新与可持续发展。

概括来说，社交媒体与虚拟平台对消费者行为的引导正在为时尚行业带来深刻的变化。品牌通过数字化技术与消费者紧密互动，能够在市场中建立良好的声誉，推动可持续时尚的发展。通过这种新的消费模式，品牌与消费者共同推动着时尚行业的转型与进步。

四、数字技术对品牌与消费者长期关系的重塑

数字技术的快速发展正在重塑品牌与消费者之间的长期关系。在数字化时代，品牌能够通过多种渠道与消费者进行实时互动，增强彼此之间的联系。这种互动不仅提高了消费者的参与感，也使得品牌能够更好地理解消费者的需求和偏好。通过数字化工具，品牌与消费者之间的沟通变得更加便捷，建立了更加紧密的关系。

与此同时，数字技术为品牌提供了丰富的数据支持，使其能够更深入地分析消费者行为。品牌可以通过收集和分析消费者的购买历史、反馈和在线活动，洞察他们的需求变化。这种基于数据的分析能力，使品牌能够及时调整市场策略，从而满足消费者的期望。通过深入了解消费者，品牌能够在产品设计和服务上做出更加精准的决策，从而提高消费者的满意度。

在数字化环境中，社交媒体成为品牌与消费者沟通的重要平台。品牌可以利用社交平台发布内容、进行互动，吸引消费者参与讨论。这种互动不仅使消费者感受到被重视，也让品牌能够及时获取反馈。通过社交媒体的互动，品牌能够建立更为人性化的形象，提升消费者对品牌的认同感，有助于提升品牌忠诚度，促使消费者在以后的购物中再次选择该品牌。

数字技术的应用也使品牌能够为消费者提供个性化的体验。通过数据分析，品牌能够根据消费者的历史购买行为和偏好，推荐符合其需求的产品。这种个性化的推荐提升了消费者的购物体验，使消费者感到品牌真正了解自己的需求。消费者在体验到个性化服务后，往往会对品牌产生更强的忠诚感，这种忠诚感在激烈的市场竞争中尤为重要。

通过建立消费者社区，品牌能够增强与消费者的互动。这些社区为消费者提供了一个交流平台，使其能够分享使用体验、建议和想法。品牌可以积极参与社区互动，听取消费者的反馈并进行回应。这种积极的互动有助于提升消费者的归属感，增强他们对品牌的认同。在品牌与消费者之间建立信任关系，有助于推动品牌的长期发展。

数字化技术还为品牌提供了灵活的市场响应能力。通过实时监测市场趋势和消费者反馈，品牌能够迅速调整产品和营销策略。这种灵活性使品牌能够更好地适应市场变化，保持竞争力。同时，及时的市场响应也增强了消费者对品牌的信任，促使其在以后的购买决策中优先选择该品牌。

在消费者行为的引导方面，品牌可以通过数字技术实施有效的市场营销策略。通过分析消费者的行为数据，品牌能够制订出更具针对性的广告投放计划。这种数据驱动的营销策略，不仅能够提高广告的有效性，还能使品牌与消费者之间的关系更加紧密。消费者在看到符合其兴趣的广告时，往往会对品牌产生好感，从而增强购买意愿。

通过数字技术，品牌能够提升售后服务的质量。这种提升不仅体现在响应速度上，更在于服务的个性化。品牌可以通过数字平台提供实时的客户支持，使消费者在遇到问题时能够及时获得帮助。这种贴心的服务可以让消费者感到被重视，从而增强他们对品牌的信任。良好的售后服务体验有助于品牌与消费者之间长期关系的建立。

品牌通过数字化手段增强与消费者的互动，能够提升品牌的社会责任感。消费者越来越关注品牌在环境保护和社会责任方面的表现。通过透明的信息分享，品牌可以向消费者展示其在可持续发展方面的努力和成就。这种透明度不仅提升了品牌形象，也增强了消费者对品牌的信任。品牌在履行社会责任的同时，也能在市场中获得竞争优势。

在个性化定制方面，数字技术使品牌能够更好地满足消费者的独特需求。消费者在定制产品的过程中，可以直接参与设计与反馈。品牌通过这种参与式的设计过程，能够增强消费者的满意度和归属感。消费者在体验到这种个性化的服务后，往往会对品牌产生更高的忠诚度，从而推动品牌的长期发展。

随着数字技术的不断演进，品牌与消费者之间的互动将变得更加深入。新兴的数字平台为品牌提供了更多与消费者沟通的机会。品牌能够通过这些平台开展线上活动，吸引消费者参与并分享。这种互动不仅提升了品牌的市场影响力，也促进了消费者对品牌的认同。品牌通过积极参与消费者的生活，能够在将来与其建立更加持久的关系。

品牌在利用数字技术进行互动时，能够通过故事化的方式吸引消费者的关注。品牌可以通过讲述其发展历程、价值观和环保理念，激发消费者的兴趣。这种情感共鸣有助于提升品牌的认同感，使消费者在购买决策中更加倾向于选择该品牌。品牌通过有效的故事传播，能够在消费者心中树立起积极的形象，推动长期关系的建立。

在消费者教育方面，数字技术的应用为品牌提供了新的机会。品牌可以通过数字平台传播可持续时尚的知识，提高消费者对环保产品的认知。这种教育过程不仅能够增强消费者的环保意识，还能促使他们在消费时做出更为理性的选择。品牌通过提升消费者的教育水平，能够在市场中建立良好的声誉，推动可持续发展目标的实现。

通过数字技术的应用，品牌可以提升与消费者的信任度。品牌在与消费者互动时，透明地分享产品信息和生产过程，能够增强消费者的信任感。消费者在了解品牌的生产方式及环保措施后，更容易提升其对品牌的忠诚度。品牌通过这种透明的沟通方式，能够在市场中树立良好的形象，为长期关系的建立奠定基础。

随着数字时代的到来，品牌与消费者的关系将继续演变。品牌需要不断探索新的数字互动方式，提升消费者的参与体验。通过积极的互动和透明的信息分享，品牌能够在消费者心中树立起可信赖的形象，推动长期关系的建立。在这一过程中，品牌通过满足消费者的期望，实现可持续发展的目标，赢得更广泛的市场认可。

归纳起来，数字技术在重塑品牌与消费者之间的长期关系方面发挥了重要作用。

通过有效的互动和个性化的服务，品牌能够在竞争中获得优势，推动可持续时尚的发展。数字时代的消费者互动新模式，为品牌与消费者之间的关系建立了新的基础，推动了行业的转型与进步。

第七章

可持续时尚的
展望与总结

可持续时尚的理念在全球范围内逐渐获得广泛认可。随着环境问题的加剧和社会责任意识的提高，时尚行业正面临着转型的紧迫性。这一转型不仅要求品牌在生产和设计中考虑环保因素，也促使消费者在购买时更加关注可持续发展。数字化技术的引入为可持续时尚的发展提供了新的机遇，通过智能化设计和个性化定制，品牌能够更灵活地满足市场需求，减少资源消耗。随着消费者对环保时尚认知的不断提升，品牌需要更加重视其社会责任，采取环境友好的生产模式。未来的时尚行业将不仅仅是风格和潮流的体现，更是可持续发展理念的实践场。本章将探讨全球可持续时尚的发展前景、环保服装设计的未来方向以及可持续时尚对社会与环境的长期影响，力求为行业的远景发展提供全面的视角和深刻的见解。

第一节
全球可持续时尚的发展前景

全球可持续时尚的发展前景受到多种因素的影响。随着国际社会对气候变化和环境问题的关注加深，越来越多的国家和地区开始制定相应的政策和标准，以促进时尚行业的可持续发展。这些政策不仅涵盖环保法规，还包括激励措施，鼓励企业采取绿色生产方式。同时，消费者对可持续产品的需求日益增长，品牌在满足这种需求时需要加强环保意识和社会责任感。品牌通过创新设计和绿色材料的使用，能够在激烈的市场竞争中获得优势。因此，全球可持续时尚的发展既需要品牌的努力，也离不开消费者的支持。

一、可持续时尚在新兴市场中的成长机遇

可持续时尚在新兴市场中的成长机遇正在迅速显现。随着全球经济的发展和消费水平的提高，新兴市场的消费者对时尚和环保的关注日益增加。这种变化为时尚品牌提供了新的商业机会，推动了可持续时尚的蓬勃发展。品牌在进入这些市场时，能够通过满足消费者对可持续产品的需求，提升自身的市场竞争力。

新兴市场的年轻消费者群体，特别是千禧一代和Z世代，展现出对可持续时尚的强烈兴趣。随着教育水平的提高和信息获取渠道的多样化，年轻消费者的环境保护和社会责任的意识不断增强。他们在购买时，更加注重品牌的环保措施和生产过程的透明度。这一趋势使品牌在设计和生产过程中，必须考虑到可持续发展的因素，以吸引这一新兴市场的消费者。

通过数字化技术的引入，品牌能够更有效地与新兴市场的消费者进行互动。社交媒体和电子商务平台为品牌提供了直接接触消费者的机会，使其能够快速传播可持续时尚的理念。品牌可以通过这些渠道宣传环保材料和生产工艺，增强消费者对可持续时尚的理解和认同。通过有效的市场营销策略，品牌在新兴市场的渗透率和影响力将得以提升。

在新兴市场，政策环境的变化也为可持续时尚的发展提供了支持。许多国家开始制定与可持续发展相关的政策法规，鼓励企业采取环保措施。这些政策不仅为品牌提供了明确的指导方针，也为消费者创造了有利的购买环境。随着政策的逐步完善，品牌在新兴市场中推广可持续时尚的举措将会更加顺利。

与此同时，新兴市场中消费者对个性化和定制化产品的需求也在增加。品牌应借助这一趋势，提供符合消费者独特需求的可持续产品。通过个性化定制，品牌不仅能够满足消费者对时尚的渴望，还能在环保和社会责任方面做出承诺。这种双重满足使得品牌在新兴市场中更具吸引力，有助于提升客户忠诚度。

随着全球化的加速，新兴市场也在不断与国际时尚潮流接轨。消费者对全球时尚品牌的关注度逐渐提升，促使品牌在这些市场中更积极地推广可持续时尚。品牌可以通过展示国际先进的可持续生产理念和成功案例，增强消费者的信心和认同。这样的策略不仅推动了可持续时尚的普及，也为品牌在新兴市场中的成功奠定了基础。

在新兴市场中，品牌与当地社区的合作也为可持续时尚的发展提供了新的动力。

品牌通过与当地设计师、艺术家和工匠合作，开发符合本地文化的可持续产品。这种本土化的策略不仅增加了产品的文化内涵，也促进了当地经济的发展。通过这种方式，品牌不仅提升了自身的社会责任感，也增强了在新兴市场中的竞争力。

通过先进的技术和创新的商业模式，品牌能够在新兴市场中探索可持续时尚的更多可能性。例如，使用可再生材料、采用节能生产工艺和实施循环经济等，都是品牌在可持续时尚领域取得成功的关键。这些创新不仅提高了品牌的市场竞争力，也为消费者提供了更为环保的选择，满足了他们对时尚和可持续发展的双重需求。

在消费者教育方面，品牌在新兴市场中需要加强对可持续时尚的宣传和推广。通过开展各种形式的教育活动，品牌能够提高消费者对环保产品的认识和理解。这些教育活动可以通过线上课程、研讨会或社交媒体活动等多种方式进行，让消费者充分了解可持续时尚的价值和重要性。通过提升消费者的环保意识，能够为可持续时尚的发展奠定良好的基础。

品牌在新兴市场中建立的可持续时尚形象将对其长期发展产生积极影响。消费者在选择品牌时，往往会优先考虑那些在环保和社会责任方面表现优秀的品牌。通过持续的可持续发展努力，品牌能够在市场中树立良好的声誉，增强消费者的信任感，这种信任将有助于品牌在新兴市场的长期发展。

在新兴市场的可持续时尚中，科技的应用起到了重要的推动作用。品牌能够利用数字化工具分析市场需求，优化生产流程，从而减少资源浪费。通过实施智能制造和供应链管理，品牌能够在保证生产效率的同时，降低对环境的影响。这种科技赋能的模式，将为品牌在新兴市场中的发展提供强大的支持。

随着全球可持续时尚理念的不断传播，品牌在新兴市场中也面临着更大的竞争压力。消费者的选择将更加多样化，品牌必须不断创新，以满足消费者不断变化的需求。通过提供高质量的可持续产品，品牌能够在竞争中脱颖而出，赢得市场份额。同时，品牌应持续关注行业动态和市场趋势，以便及时调整策略，提高自身的竞争力。

可持续时尚在新兴市场的发展不仅是品牌的机遇，也是全球环保事业的重要组成部分。通过推动可持续时尚的发展，品牌能够促进当地经济的发展，提高消费者的生活质量。随着越来越多的消费者加入可持续时尚的行列，品牌在推动社会和环境可持续发展方面将发挥越来越重要的作用。

简言之，全球可持续时尚在新兴市场中的成长机遇显而易见。品牌通过满足消费者对环保和个性化的需求，能够在新兴市场中实现快速增长。通过不断创新和提升可持续发展意识，品牌能够在竞争激烈的市场中占据有利地位，为可持续时尚的愿景实现奠定坚实基础。

二、政策与法规对全球时尚行业的引导

政策与法规在引导全球时尚行业迈向可持续发展的过程中起着关键作用。随着全球环境问题的日益严峻，许多国家和国际组织逐渐意识到时尚行业对环境的巨大影响，并开始制定相应的政策来规范其行为。这些政策不仅在环境保护方面设定了明确的标准，也对品牌的社会责任和道德义务提出了新的要求。政策的引导使时尚行业朝着更加环保和可持续的方向发展。

许多国家政府已陆续出台了一系列针对时尚行业的环保法规。这些法规要求企业在生产过程中减少对水资源、能源和其他自然资源的消耗，同时减少有害物质的排放。例如，在一些国家，纺织品制造商必须遵循严格的水处理标准，确保生产废水在排放之前得到有效净化。这样的环保政策促使企业积极寻找环保替代材料和绿色生产方式，从而减少了对环境的破坏。

政策的引导不限于生产过程，还涵盖了产品的整个生命周期。政府要求企业在产品设计阶段就考虑到材料的可再生性和可回收性，并在产品报废阶段提供相应的回收方案。通过这种方式，品牌能够实现资源的有效循环利用，减小了环境负担。政策的推动使时尚行业的生产方式逐步向循环经济模式转型，最大限度地减少资源浪费。

此外，国际组织在推动全球时尚行业的可持续发展中也发挥着重要作用。联合国等国际机构通过发布指导性文件和建议，为各国提供了政策制定的框架。这些文件往往包含可持续发展目标，旨在促使各国政府、企业和消费者共同努力，实现环境保护和社会公正的目标。国际组织的倡导与推动，使可持续时尚理念得以在全球范围内传播和落实。

在贸易政策方面，一些国家和地区开始实行严格的进口标准，要求进口的纺织品和服装符合环保规定。这些政策有效地规范了国际市场的竞争，迫使品牌在全球范围内必须遵循可持续发展的原则。通过贸易政策的引导，品牌在进出口的过程中也提升了自身的环保标准，从而促进了可持续时尚的普及。

税收激励是各国政府在引导时尚行业可持续发展过程中采用的重要手段。通过为环保企业提供税收减免或补贴，政府鼓励企业投资绿色技术和环保项目。企业在进行可持续创新时，往往面临较高的成本，而税收激励政策的实施降低了这种负担，使其更有动力去推动绿色创新发展。品牌在享受政策支持的同时，也进一步推动了时尚行

业的环保转型。

消费者保护政策的出台也为可持续时尚的发展提供了保障。政府要求品牌在产品标识中清晰注明所用材料的来源及生产过程，确保消费者能够获得充分的信息。这些政策不仅提高了时尚行业的透明度，也使消费者在购买时能够做出更加明智的选择。消费者的环保意识在政策的推动下逐渐提升，也对品牌的社会责任感提出了更高的要求。

在许多国家，政策的实施还包括对可持续供应链的规范和引导。供应链的可持续性是时尚行业实现环保目标的关键之一。通过制定供应链透明度相关的法规，政府要求品牌对其供应链中的每一个环节进行监督，确保原材料的获取、加工和运输都符合环保标准。这种政策的实施使得品牌必须与其供应商密切合作，确保整个供应链都具备可持续性，从而减小对环境的影响。

政策引导也体现在对时尚行业教育和培训的支持上。许多政府开始与教育机构合作，推动环保设计和可持续时尚课程的普及。这些课程旨在为未来的设计师和行业从业者提供环保知识和可持续设计技巧。通过教育政策的支持，政府希望培养出更多具有环保意识的专业人才，从而推动时尚行业在今后向更加可持续的方向发展。

政府还通过信息披露政策，要求品牌公开其在可持续发展方面的努力和成果。这些信息不仅包括生产过程中的环保措施，还涉及员工福利、社区贡献等社会责任方面的内容。品牌通过遵守这些信息披露规定，能够增强消费者的信任感，提升自身在市场中的地位。这种透明的经营方式不仅提高了品牌的公信力，也使消费者能够更好地判断品牌的环保和社会责任表现。

环境监管政策的逐步严格也促使品牌在生产技术和材料选择上进行创新。为了符合政府的环保标准，许多品牌开始投入资源进行技术研发，开发更加环保的染色技术和材料处理工艺。这些技术创新不仅减少了对环境的污染，也降低了企业的运营成本，使环保生产逐渐变得经济可行。在政策的推动下，科技创新成为可持续时尚发展的重要动力。

政策的实施在促进时尚行业道德生产方面也起到了积极作用。许多政府通过立法，确保品牌在生产过程中不使用童工并维护工人权益。这种政策的引导提高了品牌的社会责任感，促使其在供应链管理中更加注重人权保护。这种道德生产的要求，不仅改善了生产环境，也提升了品牌在消费者中的形象。

在一些新兴市场，政府开始通过立法推动传统手工艺与可持续时尚的结合。许多新兴市场拥有丰富的传统手工艺资源，政府通过政策鼓励品牌与当地工匠合作，开发具有文化特色且符合可持续发展理念的产品。这种政策不仅有助于保护和传承传统文化，也促进了地方经济的发展，推动了可持续时尚在新兴市场的成长。

通过制定可再生能源使用的法规，政府推动了时尚行业在能源使用上的转型。许多国家要求纺织企业逐步减少对化石能源的依赖，转向使用太阳能、风能等可再生能源。这些能源政策使品牌在生产过程中必须调整其能源结构，从而降低了对环境的负面影响。这些政策的实施，提升了时尚行业整体的环保水平。

政策和法规还在推动品牌与学术界的合作方面发挥了积极作用。通过设立研究基金和合作项目，政府鼓励品牌与科研机构共同探索环保材料和绿色生产技术。这种合作使品牌能够获得更多的科研支持，提高了其在可持续发展方面的技术实力。在政策的引导下，科研成果逐渐在时尚行业得到应用，推动了环保技术的普及。

各国政府还通过制定减废政策，促使品牌在生产和消费阶段减少废弃物的产生。通过要求品牌在设计中考虑产品的可拆解性和可回收性，政府希望推动时尚行业减少废弃物填埋，提高材料的回收利用率。品牌在遵循这些减废政策时，不仅需要改进设计，还需在消费端提供回收服务，这种全生命周期的管理方式有效减小了对环境的影响。

归根结底，政策与法规在全球时尚行业的可持续发展中起到了重要的引导作用。通过制定相关政策，各国政府为品牌提供了明确的方向，引导其在生产和经营中践行环保理念。这些政策涵盖生产过程、供应链管理、贸易标准和社会责任等多个方面，使时尚行业在向可持续发展的道路上不断前进。政策与法规的引导，不仅推动了品牌的环保创新，也提高了消费者的环保意识，为全球可持续时尚的发展提供了重要支持。

三、可持续时尚对其他产业的推动影响

可持续时尚的发展对其他产业的推动影响日益显著。随着环保理念的深入传播，时尚行业的可持续举措成为许多产业效仿的对象。这不仅体现在生产工艺和材料创新方面，还影响了产业链的各个环节。从农业到物流，甚至能源行业，都受到可持续时尚理念的影响，进行自身的转型升级。

纺织业对农业的影响显而易见。为了满足可持续时尚对有机材料的需求，越来越多的农场开始采用无农药和无化肥的种植方式，生产有机棉、麻和羊毛等环保材料。这种改变不仅降低了化学药剂对土壤和水源的污染，也为农民创造了更具长期经济收益的农业模式。可持续时尚的要求，促使农业逐渐转向更符合生态平衡的种植方式。

与此同时，环保材料的应用推动了化工行业的绿色变革。为了满足时尚行业对低环境影响材料的需求，化工企业开始研发更加环保的纺织染料和助剂。这些新型染料在生产和使用的过程中减少了有害化学物质的排放，对环境和工人健康更为友好。化工行业在面对时尚行业的需求变化时，通过创新研发，逐步向更加环保的方向迈进。

物流业也在可持续时尚的推动下迎来了重大变革。为了减少碳足迹，时尚品牌纷纷开始要求物流供应商采用更加环保的运输方式。例如，使用电动货车或船运替代航空运输，以减少运输过程中的碳排放。物流企业因此不得不调整运输模式以提升效率，并逐步采用低排放的运输工具，推动了物流行业的绿色化发展。

能源行业也受到时尚行业可持续需求的深远影响。为了实现低碳生产，许多时尚品牌开始在生产过程中优先使用可再生能源，如风能和太阳能。能源供应企业因此需要增加对可再生能源的投入，以满足不断增长的市场需求。这种转型不仅有助于实现时尚行业的环保目标，也推动了整个能源行业向清洁能源的过渡。

建筑和室内设计行业也因可持续时尚理念的推广而发生了变化。时尚品牌在设计零售店和办公场所时，越来越倾向于采用环保材料和节能设计。建筑行业为了满足这些需求，开始研发和使用更符合环保标准的建筑材料和技术，以提升建筑物的能源效率。这种合作关系不仅为建筑行业开辟了新的市场，也使整个行业的环保水平得到了提升。

零售业的经营模式也受到可持续时尚推广的影响。时尚品牌为了减少过度消费和库存浪费，逐渐转向按需生产和小批量定制的模式。这种转变要求零售业改变传统的大规模销售策略，更加注重与消费者的互动和提供个性化服务。这种销售模式的变革，使零售行业在运营上更加灵活，减少了资源浪费，也为行业的可持续发展奠定了基础。

数字技术在可持续时尚中的应用推广也推动了信息技术行业的发展。为了实现生产和供应链的可追溯性，时尚品牌引入了区块链等技术，以确保产品从原材料到成品的每个环节都符合可持续标准。信息技术公司因此积极参与系统的开发和维护中，推动了行业在数字化透明度方面的进步。

旅游和酒店业也受到可持续时尚的启发，逐渐采用更加环保的经营方式。随着消费者对环保理念的认同感增强，许多酒店和度假村开始注重室内装饰中的环保元素，使用可持续材料的家具和纺织品。旅游公司也开始推广以环保为主题的旅游项目，以吸引更多关注可持续发展的消费者。时尚行业的环保努力，激励了旅游和酒店行业的绿色转型。

包装行业在可持续时尚的带动下，也发生了巨大变化。为了减少塑料污染，时尚品牌越来越多地采用可降解和可回收的包装材料。包装公司因此开始研发更加环保的替代材料，以满足时尚行业的需求。品牌的环保要求不仅推动了包装材料的创新，也提升了整个行业的环保标准。

金融行业同样受到了可持续时尚的影响。随着时尚品牌在可持续项目中的投资不断增加，金融机构开始为这些环保项目提供绿色金融服务，如绿色贷款和可持续发展基金。金融行业通过支持时尚行业的可持续发展，不仅获得了新的市场机会，也推动了更多企业关注环境保护和社会责任。

教育行业也在可持续时尚的推动下开始变革。为了培养未来的设计师和行业从业者，许多学校开设了与可持续时尚相关的课程。这些课程不仅教授学生如何在设计中应用环保材料，也培养了他们的社会责任感。教育行业通过与时尚行业的紧密合作，为可持续发展奠定了人才基础。

可持续时尚对消费者行为的引导也推动了快消品行业的绿色转型。随着消费者对环保产品的需求增加，快消品牌开始推出更多可持续包装和环保材料制成的产品。这些变化不仅符合消费者的需求，也使快消品行业逐渐减少对环境的负面影响，推动了整体行业向绿色发展的方向前进。

通过可持续时尚的发展，媒体和广告行业也在发生改变。时尚品牌越来越多地在广告中传递可持续发展的理念，强调产品的环保特性。广告公司为了迎合这一趋势，开始设计更加符合环保主题的广告内容，引导消费者关注可持续发展。这种宣传方式的转变，有助于在消费者中推广环保理念，推动了整个社会可持续意识的提升。

时尚行业在循环经济模式中的探索对废弃物管理行业也产生了积极影响。为了实现资源的循环利用，品牌开始在设计中考虑材料的可回收性，并与废弃物管理公司合作回收旧产品。这种合作关系促进了废弃物管理行业的发展，使其在回收和处理废弃物方面变得更加高效和环保，推动了资源的再利用。

食品行业在可持续时尚的影响下，也逐渐开始关注环境保护和社会责任。时尚品牌在推广有机和环保材料的过程中，也提高了消费者对有机食品的认知。食品企业开始加大对有机种植和环保生产方式的投入，以满足消费者对健康和环保的需求。时尚行业的环保实践，为食品行业提供了借鉴，推动其实现可持续生产。

在新材料研发领域，化学工业受到时尚行业需求的直接驱动。品牌对可降解纤维和再生聚酯纤维等材料的需求，促使化学工业进行技术创新，开发更加环保的替代品。这些新材料的应用，不仅为时尚行业提供了更加环保的选择，也推动了化学工业向可持续方向转型，降低了整个产业对环境的影响。

公共政策与法规的制定也在一定程度上受到可持续时尚的影响。随着时尚行业在环保和社会责任方面的努力，政府开始加大对其他行业可持续发展的监管力度。许多国家通过立法要求各行业在生产和经营中遵循环保标准，减少碳排放和资源浪费。时尚行业的努力，为公共政策的制定提供了参考，促进了跨行业的可持续发展。

艺术与文化创意产业也因可持续时尚的推动而受到启发。设计师们在创作中开始更多地使用环保材料和回收元素，以表达对环境保护的关注。艺术家通过将可持续理念融入作品，吸引公众对环境问题的关注。时尚行业的可持续实践，不仅影响了艺术创作的内容和形式，也推动了文化产业对社会问题的关注。

可持续时尚的发展影响深远，涉及众多产业，从农业、化工、物流到金融、教育等领域，皆受到这一趋势的推动而逐步向环保与可持续方向转型。时尚行业通过自身的实践与创新，不仅提升了行业内部的环保水平，也成为其他产业的榜样与动力，形成了跨行业协同推进可持续发展的良性局面。

四、未来可持续时尚的全球化发展趋势

未来可持续时尚的全球化发展趋势将呈现出多样化与深层次融合的特点。随着全球环境问题的日益严重，越来越多的时尚品牌开始寻求可持续发展之道，以减少对地球资源的过度消耗。这一趋势不仅涉及生产方式的革新，还涵盖整个供应链的调整和消费者意识的转变。可持续时尚的全球化发展正在走向更加系统化、标准化和多元化的道路。

可持续时尚在全球化发展中的一个重要趋势是国际合作的加强。越来越多的时尚品牌开始意识到，单凭一己之力难以实现全面的环保目标，因而纷纷寻求与其他品牌、环保组织和政府合作。这些合作推动了技术和资源的共享，使可持续时尚的实践得以更广泛地推广，并在不同国家和地区之间相互借鉴和学习。国际合作不仅提升了各品牌的技术水平，也促进了整个行业的标准化进程。

与此同时，各国政府在推动可持续时尚全球化发展中也发挥着重要作用。许多国家出台了与环保相关的政策法规，要求国内企业在生产和销售中遵循一定的环保标准。这些政策逐步形成了一种全球性的规范，各国品牌都必须符合可持续标准才能进入国际市场。这种法规上的统一，不仅推动了时尚行业的绿色化，还使可持续时尚在国际贸易中具备了更高的认同度和可操作性。

随着数字技术的普及，虚拟和数字化手段为可持续时尚的全球化发展注入了新的

活力。品牌通过数字平台与消费者沟通，推广可持续发展理念，能够突破地域限制，将环保信息传递到世界的每一个角落。虚拟现实、区块链和物联网等技术的应用，不仅提高了供应链的透明度，也增强了消费者对品牌的信任，使得可持续时尚理念更容易被全球消费者所接受。

消费者行为的变化是可持续时尚全球化发展中的关键因素之一。随着消费者环保意识的逐步提高，越来越多的消费者在购物时更倾向于选择那些在环保方面表现优秀的品牌。全球化的发展使这些消费者的声音得以通过社交媒体等平台迅速传播，影响了其他地区的消费习惯和时尚观念。品牌通过精准的市场营销策略，能够有效触及这些关注环保的消费者，推动可持续时尚观念的全球化认同。

在今后的发展中，材料创新将继续在可持续时尚的全球化进程中扮演重要角色。可持续时尚要求品牌在材料选择上考虑到资源的再生性和可回收性，促使纺织行业不断创新，研发出更多环保材料。再生纤维、有机棉和生物基材料的使用，使品牌不仅能够减少对自然资源的消耗，还可以减少生产过程中的碳排放。这种材料的全球化应用，推动了可持续时尚在各球的普及，促进了环保理念的传播。

同时，循环经济模式也在可持续时尚的全球化中起到了重要推动作用。越来越多的品牌开始探索如何在设计和生产中融入循环经济的理念，以实现资源的最大化利用。通过推广产品的再利用、修复和回收，品牌能够延长产品的生命周期，减少浪费。这种循环经济模式不仅在欧洲等发达地区得到了广泛应用，也逐渐在新兴市场中崭露头角，推动了全球范围内的时尚变革。

全球供应链的透明化是可持续时尚全球化的重要方向。品牌通过供应链追溯系统，确保每一个生产环节都符合环保标准，从原材料获取到成品制作的每个步骤都实现了公开透明。消费者在购买产品时可以查看其来源，了解其生产过程是否符合环保和道德标准。供应链的透明化不仅提升了品牌的公信力，也增强了消费者对可持续时尚的信任，提高了全球市场对环保品牌的接受度。

跨国环保组织的参与也加速了可持续时尚的全球化进程。环保组织通过与时尚品牌合作，制定行业标准、推广环保实践，使更多品牌开始重视可持续发展目标。这些组织的倡导不仅影响了品牌的运营策略，也引导了消费者的选择，形成了全球范围内的环保时尚潮流。通过环保组织的推动，可持续时尚的理念在全球范围内不断扩展，促进了行业的整体进步。

可持续时尚的全球化发展在未来将更加注重文化的多样性。品牌在推广可持续产品时逐渐意识到不同地区的文化差异，并开始结合当地的传统和环保理念进行设计。

通过尊重和融合当地文化，品牌能够更好地满足全球消费者的需求，同时也推动了文化的交流和融合。可持续时尚不仅仅是环保的体现，也是文化多样性的表达，推动了不同文化之间的相互理解和尊重。

技术创新是推动可持续时尚全球化的重要力量。随着科技的不断进步，智能制造和3D打印等新兴技术被应用于时尚行业，减少了生产过程中的资源浪费和碳排放。智能技术的应用使品牌能够更加高效地生产，并根据市场需求进行快速调整。这种灵活的生产模式使品牌能够更好地适应不同市场的需求，推动了可持续时尚在全球范围内的应用和发展。

在零售模式的变革中，可持续时尚的全球化发展也表现出显著特点。零售模式从传统的大规模逐渐向按需定制和小批量生产转型，减少了资源浪费和库存积压。消费者逐渐接受了这种新型零售模式，并通过在线平台进行个性化定制以满足自己的需求。这种零售模式的转变，不仅减少了对环境的影响，也提高了消费者对可持续时尚的接受度。

品牌的透明度和社会责任感在可持续时尚的全球化中也显得尤为重要。消费者越来越注重品牌的社会形象和在环保方面的努力，因此品牌必须通过透明的运营方式和对社会责任的承诺赢得消费者的信任。通过公开的报告和信息披露，品牌能够展示其在可持续发展方面的努力，增强消费者对品牌的忠诚度。透明的品牌形象有助于推动可持续时尚在全球范围内的推广和应用。

全球化进程中的跨行业合作也在推动可持续时尚的发展。时尚品牌逐渐与化工、能源、物流等行业建立合作关系，以实现更加环保的生产模式和供应链管理。这种跨行业的合作不仅提升了品牌在可持续发展方面的表现，也促进了其他行业的绿色转型。通过共同努力，时尚行业与其他行业一起推动了可持续发展的全球化进程。

在全球化的背景下，消费者教育成了可持续时尚推广的一个重要方面。品牌通过社交媒体和在线平台，向消费者传递环保和可持续发展的理念，提高公众的环保意识。这种教育模式不仅能够帮助消费者更好地理解可持续时尚的价值，也促使他们在购物时做出更加环保的选择。通过持续的教育和宣传，品牌能够在全球范围内形成对可持续时尚的共识，推动行业的发展。

随着消费者需求的不断变化，品牌在全球化发展过程中必须保持灵活性和创新能力。消费者对环保、个性化和质量的要求促使品牌不断调整策略，以适应不同的市场需求。这种市场需求的多样化要求品牌在设计、生产和营销等方面进行创新，从而在全球市场中占据有利地位。通过持续的创新，品牌能够在推动可持续时尚全球化的过程中保持竞争力。

可持续时尚的全球化发展也在推动新兴市场的变革。随着经济的发展和环保意识的提升，新兴市场的消费者逐渐成为可持续时尚的重要消费群体。品牌在进入这些市场时，必须考虑到当地的文化和环境需求，提供符合可持续标准的产品。新兴市场的崛起不仅为可持续时尚提供了新的增长机会，也推动了全球范围内的环保意识提升。

未来，可持续时尚的全球化发展还将受到政策和法规的进一步推动。各国政府通过制定和实施环保法规，为品牌提供了明确的指导和激励。品牌在遵循这些政策的同时，能够提高自身的环保标准，增强市场竞争力。政策的推动不仅规范了时尚行业的运营，也为可持续时尚的全球化发展提供了制度保障。

综合来看，未来可持续时尚的全球化发展将呈现出多方面的特点。品牌通过技术创新、跨行业合作、政策引导和消费者教育等方式，将推动可持续时尚在全球范围内的普及。这一过程不仅是对环境的保护，也是对社会责任的实践，推动全球时尚行业向更加可持续的方向发展。

第二节

环保服装设计的未来方向

环保服装设计的未来方向将更多地融合可持续材料与创新技术。随着科技的发展，设计师可以利用新型环保材料和智能化设计工具，创造出既符合环保标准又具备时尚感的服装。这种设计理念不仅强调外观美，更重视产品的生命周期和对环境的影响。此外，个性化定制的趋势将促进消费者参与设计过程，从而提高他们对环保产品的认同感。随着消费者对时尚与环保结合的要求的不断提高，环保服装设计将不断创新，以适应市场的变化。

一、材料科学的进步对设计的变革

材料科学的进步正在深刻地改变环保服装的设计方式。随着科技的发展，新的纺织材料被不断研发并应用于服装设计中，成为设计师们全新的创作工具。这些新材料不仅具备环保特性，还拥有优异的性能，使服装设计在满足时尚审美的同时符合可持续发展的目标。材料科学的革新，不仅使环保成为可能，还推动了整个设计理念的变革。

环保材料的研究不断深入，推动了可降解纤维的广泛应用。例如，纺织行业开始研发可在自然环境中快速分解的纤维，这类纤维材料在废弃后不会对环境造成污染。与传统合成纤维相比，这些可降解纤维在不降低服装功能性的前提下，有效减小了对生态系统的负面影响。设计师在选择这些材料时，可以更好地平衡设计美感与环保要求，从而推动环保服装的普及。

再生材料的进步也是材料科学推动服装设计变革的重要体现。随着技术的进步，废旧衣物、塑料瓶等资源被有效地回收后再加工成为高质量的纤维材料。这种再生材料的使用，减少了对原生资源的依赖，使得服装设计实现循环利用。设计师利用再生材料赋予产品新的生命，使时尚行业逐渐迈向零浪费的目标。

新型生物基材料在环保服装设计中的应用日益广泛。生物基纤维来源于可再生资源，如玉米、甘蔗等，这些材料在加工过程中所需的能耗相对较低，且可以在一定条件下被生物降解。生物基材料的出现为设计师提供了新的创作空间，他们将科技与自然融为一体，打造出既有美感又符合环保理念的服装作品。这种材料的应用，不仅使设计更加多样化，也推动了时尚行业的绿色转型。

随着纳米技术在纺织材料中的应用逐渐普及，环保服装的功能性得到显著提升。纳米技术使纺织纤维具备了特殊的性能，如防水、防污、抗菌等，使服装在不增加额外化学物质的情况下，在日常使用中更加方便和安全。设计师利用这些纳米纤维，可以创造出既具备高性能又环保的服装，满足消费者对高质量生活的需求。

材料科学的进步还体现在对植物染料的改良上。传统的化学染料对环境的影响较大，而植物染料在环保方面具备明显优势。随着科学技术的发展，植物染料的色彩持久性和稳定性得到显著提高，满足了现代服装设计的多样化需求。设计师通过使用改良后的植物染料，可以在保持设计美感的同时减小环境的负担，推动了绿色染色工艺的应用。

3D打印材料的创新为环保服装设计带来了全新的可能性。3D打印技术能够利用可降解和可再生材料直接制作服装，减少了传统生产中对能源和水资源的消耗。设计师通过3D打印技术，可以实现对复杂结构和精细纹理的精准控制，使服装设计更加多样化和独特化。这种材料和技术的结合，使环保服装设计不再局限于传统的制造方式，拓宽了创意的边界。

随着材料科学的发展，智能纤维开始逐步应用于环保服装设计中。智能纤维具备感知环境变化的能力，如温度、湿度等，能够根据环境的变化自动调节服装的性能，提升穿着的舒适性。设计师通过使用智能纤维，可以为消费者提供更为个性化和舒适的服装选择，满足现代人对智能生活的需求，同时也符合环保的理念。

轻质高强材料的研发使环保服装在性能上有了新的突破。传统服装材料在追求舒适性的同时，往往面临着重量与强度失衡问题。新型的轻质高强质材料，具备较高的强度和耐磨性，同时重量非常轻，适合应用于户外服装和运动装。设计师通过使用这些材料，可以在减小服装重量的同时保证服装的耐用性和环保性，使服装更加符合现代消费者的需求。

材料科学的进步使服装设计在环保方面具备了更多可能性。通过研发能够减少环境污染的纺织材料，设计师在创作过程中可以实现更高的环保标准。例如，一些新型纤维材料在制造过程中能够减少对水和能源的消耗，使整个生产过程更加环保。设计师通过选择这些材料，在设计中注入可持续发展的理念，打造符合时代要求的环保服装。

在环保服装的设计中，抗菌材料的应用也日益受到关注。许多传统纺织品容易滋生细菌，需要频繁清洗，而新型抗菌纤维可以有效抑制细菌的生长，减少洗涤频次，降低水资源的使用量。这种抗菌材料的应用，不仅提升了服装的卫生性能，也符合可持续发展的目标，设计师在创作时结合这种材料，能够为消费者提供更加健康环保的选择。

随着技术的不断进步，材料的多功能性也得到了显著提升。例如，一些纤维材料在具备防水性能的同时还具有良好的透气性，使设计师在设计户外服装时能够满足消费者舒适性和功能性的双重要求。多功能纤维的研发，使环保服装的适用范围得以拓宽。设计师在创作中可以将这些材料应用于不同场合的服装设计中，满足消费者多样化的需求。

可食用纺织品的出现为环保服装设计提供了新的视角。这些由天然植物提取物制成的纺织品，在废弃后不仅可以降解，甚至可以被生物分解。这种材料将环保理念推向了一个新的高度，将服装在使用寿命结束后对环境的影响降到最低。可食用纺织品的应用，为服装设计师提供了新的创意空间，促进了环保理念在时尚行业的进一步落地。

空气净化纤维是一种新兴的环保材料，其特殊的分子结构能够在穿着过程中吸附空气中的污染物。设计师通过使用这些纤维，可以设计出具有净化空气功能的环保服装，使时尚不再只是外在的美观，还是一种对环境保护的贡献。空气净化纤维的出现，不仅提升了环保服装的功能性，也为材料科学在时尚领域的应用提供了新的方向。

随着材料科学的不断进步，可编程材料逐渐进入服装设计领域。这些材料具备在特定条件下改变形状或性能的能力，使服装可以根据环境变化进行自我调整。设计师通过使用这些材料，可以实现更为灵活和个性化的设计，使环保服装不仅具备高适应性，也体现出科技与时尚的结合。可编程材料的应用，推动了服装设计的智能化发展。

由菌类衍生的生物纤维为环保服装设计提供了新的原材料选择。菌类纤维具有低能耗、快速生长的特点，在生产过程中几乎不产生污染物，是一种非常理想的环保材料。设计师通过将菌类纤维应用于服装设计中，可以创造出独特的质感和风格，使时尚设计更加丰富多样。这种新型材料的使用，为环保服装设计注入了更多自然的元素。

环保黏合剂的进步也对服装设计产生了深远影响。传统的纺织品黏合往往需要使用化学胶水，这些胶水含有对环境有害的成分。新型环保黏合剂能够在保证黏合强度的同时，避免有害物质的释放。设计师在使用这些环保黏合剂时，能够确保服装在制作过程中符合环保标准，减少对环境的影响，为环保服装设计提供了新的解决方案。

此外，微生物染色技术的出现改变了传统染色工艺对环境的依赖。微生物染色是一种通过微生物分解天然物质来产生染料的工艺，其过程环保且色彩丰富。设计师使用微生物染色，可以有效减少化学染料的使用，避免废水污染，提高染色的环保性。这种新兴的染色技术为环保服装设计提供了更加环保的色彩选择。

总的来说，材料科学的进步为环保服装设计带来了巨大的变革。设计师通过选择和应用新型材料，不仅能够创造出符合时代需求的时尚作品，还能推动时尚行业的可持续发展。无论是再生材料、生物基纤维，还是智能纤维、可食用纺织品，这些材料的不断创新和应用，使环保服装设计在今后充满了更多的可能性和挑战。

二、设计与技术的深度融合：虚拟与现实

在虚拟与现实结合的背景下，设计与技术的深度融合正在改变环保服装设计的面貌。这种深度融合使设计师能够更好地将创意付诸实践，同时也在减少对环境的负面影响。虚拟设计工具的应用，大幅提高了设计过程的效率，使设计师可以在数字环境中完成服装的创作、修改和完善，避免了大量物理样品的浪费。

虚拟现实（VR）技术为服装设计的展示和推广提供了全新的方式。品牌可以通过

虚拟现实技术创建沉浸式的时装展示，消费者无须亲临现场就能体验到服装的细节与风格。这种数字化展示方式不仅减少了传统时装秀所需的大量资源消耗，也使设计师和品牌能够更快速地将创意传达给消费者。虚拟展示在设计阶段的应用，帮助设计师更好地评估设计效果，节约了大量的时间和材料。

此时，增强现实（AR）技术使得虚拟与现实之间的界限变得更加模糊。消费者可以通过增强现实技术，在手机或平板设备上试穿虚拟服装，亲眼看到自己穿着设计师作品的效果。这种虚拟试穿体验，不仅提升了消费者的参与感和购买意愿，也降低了因尺码不符等问题引起的退货率，从而减少了资源浪费。通过将增强现实技术与环保设计理念相结合，品牌在推广新款服装的同时，也提升了环保水平。

虚拟样衣技术的引入，使设计师可以在虚拟环境中完成服装的设计、修改和调整。传统的服装设计往往需要经过多次样衣制作和修改，而虚拟样衣技术使得这一过程可以在数字环境中实现。设计师通过使用虚拟样衣工具，可以快速模拟出不同材料、剪裁和颜色的组合效果，节省了样衣制作所需的时间和资源。虚拟样衣技术的应用，使设计过程更加高效，同时也符合可持续发展的要求。

数字化的服装设计工具为设计师提供了更多创意表达的可能性。通过三维建模软件，设计师可以在虚拟空间中自由创造各种独特的服装结构，而不受传统工艺和材料的限制。三维设计工具的灵活性，使设计师可以在短时间内完成多款服装的设计，提高了设计效率。通过数字化设计，服装设计在概念阶段可以在没有物理样品的情况下被不断推敲和改进，减少了材料浪费。

虚拟服装设计与3D打印技术的结合，为环保服装设计提供了新的路径。设计师可以先在数字环境中完成设计，然后利用3D打印技术将设计转化为实物。这种方式不仅减少了传统服装制造过程中产生的边角料，还使定制化生产变得更加容易。3D打印服装的生产，可以实现按需制造，避免了过度生产和库存浪费，符合可持续发展的理念。

在虚拟平台上，设计师与消费者之间的互动也得到了加强。消费者可以通过虚拟设计平台，参与服装设计的过程中，提出自己的需求和建议。这种互动使设计师能够更好地了解市场需求，调整设计方向，打造更符合消费者期望的环保服装。通过虚拟平台的参与式设计，品牌不仅增强了与消费者的联系，也提高了服装的市场适应性，减少了不必要的资源浪费。

虚拟试衣间的出现使消费者能够在购买前体验到服装的实际穿着效果。通过在数字化镜像中进行试穿，消费者可以看到服装的样式、合身度和搭配效果，大大减少了因尺码不合适等问题导致的退货行为。虚拟试衣技术的普及，使品牌在提升消费者购物体验的同时，也减少了因物流和退换货产生的碳排放，从而提升了整个供应链的可持续性。

虚拟样品的制作在设计与生产之间架起了桥梁。设计师通过创建虚拟样品，能够与生产团队更清晰地沟通设计意图，从而减少了因沟通不畅导致的重复制造和材料浪费。虚拟样品还可以被用来进行市场测试，品牌通过展示虚拟样品获得消费者的反馈，从而决定是否进行量产。虚拟样品的应用，不仅提高了生产的精准性，也符合环保服装的设计理念。

虚拟与现实的结合还使服装的定制化变得更加普及。消费者可以通过虚拟平台，定制属于自己个性化的服装，可以自行选择面料、颜色、款式等。设计师利用数字工具，可以根据消费者的定制要求，在虚拟环境中完成设计并迅速进行生产。这种定制化的设计方式，减少了传统大规模生产中的浪费，符合现代消费者对独特性和环保性的双重追求。

虚拟设计平台的共享特性，使跨地域合作变得更加便捷。设计师们可以通过云端平台，共同参与一个项目中，分享创意和设计文件。这种跨越地域的合作模式，不仅提高了设计效率，也减少了因设计样品邮寄等行为导致的碳排放。虚拟设计的共享特性，为全球设计师的合作创造了可能性，推动了环保服装设计的全球化发展。

随着虚拟服装设计工具的日益完善，服装的数字化生产流程得到了进一步优化。设计师可以在数字环境中完成从设计到打样的全过程，使生产流程变得更加精简。数字化工具的应用，使服装生产不再依赖于传统纸样和手工打板，减少了大量纸张和原材料的使用，推动了环保设计理念的实践。

数字孪生技术的应用，使服装设计与生产的衔接更加紧密。通过创建服装的数字孪生模型，设计师可以在虚拟环境中模拟生产过程，发现并解决潜在的问题。数字孪生技术的应用，不仅提高了生产的准确性，也减少了试错带来的材料浪费，使整个设计与生产流程更加环保。

虚拟现实技术还可以用于服装设计的教育和培训。设计学校通过虚拟现实技术，为学生提供沉浸式的学习体验，使其能够在虚拟环境中进行设计和打样。学生可以在不浪费实际材料的情况下进行学习和实践，这种教学方式既提高了学习效率，也符合环保教育的理念。通过应用虚拟现实技术，未来的设计师将更加熟悉环保设计方法。

虚拟与现实结合的设计模式，使设计师能够更加灵活地应对市场变化。通过虚拟设计工具，设计师可以迅速响应市场需求，进行服装的设计和修改。这种灵活性使品牌能够在不浪费大量资源的情况下，快速推出符合市场需求的产品。虚拟与现实的结合使设计过程变得更加高效和环保，推动了可持续时尚的发展。

通过虚拟化的生产规划，品牌能够在生产前对资源的使用进行精确计算。设计师在数字环境中模拟服装的生产过程，能够预估所需的面料和配件，防止采购过多的原材料。这种精细化的生产规划方式，避免了传统生产中的材料浪费，提高了生产的环保性。虚拟化工具的应用，使设计与生产的每个环节都变得更加可控。

虚拟展厅的概念逐渐得到推广，使品牌能够在不依赖实体空间的情况下，展示其最新的设计作品。消费者可以通过网络访问虚拟展厅，了解品牌的设计理念和产品细节。这种展示方式减少了传统展览中的大量布展材料和能源消耗，为环保服装的推广提供了新的方式。虚拟展厅的出现，不仅丰富了品牌的展示手段，也提升了环保宣传的效果。

虚拟设计与传统手工艺结合，为环保服装设计带来了独特的创作风格。设计师可以在虚拟环境中模拟传统手工艺的效果，将其应用于现代服装设计中。这种结合使服装设计既具备现代感，又保留了传统的文化元素，符合可持续发展理念。通过虚拟与现实的结合，设计师能够创造出独特而环保的作品，推动时尚行业的创新发展。

归纳起来，设计与技术的深度融合，特别是虚拟与现实的结合，正在改变环保服装设计的未来。设计师通过虚拟工具，不仅能够提高设计效率，减少材料浪费，还可以实现与消费者的深度互动，满足市场需求。这种结合不仅使设计更加灵活多样，也为时尚的可持续发展奠定了坚实的基础。

三、设计师教育中的可持续理念

设计师教育中的可持续理念正在成为全球时尚教育的核心内容。随着可持续发展的需求日益增长，设计师教育开始注重培养学生的环保意识和社会责任感。高校和设计机构通过开设专门的课程，使学生在学习设计技能的同时，深入理解环保材料的应用和低碳生产的概念。可持续理念的引入，使未来的设计师在创作时能够更加自觉地考虑环境影响，推动了时尚行业向绿色方向的发展。

可持续理念在设计师教育中的应用，从基础课程到高级研究都得到充分体现。在设计教育的初期阶段，学校将可持续发展概念作为学生设计思维的重要基础部分。课程内容不仅包括如何设计出具备美学价值的作品，还包括如何在材料选择、生产工艺等方面减少对环境的影响。这种教育模式使学生从入门阶段就对可持续时尚有了全面的认识，为他们在今后的职业生涯中践行环保设计奠定了基础。

与此同时，实践课程成为培养学生可持续设计能力的重要环节。学校通过安排学生在真实环境中参与环保服装的设计和制作，使其亲身体验可持续设计的各个环节。这些实践课程不仅锻炼了学生的动手能力，也让他们更加直观地认识到环保设计的挑战和意义。在这种环境中，学生可以将理论知识应用到实际操作中，加深对可持续理念的理解。

教育机构还通过举办可持续设计比赛，培养学生的创意和环保意识。设计竞赛的主题多涉及环保材料、循环经济和低碳设计等方面，学生在参赛过程中需要考虑如何在有限的资源下实现最佳设计效果。比赛为学生提供了展示自我和探索新材料、新技术的机会，同时也让他们了解到在设计中如何有效减少环境负担。通过这种形式的活动，学生不仅提升了专业技能，也增强了对环保设计的责任感。

此外，学校与企业合作，为学生提供更多的可持续时尚实习机会。企业在提供实习岗位时，往往会向学生介绍其环保生产流程和材料使用标准。学生在实习期间能够深入了解行业中的可持续实践，从而将课堂中学到的理论知识与实际应用结合。这种实习机会不仅使学生对行业有了更深入的认识，也增强了他们在将来从事可持续设计的信心。

在课程设计中，可持续材料的应用成为教学的重点之一。教师向学生介绍各类环保纤维、再生材料和生物基材料的特性，使他们能够在设计中熟练应用这些材料。课程不仅关注材料的环保特性，还强调其在不同设计风格中的适用性。学生通过学习和实际操作，能够更好地理解如何选择合适的材料，以平衡设计美观与环保要求。

技术创新也是可持续理念在设计师教育中的重要组成部分。高校通过引入虚拟设计、3D打印和数字化打样等新技术，使学生掌握低资源消耗的设计和制作方法。这些技术的使用减少了传统手工打样所需的材料和时间，使学生在设计阶段就能节省资源。学生在技术的支持下，能够更加自由地探索环保设计的可能性，从而提升作品的可持续性。

课程中还强调了生命周期设计的理念，使学生在设计时考虑到产品的使用和废弃阶段。教师在授课时，鼓励学生设计出易于回收、拆解和重复使用的服装作品，延长产品的生命周期。这种设计理念要求学生在创作时，不仅关注作品的当前效果，还要预测其未来对环境的影响。通过学习生命周期设计，学生能够掌握全面的设计思维，有助于其今后创作出符合环保标准的时尚作品。

在理论学习方面，可持续时尚的历史与发展也被纳入教学内容。教师向学生讲解全球时尚行业的环境问题和可持续时尚的发展历程，使其理解环保设计在时尚行业中的重要性，帮助学生认识到环保设计并非一时的潮流，而是行业发展的必然趋势。通过对可持续时尚的全面了解，学生能够更加坚定地将环保理念融入设计之中。

设计伦理课程成为可持续设计教育中的重要环节之一。学生在学习设计技能的同时，也需要了解设计师的社会责任和道德义务。教师通过案例分析和小组讨论，帮助学生理解在设计中如何平衡商业需求与环保责任。设计伦理的学习，使学生在设计决策时能够考虑到更广泛的社会和环境影响，增强了其在将来从事可持续设计的自觉性。

教育机构还邀请行业专家和环保组织参与授课，为学生提供多角度的可持续设计视角。专家和组织成员通过分享实践经验和最新技术，让学生了解到当前时尚行业的环保趋势和创新技术。这种直接的交流使学生对行业有了更全面的理解，也为其日后的职业发展提供了方向指引。专家授课这一形式，不仅丰富了课程内容，也激发了学生对可持续设计的兴趣。

在毕业设计阶段，学校要求学生在作品中体现出环保设计理念。学生在进行毕业设计时，需要考虑材料选择、制作工艺和资源利用等方面的环保因素。这种毕业设计要求不仅是对学生专业技能的考核，也是对其环保意识的检验。通过毕业设计，学生能够将课堂中学到的可持续理念付诸实践，展示自己在环保设计方面的综合能力。

学校图书馆和资源中心为学生提供了丰富的可持续时尚参考资料。学生可以通过查阅相关书籍、论文和行业报告，进一步了解环保设计的前沿动态和研究成果。这些资源支持帮助学生在学习过程中随时获取最新的信息，增强了其对可持续设计的理解和兴趣。图书馆的资源利用，使学生在课堂之外也能保持对环保设计的关注。

学生在学习过程中，还通过小组合作项目来实践可持续设计理念。学校安排学生分组完成环保设计项目，让他们在团队合作中充分发挥创意和设计才能。小组合作不仅培养了学生的团队协作能力，也让他们在相互启发中获得了更全面的环保设计思路。通过项目实践，学生能够在协作中学习环保设计的技巧，提高了自身的综合素养。

线上学习平台为可持续设计教育提供了新的方式。学校通过建立在线课程，使学生可以随时学习环保材料、技术和设计理念的相关内容。学生在平台上可以观看教学视频、参与讨论和完成作业，学习变得灵活便捷。这种线上线下相结合的教学模式，使得环保设计教育覆盖面更广，方便学生深入了解和掌握可持续时尚的知识。

校园内的环保实践活动也成为学生了解可持续设计的重要途径。学校定期组织环保主题活动，如回收旧衣物、手工制作环保袋等，让学生在实践中体验环保设计的乐趣。这些活动增强了学生的环保意识，使其在生活中自觉践行可持续发展的理念。通过校园活动，学生将环保意识融入日常生活，为未来的设计师生涯奠定良好基础。

教师在授课中还鼓励学生进行跨学科的学习。设计师在实践中不仅需要了解材料和工艺，还需要具备市场营销、社会学和环境科学等方面的知识。跨学科的学习，使学生在设计过程中能够更加全面地考虑到市场需求和环保影响，为今后的职业生涯提供多维度的支持。学生通过跨学科学习，能够拓宽知识面，增强环保设计的综合能力。

毕业后，学校还为学生提供可持续设计的职业发展支持。学校与行业内的环保品牌合作，为毕业生提供就业机会和职业指导。毕业生在进入职场后，能够将在学校学习到的环保设计理念应用到实际工作中，进一步推动可持续时尚的发展。学校提供的职业支持，使学生在职业生涯中也能够继续践行环保设计的理念。

设计师教育中的可持续理念，不仅培养了学生的环保意识，也使其具备了在时尚行业中实践可持续设计的能力。

四、未来时尚设计师的生态责任

未来时尚设计师的生态责任逐渐成为行业关注的焦点。在全球环境问题日益严峻的背景下，设计师不仅需要具备创新能力和审美，更需承担起对环境的责任。生态责任要求设计师在每一个设计决策中考虑其对自然资源的影响，将可持续发展的理念贯穿于整个设计和生产过程中。时尚行业的生态转型不仅取决于技术的进步，也与设计师的责任意识息息相关。

设计师在材料选择上的生态责任日益凸显。传统的纺织材料在生产过程中往往需要消耗大量资源，而未来的时尚设计师需要优先考虑环保材料的使用，尽量减少对不可再生资源的依赖。设计师可以通过选择可降解或再生材料，来减少服装在生命周期结束后的环境负担。材料选择的每一个决定都体现了设计师的生态责任，也是推动环保时尚的重要一环。

在设计方面，减少废弃物的产生也是设计师的生态责任之一。通过采用精确的裁剪技术和数字化样衣工具，设计师可以最大程度地利用材料，减少边角料的浪费。设计师在创作阶段就需要思考如何实现零废弃的目标，这不仅考验其设计能力，也反映出其对生态责任的重视。设计师通过减少废弃物的产生，使设计更加符合可持续发展的需求。

设计师在产品生命周期管理中也肩负着生态责任。通过设计可回收、可分解的服装，设计师能够延长产品的生命周期，减少对环境的负担。这种设计理念要求设计师从一开始就考虑到产品的整个生命周期，包括使用后的处理方式。生命周期管理不仅是设计师的创新体现，也是其对生态环境负责的表现。

在生产环节方面，设计师的生态责任还体现在推动低碳生产上。许多传统的生产方式会产生大量的碳排放，设计师可以通过优化设计，选择更为环保的工艺来减少生产过程中的能耗。设计师可以与生产团队合作，选择低能耗的设备或工艺来完成设计，从而减少产品的碳足迹。低碳生产不仅是对自然的尊重，也是设计师生态责任的体现。

在包装设计方面，设计师也承担着环保义务。通过设计简约、可降解的包装，设计师能够减少塑料等难降解材料的使用。包装是消费者接触产品的第一步，其环保性直接影响着品牌形象和生态责任感。设计师在包装设计中融入环保理念，既是对消费者的尊重，也是对生态环境的关怀。

在设计教育方面，设计师的生态责任还体现在设计教育中。未来的时尚设计师在接受专业训练时，需要学习如何将可持续发展理念融入设计中。教育机构通过开设环保设计课程，使学生在学习阶段就具备对环境的责任感。设计师在未来的职业生涯中，将这些理念运用到实际工作中，推动时尚行业向绿色方向转型。

生态责任要求设计师对产品的多功能性进行创新。设计多功能的服装能够延长其使用寿命，减少消费需求。设计师在创作时，可以探索服装的多种用途，使其适应不同场合和季节的需求。通过这种设计，消费者能够降低购买频率，从而减少对资源的需求。多功能性设计不仅是对消费者需求的回应，也是设计师生态责任的体现。

在品牌推广方面，设计师的生态责任体现在向消费者传递环保理念上。设计师可以通过作品展示和品牌传播，增强消费者的环保意识。通过向消费者介绍产品的环保特性，设计师能够推动社会对可持续时尚的认同感提升。品牌推广中的环保宣传，进一步扩大了设计师生态责任的影响范围。

在供应链管理方面，设计师也肩负着重要的生态责任。通过选择透明的供应链，设计师可以确保每一个环节都符合环保标准。设计师在与供应商合作时，需要考虑到原材料的来源和生产过程的环保性。透明的供应链不仅增强了消费者对品牌的信任，也提升了整个行业的环保水平。

设计师在创新环保材料的研发上同样肩负着责任。通过与材料科学家合作，设计师能够推动新型环保纤维的研发与应用。新材料的使用使服装在生产和使用中更加符合环保要求。设计师通过对材料的创新探索，丰富了可持续设计的选择，为行业提供了更多的环保解决方案。

在设计美学方面，设计师的生态责任还体现在简约风格的倡导上。简约的设计不仅减少了材料的浪费，也延长了产品的使用周期。设计师通过倡导简约美学，引导消费者关注质量和环保，而非短暂的潮流。简约设计的推广，使时尚行业逐渐向着更为理性的消费模式转变，减少了资源的浪费。

通过关注社区利益，设计师也能履行其生态责任。设计师可以通过支持本地手工艺人，减少对长途运输的依赖以及碳排放。社区合作不仅能够增强设计的地域特色，也推动了本地经济的可持续发展。设计师在关注社区利益的同时，也在履行其对社会和环境的责任。

设计师在制定长远发展目标时也需体现出生态责任。通过设定明确的环保目标，设计师可以推动品牌在未来逐步减少对环境的影响。设计师不仅要关注当前的设计任务，还需为品牌的可持续发展提供方向指引。长远目标的设立，使得设计师的生态责任更加系统化和持续化。

在服装废弃物处理方面，设计师同样承担着重要的责任。设计师可以设计易于回收的服装，以便在使用寿命结束后进入回收系统。通过优化服装结构和材质，设计师可以为废弃物的回收和再利用提供便利。设计师在废弃物处理上的责任意识，体现了其对资源循环利用的重视。

第三节

可持续时尚对社会与环境的长期影响

可持续时尚对社会与环境的长期影响深远而广泛。在时尚行业推广环保理念和实践，不仅能够减少资源消耗和环境污染，还能提升公众的环保意识。这种影响将促使更多企业主动参与可持续发展，从而形成良好的行业生态。同时，消费者在选择可持续产品时，也在积极落实社会责任，促进公平贸易和人权保护。可持续时尚所带来的社会与环境益处，不仅改善了人们的生活质量，还为未来的可持续发展奠定了基础。

一、可持续时尚对生态环境的长期影响评估

可持续时尚对生态环境的长期影响评估需要从资源利用、污染物排放、生态系统保护等多方面综合考虑。随着可持续时尚的发展，时尚产业的资源消耗模式逐渐发生

了转变。传统的时尚生产对水资源和能源的消耗极大，而可持续时尚通过材料选择和工艺创新，显著减少了对水、电等不可再生资源的依赖。环保材料和低能耗工艺的应用，使时尚行业在资源使用效率上得到了显著提升，减少了对生态环境的直接冲击。

在减少污染物排放方面，可持续时尚的影响评估显示出显著的优势。传统时尚生产中的化学染料和纺织助剂会向环境中排放大量污染物，影响水体和土壤质量。通过引入天然染料和低污染生产技术，可持续时尚有效降低了有害化学物质的使用量，减少了废水和废气的排放。这些环保技术的应用，对保护周边水域和农田的生态系统起到了重要作用。

随着环保材料的广泛应用，可持续时尚对生物多样性的影响逐步减小。传统纺织品的种植和生产往往需要大量农药和化肥，而这些化学物质的使用会破坏土壤结构和危害生物栖息地。可持续时尚通过推广有机棉、麻等不使用化学品的材料，保护了农田中的生态平衡，为动植物提供了更为健康的生存环境。可持续时尚通过对生物多样性的保护，使生态系统的稳定性得以增强。

与此同时，循环经济理念的引入使得可持续时尚在废弃物管理方面产生了积极影响。传统的时尚行业往往产生大量不可降解的废弃物，造成填埋场的负担，而可持续时尚通过推广再生纤维、回收材料等方法，减少了废弃物的产生。品牌在设计时就考虑到产品的可回收性，使废弃服装可以重新进入生产流程，实现资源的循环利用。这种方式显著降低了垃圾填埋和焚烧对环境的影响，减缓了资源耗竭的速度。

在碳排放控制方面，可持续时尚的影响评估也显现出积极的成效。传统时尚生产中使用的能源主要来自化石燃料，导致了大量的二氧化碳排放，加剧了气候变化。通过引入可再生能源，如太阳能、风能等，可持续时尚减少了对化石能源的依赖，降低了碳排放量。环保材料的选择和低碳工艺的实施，使时尚行业对大气环境的影响得到有效缓解，减轻了其在全球气候变化中的负面作用。

可持续时尚在土壤保护方面的影响也逐渐显现。纺织行业的种植环节往往涉及大量的土地使用，而不合理的农业管理会导致土壤退化和肥力下降。可持续时尚通过推广有机种植、减少化肥和农药的使用，改善了土壤质量，维持了土壤生态系统的平衡。设计师在选择材料时优先考虑环保性，进一步推动了对土壤的保护，减少了对生态系统的破坏。

可持续时尚对水资源的保护起到了显著的推动作用。传统纺织品的生产需要大量水资源，尤其是在染色和后处理阶段，会产生大量的废水。环保染色技术和水循环处理系统的引入，使水资源的使用效率大大提高，减少了生产对河流和地下水的污染。

这种技术的应用不仅节省了水资源，也保护了水生态环境，为水资源的长期可持续利用提供了保障。

在减少微塑料污染方面，可持续时尚发挥了积极的作用。合成纤维在清洗过程中会释放出微小的塑料颗粒，这些颗粒最终会进入水体，危害水生生物和人类健康。可持续时尚通过推广天然纤维和可降解合成材料，减少了微塑料的产生。环保材料的使用使时尚产品在日常使用中对环境的影响降到最低，减少了微塑料污染的风险。

对生态系统的长期影响评估表明，可持续时尚在减少生物栖息地破坏方面具有积极作用。纺织品生产需要占用大量的土地资源，而生态友好型的种植和生产方式能够减少对自然栖息地的干扰。通过选择可持续材料，品牌在满足市场需求的同时，减轻了对生态系统的压力，维护了生态环境的平衡。可持续时尚的推广，使自然栖息地得到了更好的保护。

在资源管理方面，可持续时尚通过提倡资源的合理利用和再生，减少了自然资源的过度消耗。传统的纺织生产往往需要大量的水、能源和土地，而可持续时尚通过优化设计和资源循环利用，减少了对自然资源的依赖。品牌在推行循环经济模式时，鼓励消费者参与资源回收，进一步促进了资源的可持续管理。这种资源管理的方式，有助于减轻时尚行业对生态环境的长期负担。

同时，可持续时尚在温室气体减排方面对环境的影响也得到重视。传统时尚生产中的燃料燃烧和能源消耗是温室气体的主要来源之一。可持续时尚通过使用清洁能源和高效生产设备，减少了温室气体的排放。低碳工艺的普及，使时尚行业逐渐走向绿色生产，为减少全球温室气体的排放作出了积极贡献。

可持续时尚在减少有害物质排放方面的影响同样值得关注。传统纺织品生产过程中往往使用大量化学物质，这些化学品会残留在成品中，对环境和消费者健康构成潜在威胁。环保技术的应用减少了有害化学物质的使用，使产品在生产和使用过程中更加安全。通过控制有害物质的排放，可持续时尚不仅改善了生态环境质量，也保护了消费者的健康。

二、时尚产业在全球气候变化中的贡献与责任

时尚产业在全球气候变化中扮演着复杂的角色。作为资源密集型行业，时尚产业在生产和消费过程中消耗了大量的水、能源和原材料，这些资源的过度使用导致了显著的碳排放和环境污染。时尚产业在气候变化中不可忽视的贡献，促使其承担更大的

环保责任。随着气候危机的加剧，行业内逐渐认识到可持续发展的重要性，企业需要通过调整生产方式和减少污染排放来履行其环境责任。

时尚产业对温室气体排放的影响尤为显著。传统的纺织制造和化学染色工艺依赖于化石燃料的使用，这些过程产生了大量二氧化碳，成为全球碳排放的重要来源之一。可持续时尚通过引入清洁能源和节能设备，减少了生产过程中的温室气体排放。设计师和品牌在考虑材料和工艺选择时，逐渐将碳足迹作为决策因素之一，推动时尚行业向低碳生产模式转型，以应对气候变化带来的挑战。

可持续时尚在水资源管理方面的努力也具有重要的气候意义。纺织生产的染色和整理阶段对水资源的消耗极大，尤其在水资源匮乏地区，这种消耗会对生态系统产生破坏性影响。环保染色技术的推广和水循环处理设备的使用，使得水资源的利用效率显著提升。品牌在设计过程中重视减少水污染，这不仅符合环保要求，也对水生态环境的稳定起到保护作用，为减缓气候变化作出了贡献。

土地资源的使用对气候变化的影响同样不容忽视。为了满足原材料需求，大量农田被用来种植棉花、麻等纤维植物，而传统农业生产方式依赖化肥和农药，导致土壤退化和生态破坏。可持续时尚通过推广有机农业和减少化学投入，改善了土壤质量，保护了生物多样性。品牌在材料选择上转向更具生态友好性的原料，减少了对土地资源的过度依赖，为生态系统的健康和稳定提供了支持。

可持续时尚在减缓气候变化方面的贡献还体现在减少废弃物的产生上。传统时尚产业因快时尚的推动，产生了大量的废旧纺织品，而这些废弃物的焚烧和填埋会释放大量温室气体，从而对环境造成影响。品牌通过推广循环利用、再生纤维等环保技术，减少了对资源的浪费。循环经济模式的推广，使废弃服装得以回收再利用，减少了垃圾填埋场的碳排放，推动了时尚产业迈向绿色转型。

在供应链管理方面，时尚产业通过减少运输环节的碳排放，为减缓气候变化作出贡献。传统的全球化供应链模式产生了长距离运输，而运输过程中产生的二氧化碳加剧了温室效应。许多品牌在推行本地化生产，以缩短运输距离，减少碳排放。供应链的本地化趋势，不仅降低了物流环节对环境的影响，也提升了供应链的效率和透明度。

在能源使用方面，可持续时尚倡导使用可再生能源，以减少对化石燃料的依赖。生产环节中使用太阳能、风能等清洁能源，能够有效减少温室气体的排放量。品牌在生产设施中安装太阳能电池板、引入节能设备，减少了整体能耗和碳排放。清洁能源的引入为时尚产业的碳减排提供了可能性，也为其他行业起到了示范作用。

在消费者教育方面，可持续时尚通过引导消费者选择环保产品，促使其在消费时做出有利于气候的选择。品牌通过宣传可持续产品的优势，使消费者意识到自己的购物习惯对环境的影响。消费者在选择环保材料制成的产品时，减少了整个时尚产业的碳足迹，推动了环保消费模式的普及。通过消费观念的转变，时尚产业在气候变化中展现出积极的社会责任感。

可持续时尚在推动生态农业发展中起到了积极作用。传统农业生产对气候的负面影响显著，而有机农业通过减少农药、化肥的使用，减少了温室气体的排放。品牌通过采购有机棉、麻等原材料，推动了生态农业的发展。实施生态农业不仅能在材料生产环节减少碳排放，还对农业生态系统的保护具有重要意义。

可持续时尚对森林资源的保护也与气候变化密切相关。传统纺织品的生产过程中会涉及大量的木材消耗，而非法采伐导致了全球森林面积的减少，进而影响了碳吸收能力。品牌通过选择认证木材和再生纤维，避免了对森林的破坏。对森林资源的合理管理，保障了碳汇的稳定性，为缓解全球气候变化贡献了积极力量。

在减排政策方面，许多国家的环保法规为时尚产业的碳减排提供了制度支持。政府出台的环保政策要求时尚品牌在生产和运营中达到特定的环保标准。品牌在遵循环保法规的过程中，通过使用清洁能源、减少废物排放等措施，逐步减少了碳足迹。政策的引导使得时尚产业的气候责任更加明确，促进了行业整体向可持续方向发展。

通过对废弃物回收体系的建立，可持续时尚减少了焚烧和填埋废弃物产生的碳排放。许多品牌在销售网点设立回收箱，鼓励消费者将旧衣物送去进行再利用。回收体系的完善，使得纺织品能够重新进入生产流程，减少了垃圾处理的碳排放量。品牌通过回收体系的建立，推动了资源的循环利用，为减少气候变化中的碳排放作出实际贡献。

时尚产业在减少温室气体排放方面的责任还体现在供应链透明化的推动上。品牌通过实施供应链追踪技术，确保每一个生产环节都符合环保标准。供应链的透明化使品牌能够更好地管理碳排放，通过选择低碳供应商和原材料，进一步减少对环境的影响。供应链透明化的实施，为时尚产业在气候变化中的责任履行提供了有效工具。

品牌通过合作伙伴关系推动碳减排也对环境保护具有重要意义。时尚企业与环保组织、科研机构合作，共同研发低碳技术和环保材料。通过合作，品牌能够获得技术支持，提高碳减排的效率。合作伙伴关系的建立，使得可持续时尚的发展不再是品牌的单一努力，而是多个利益相关方共同参与的环保行动。

技术创新在时尚产业的碳减排中起到了关键作用。品牌通过引入数字化设计和智能制造技术，减少了资源浪费和碳排放。智能生产系统的应用，使得生产过程更加精准和高效，避免了多余的能耗。技术创新不仅提高了生产效率，也降低了对环境的负面影响，为时尚产业履行气候责任提供了重要支持。

三、可持续时尚推动的社会伦理与文化变革

可持续时尚推动了社会伦理和文化方面的深刻变革。随着人们对环保和社会责任的关注度不断提高，时尚行业开始审视自身在生产与消费过程中的社会影响。可持续时尚不仅要求减少资源消耗和污染排放，更注重生产过程中的公平性和透明度。对社会责任的重视使得时尚行业在文化层面发生了显著变化，推动了消费者、品牌和社会各界对道德生产的认同与支持。

在生产透明度的推动下，消费者对时尚行业的伦理要求越来越高。传统时尚产业的生产环节往往缺乏透明性，导致了环境污染和劳动剥削等问题的产生，而可持续时尚提倡公开透明的供应链管理，品牌通过标明原材料来源和生产工艺，使消费者能够清楚了解产品背后的社会和环境影响。透明度的提升不仅增强了消费者的信任，也促进了品牌在生产中更加自觉地履行其社会责任。

可持续时尚还推动了对劳动者权益的关注。时尚产业的全球化使生产往往集中在低成本的国家，这些地区的劳动者在工作环境、工资待遇等方面常常受到不公正对待。可持续时尚的兴起，使得品牌更加关注供应链中的劳动条件，要求供应商提供安全的工作环境和合理的薪酬。消费者在选择品牌时，也倾向于支持那些尊重劳动者权益的公司，这种关注推动了时尚行业在社会伦理方面的改进。

在文化方面，可持续时尚的出现改变了消费者的消费观念。过去的快时尚强调快速更新和廉价消费，导致了大量浪费和资源消耗。可持续时尚提倡理性消费，鼓励消费者在购买时考虑产品的环保性和耐用性。这种消费观念的转变，使消费者逐渐从追求数量转向重视质量，减少了对资源的过度使用，也推动了理性消费文化的形成。

可持续时尚还推动了对少数群体权益的重视。时尚行业在过去常常存在性别、种族等方面的歧视现象，而可持续时尚强调社会公平和包容性。品牌在推广环保产品时，更加注重多元化的文化表达，确保不同群体在设计、推广等环节中得到平等的对待。少数群体在可持续时尚中获得了更多的关注，这不仅推动了行业的文化多样性提升，也使时尚行业更具包容性。

随着环保理念的普及，时尚行业开始重视传统手工艺的保护。传统工艺往往具有低资源消耗、可持续的特点，符合现代社会对环保的需求。品牌通过与传统手工艺人

合作，将这些技艺融入现代设计中，不仅提升了产品的文化内涵，也保护了文化遗产。手工艺的复兴，使时尚产业在全球化背景下更具本地特色，增强了文化的认同感。

可持续时尚还推动了消费者对时尚行业的社会责任感提升。消费者在了解产品的生产背景后，开始对品牌的社会责任表现出更高的期望。他们希望品牌不仅提供美观的产品，更在环境和社会方面作出贡献。这种责任意识的觉醒，使得消费者在购买决策中更加关注品牌的道德形象，促使企业在社会责任方面作出更多努力。

在社区支持方面，可持续时尚倡导本地化生产，鼓励品牌支持当地经济的发展。传统时尚品牌的生产往往依赖于全球化供应链，而可持续时尚强调本地化，减少长距离运输的碳排放，并推动本地就业。品牌通过与本地供应商合作，不仅提高了生产的透明度，也促进了社区的经济发展。这种社区支持的模式，增强了时尚产业与社会的联系，使企业在社区中获得更高的认同。

可持续时尚的普及还推动了设计师在创作中的伦理意识增强。设计师在考虑美学的同时，逐渐关注到材料的来源和生产过程的环保性。他们在设计中融入理念，选择更加环保的材料和低污染的工艺。这种伦理意识的培养，使设计师在创作时不再只追求美观，而是更加注重对社会和环境的影响。

在文化推广方面，品牌通过可持续时尚传播环保理念，引导消费者关注环境问题。许多品牌利用广告、社交媒体等平台，向消费者宣传其可持续发展的努力，使得环保成为时尚的一部分。消费者在潜移默化中接受了环保理念，开始在日常生活中践行环保。品牌在传播过程中，不仅推广了产品，也使社会的环保意识得到了提升。

可持续时尚还推动了品牌在生产中的公平贸易实践。时尚行业的全球供应链中，存在许多低工资、长工时的问题。而可持续时尚倡导公平贸易，确保每一位工人在生产中得到合理的报酬和工作条件。品牌通过实施公平贸易政策，不仅提高了供应链的道德标准，也为劳动者创造了更公平的工作环境。

消费者的需求变化也推动了时尚行业在社会伦理方面的转型。随着环保意识的提高，越来越多的消费者在购买时关注产品的环保性和社会责任表现。品牌通过满足消费者的这些需求，逐渐将环保和社会责任纳入其运营中。这种需求的变化，促使企业在道德和环保方面做出积极改进，推动了行业的文化转型。

教育机构的参与也使得可持续时尚的社会影响更加深远。学校和培训机构通过开设可持续设计课程，培养学生的环保意识和社会责任感。未来的设计师在接受专业训练时，能够在创作中融入可持续发展的理念。教育的推动使得可持续时尚成为行业的长期趋势，影响着未来设计师对社会和环境的态度。

四、从时尚到生活方式的全面转型

可持续时尚发展逐渐影响人们的生活方式，不再局限于时尚行业本身。环保理念的深入推广，使得消费者在日常消费中更加注重环保和社会责任，形成了一种新的生活态度。这一转型不仅改变了人们的购物选择，还逐步扩展到饮食、出行等多个领域，带动了全面的生活方式转变。可持续时尚倡导的环保、低碳、资源循环利用等理念，正逐步渗透进人们的日常生活中。

人们的消费观念随着可持续时尚的兴起而发生了明显转变。越来越多的消费者开始拒绝过度消费和浪费，选择购买那些使用环保材料、具备耐用性的产品。在日常购物中，他们倾向于优先考虑产品的环保性能和品牌的社会责任表现。通过这种消费方式的改变，可持续时尚推动了理性消费的普及，使人们在生活中更加关注消费对环境的影响。

与此同时，循环经济的概念在时尚行业的推广，使得消费者的资源利用意识不断增强。许多品牌推出了服装回收项目，使旧衣物可以进入再利用系统，而不再流向垃圾填埋场。消费者通过参与这些回收活动，逐渐形成了对资源的循环利用观念，并将其应用到生活的方方面面。这种资源再利用的意识，推动了生活方式的改变，减少了对自然资源的浪费。

环保材料的普及使人们的穿衣观念也逐渐发生了变化。消费者不再只关注服装的外观和款式，更加重视服装材料的环保性和生产过程的道德性。许多人开始偏好天然纤维、有机棉等环保材料的服装，认为这样的选择不仅舒适，更对环境友好。可持续时尚的推广，使消费者在服装选择中更加注重健康和环保，改变了传统的消费模式。

在可持续时尚的引导下，手工艺品和小批量制作产品逐渐受到消费者青睐。消费者倾向于选择那些具有手工艺特色的产品，这些产品往往比大规模生产的商品更具环保优势。通过支持手工艺和小规模生产，消费者不仅支持了环保行为，也在保护文化多样性和手工艺传统。手工艺品的流行使得人们的生活方式更加多元化，也减轻了对环境的负担。

在社交媒体的影响下，可持续时尚的生活方式逐步扩展到更广泛的消费群体。许多时尚品牌通过网络平台传播其环保理念，引导消费者从生活的各个方面践行环保。网民在社交媒体上分享自己的可持续生活方式，包括环保穿搭、减少浪费、资源再利用等。这种在线传播推动了可持续理念的普及，使得更多人开始关注并实践绿色生活方式。

人们的餐饮习惯也因可持续时尚的倡导而发生了改变。随着环保意识的提升，越来越多的人开始选择绿色餐饮，减少肉类消费，转向以植物为主的饮食。绿色餐饮不仅对健康有益，也对生态环境起到了保护作用。消费者通过改变饮食习惯，与时尚行业倡导的环保理念相呼应，形成了一种全面的绿色生活方式。

在出行方面，可持续时尚的推广影响了人们的交通选择。环保出行成为一种时尚潮流，人们更加倾向于选择公共交通、骑行等低碳出行方式，以减少对环境的影响。品牌通过宣传低碳出行，增强了消费者的环保意识，使绿色出行成为现代生活的重要组成部分。出行习惯的变化反映了可持续时尚带来的深远影响。

家居生活也在可持续时尚的影响下向环保方向转变。许多家庭开始使用环保家具、节能家电，并关注日常垃圾的分类回收。消费者在家居布置中更加注重环保材料的使用，如选择再生木材、无污染涂料等。家庭环保观念的形成，使可持续生活逐步渗入家庭空间，带动了家居生活的绿色转型。

可持续时尚的倡导还推动了废弃物管理观念的普及。许多品牌在推广过程中强调废弃物回收和资源再利用的意义，使消费者对垃圾分类、资源回收等环保行为有了更深刻的认识。人们逐渐将这种环保意识应用到生活的方方面面，如日常生活垃圾分类、旧物改造等。废弃物管理观念的形成，使得生活方式更加环保和可持续。

教育领域也在可持续时尚的推动下发生了变革。学校和教育机构开始普及环保知识，向学生传递可持续发展理念。学生通过环保课程、实践活动等方式，培养起对环境的责任感。环保教育的普及不仅影响了学生的行为习惯，也推动了整个社会的环保意识提升，使得可持续理念深深扎根于下一代的生活方式中。

在社会责任方面，可持续时尚推动了公众对品牌道德表现的关注。消费者逐渐意识到自己的消费行为能够对环境产生影响，因此在选择品牌时更加注重其社会责任表现。人们希望品牌在生产过程中遵循环保和公平贸易原则，减少对环境的破坏。这种对品牌道德的重视，使消费者逐步形成了更具责任感的生活方式。

可持续时尚的推广还提高了消费者的环保知识水平。消费者在购买产品时，开始主动了解产品的生产背景和材料特性，以确保其符合环保标准。人们逐渐形成了独立判断的能力，不再单纯依赖品牌宣传，而是根据产品的实际环保性能作出选择。这种环保知识的积累，使消费者在生活中更加注重选择符合可持续发展的产品。

工作环境也在可持续时尚的影响下向绿色方向转型。许多公司开始采取环保措施，鼓励员工在工作中践行绿色生活。企业通过节能办公、减少塑料制品的使用，提升了整体的环保水平。员工在绿色工作环境中逐渐形成环保意识，将这些行为延伸到日常生活中。工作场所的环保举措不仅改变了公司的文化，也推动了员工的生活方式转变。

可持续时尚的推广还推动了自然保护观念的普及。消费者逐渐意识到自身行为对生态系统的影响，开始参与保护自然的活动中。许多人选择支持环保组织，参与植树、清洁海滩等志愿活动中。通过这种方式，人们的环保意识得到了实际践行，使自然保护成为生活方式的一部分。

参考文献

［1］王雪琴,张娇,王笑语.面向可持续时尚的纺织品设计与开发［J］.人类工效学,2020,
　　26(1):69-74,79.

［2］程佳奕,朱小行,娄琳.设计引领服饰时尚行业的可持续发展策略探究［J］.设计,
　　2021,34(6):114-116.

［3］周雯,潘海音.双碳目标下服装产业可持续时尚发展研究［J］.针织工业,2023(2):
　　75-79.

［4］陶辉,王莹莹.可持续服装设计方法与发展研究［J］.江南大学学报(自然科学版),
　　2021,6(3):262-270.

［5］常颖慧,李玉婷.循环经济模式下再生时尚设计的探索与研究——以服饰品设计为
　　例［J］.轻纺工业与技术,2023,52(5):56-58.

［6］杨峥.可持续发展视角下的服饰标志设计［J］.西部皮革,2023,45(19):121-123.

［7］李勋,胡浩淼.中西服装发展中的"自然观"［J］.纺织报告,2023,42(3):126-128.

［8］蒋诗萌,王军.可持续时尚认知对服装再利用行为影响研究［J］.纺织科技进展,2023
　　(1):26-30.

［9］潘业威."循环时尚"理念下包袋设计及品牌塑造［J］.西部皮革,2022,44(9):139-
　　141.

［10］王强.环保视角下的慢时尚设计应用研究［J］.美与时代(上),2023(10):29-32.

［11］李丽.时尚行业正成为可持续消费落地的突破口［J］.可持续发展经济导刊,2024(4):
　　52-53.

［12］刘宇.产品设计中的可持续材料研究与发展［J］.中国资源综合利用,2024,42(9):
　　167-169.

［13］饶旭.视觉传达视角下绿色材质在产品包装设计中的应用——评《绿色化学原理与
　　绿色产品设计》［J］.化学工程,2023,51(10):107.

［14］李玉婷，常颖慧．可持续发展背景下生物可降解面料研发分析［J］．轻纺工业与技术，2023，52（6）：142-144．

［15］侯锋，杨本晓，陈超．色纺纱产品绿色设计的探讨［J］．棉纺织技术，2023，51（4）：64-67．

［16］陶明，聂克蜜，成诗冰，等．基于LCA方法的生态胶凝材料生产环境影响分析［J］．安全与环境学报，2022，22（4）：2176-2183．

［17］范丰源．工业设计中的生态友好材料应用和可持续包装设计实践［J］．绿色包装，2023（10）：104-107．

［18］曹磊飏．环保材料在环境设计中的运用［J］．绿色包装，2023（12）：204-206．

［19］刘姮．绿色环保理念在服装设计中的应用［J］．环境工程，2023，41（6）：324．

［20］王佳月，赵永霞．基于可持续设计理念的纺织材料创新应用［J］．纺织导报，2022（4）：48-50．

［21］洪岩，包惠颖，吴波．生物可降解材料在服装行业的应用现状及发展趋势［J］．服装学报，2022，7（2）：95-100．

［22］李晨晨．新型生态化工材料在服装设计中的效果研究［J］．塑料工业，2024，52（7）：201．

［23］毕延强．天然纤维纺织产品生命周期碳储存核算方法及应用研究［D］．上海：东华大学，2023．

［24］黄品歌，张艳，孟毅，等．生物质基天然纤维包装材料的研究现状及发展趋势［J］．包装学报，2022，14（5）：66-74．

［25］钱晶梅．生态时代绿色服装设计研究［J］．明日风尚，2023（5）：143-145．

［26］陈克兵，孔颖琪，雷东．考虑消费者偏好及渠道权力的可替代产品供应链的定价和绿色投入决策［J］．中国管理科学，2023，31（5）：1-10．

［27］闵杰，杨冉，欧剑，等．基于双向成本分担的绿色供应链运营策略研究［J］．工业工程，2021，24（4）：36-44．

［28］谢洁，官振中．消费者个人内在偏好影响下的绿色产品最优定价决策［J］．系统工程，2024，42（3）：73-82．

［29］刘侃莹．绿色产品行为差别定价策略研究［D］．长沙：湖南大学，2022．

［30］曹晓刚，胡美婷，闻卉．考虑消费者环保心态的绿色供应链决策与协调［J］．武汉大学学报（理学版），2024，70（4）：482-496．

［31］葛根哈斯．考虑公平偏好的竞争型绿色供应链定价决策和动态协调研究［D］．北京：

北京科技大学,2023.

［32］冉文学,郑翰雯.考虑消费者偏好和可替代产品的供应链绿色开发投资与协调策略
[J].供应链管理,2024,5(1):31-43.

［33］胡静仪.基于区块链和消费者绿色偏好的肉制品双渠道供应链决策模型[J].物流
技术,2023,42(8):131-136,156.

［34］张一凡,史成东,高文涛.考虑绿色产品参照价格的不同节点企业赋能的闭环供应
链研究[J].质量与市场,2022(1):93-96.

［35］钱慧敏,冯凯盈.绿色消费渐成"主流"[J].中国商界,2023(3):55-56.

［36］徐晶卉.Z世代会为怎样的"绿色"买单[N].文汇报,2024-06-06(2).

［37］姜宇.可持续性在时尚模特界的传播——基于环保可持续绿色时装设计交织研究
[J].新楚文化,2024(5):53-55.

后　记

可持续时尚的发展不仅是对时尚行业的重新审视，更是对现代生活方式的深刻影响。环保服装设计实践，作为可持续时尚的重要组成部分，反映了设计师、品牌和消费者在应对环境挑战时的共同努力。通过从材料选择、生产流程到成品推广的全链条变革，环保服装设计赋予时尚行业新的社会意义，使其不仅是美学表达的载体，还是推动环保理念传播的重要媒介。

在这个过程中，设计师的角色日益凸显，他们的创作不仅需要考虑美学，更需要承担起对生态的责任。品牌的积极参与和创新实践，推动了环保材料的普及、低碳工艺的推广和循环经济模式的实施，为时尚行业的绿色转型提供了实际路径。而消费者的支持和环保意识的提升，则使得可持续时尚从设计理念逐渐变为生活的真实选择，深化了这一理念在日常生活中的应用。

环保服装设计的实践也启发了其他产业，时尚行业通过探索环保技术和低碳供应链，为更多领域提供了可持续发展的经验。以创新技术和责任意识为核心的环保设计理念，在时尚行业内外逐步获得广泛认可，形成了良性循环，使得环保不再只是某一品牌或群体的责任，而成为行业和社会的共同使命。

随着环保技术在未来的进步和社会对生态问题的关注持续增强，无须太久，可持续发展理念便可深入人心，各领域都将可持续纳入考虑范围之内，以满足人们对环保的追求，从而使生态环境更加美好。

著者

2024年12月